物理化学

（简明版）

WULI HUAXUE（JIANMING BAN）

主　编　权变利　王　芹　兰苑培

副主编　陈朝轶　金会心

重庆大学出版社

内容提要

本书共 9 章，主要内容包括气体、热力学第一定律、热力学第二定律、溶液-多组分系统热力学、化学平衡、相平衡图、电化学、表面化学和化学动力学等；对基本概念、重点内容及基本理论公式进行了阐述，每一章从知识导图、基本要求、内容要点、思考题和典型例题进行了要点内容解读。

本书内容丰富，书中例题具有代表性、涵盖面广，以务实与应用为目的，既可作为高等院校冶金工程、金属材料、材料化工、矿物加工、环境化工等专业的本科生教材，也可作为报考硕士研究生复习参考书，还可作为从事冶金工程相关工作的工程人员的参考用书。

图书在版编目（CIP）数据

物理化学：简明版／权变利，王芹，兰苑培主编
. --重庆：重庆大学出版社，2023.9
ISBN 978-7-5689-4143-3

Ⅰ.①物… Ⅱ.①权…②王…③兰… Ⅲ.①物理化
学 Ⅳ.①O64

中国国家版本馆 CIP 数据核字（2023）第 157754 号

物理化学（简明版）

主 编 权变利 王 芹 兰苑培
副主编 陈朝轶 金会心
策划编辑：范 琪

责任编辑：姜 凤 版式设计：范 琪
责任校对：关德强 责任印制：张 策

*

重庆大学出版社出版发行
出版人：陈晓阳
社址：重庆市沙坪坝区大学城西路 21 号
邮编：401331
电话：（023）88617190 88617185（中小学）
传真：（023）88617186 88617166
网址：http://www.cqup.com.cn
邮箱：fxk@cqup.com.cn（营销中心）
全国新华书店经销
重庆愚人科技有限公司印刷

*

开本：787mm×1092mm 1/16 印张：12 字数：287千
2023 年 9 月第 1 版 2023 年 9 月第 1 次印刷
印数：1—1 500
ISBN 978-7-5689-4143-3 定价：39.00 元

前言
Foreword

"物理化学"是化工类、材料类等专业的专业基础课,对专业知识的学习起承上启下的作用,对培养学生的思维能力、解决问题的能力具有重要作用。

本书在学习过程中需要较多的数学和物理知识,且理论性较强、概念抽象,学习难度较大。针对学生在学习过程中对基本概念、基本公式、基本理论掌握不足以及抓不住重点等问题,编者决定编写《物理化学(简明版)》,其目的是帮助学生在学习过程中厘清思路,建立知识之间的框架,真正理解和掌握物理化学的基本理论。

本书解题思路清晰、原理明确、方法多样、逻辑性强、过程详细、步骤连贯、计算精准。学生可加深对基本概念、基本公式、基本理论和基本计算方法的理解、掌握和运用。

本书共9章,主要内容包括气体、热力学第一定律、热力学第二定律、溶液-多组分系统热力学、化学平衡、相平衡图、电化学、表面化学和化学动力学等。陈朝轶、金会心、权变利、王芹、兰苑培负责本书的整体思路和章节规划;权变利、王芹、兰苑培主要负责各章主要内容的撰写。

本书在编写过程中得到贵州大学教务处和材料冶金学院的指导和支持。参考了大量相关文献,在此对其作者表示衷心的感谢。

由于编者水平有限,书中难免存在不妥之处,恳请读者批评指正。

编 者

2023 年 4 月

目录
Contents

第 1 章　气　体 ··· 1

1.1　知识导图 ·· 1

1.2　基本要求 ·· 1

1.3　内容要点 ·· 2

1.4　思考题 ·· 8

1.5　典型例题 ·· 8

第 2 章　热力学第一定律 ··· 10

2.1　知识导图 ··· 10

2.2　基本要求 ··· 10

2.3　内容要点 ··· 11

2.4　思考题 ··· 30

2.5　典型例题 ··· 30

第 3 章　热力学第二定律 ··· 33

3.1　知识导图 ··· 33

3.2　基本要求 ··· 33

3.3　内容要点 ··· 34

3.4　思考题 ··· 51

3.5　典型例题 ··· 51

第 4 章　溶液-多组分系统热力学 ··· 57

4.1　知识导图 ··· 57

4.2　基本要求 ··· 57

4.3　内容要点 ··· 58

4.4　思考题 ··· 80

4.5　典型例题 ··· 80

第 5 章　化学平衡 ·· 82
　　5.1　知识导图 ·· 82
　　5.2　基本要求 ·· 82
　　5.3　内容要点 ·· 83
　　5.4　思考题 ·· 91
　　5.5　典型例题 ·· 91

第 6 章　相平衡图 ·· 96
　　6.1　知识导图 ·· 96
　　6.2　基本要求 ·· 96
　　6.3　内容要点 ·· 97
　　6.4　思考题 ··· 111
　　6.5　典型例题 ··· 111

第 7 章　电化学 ··· 120
　　7.1　知识导图 ··· 120
　　7.2　基本要求 ··· 121
　　7.3　内容要点 ··· 122
　　7.4　思考题 ··· 135
　　7.5　典型例题 ··· 136

第 8 章　表面化学 ··· 142
　　8.1　知识导图 ··· 142
　　8.2　基本要求 ··· 142
　　8.3　内容要点 ··· 143
　　8.4　思考题 ··· 156
　　8.5　典型例题 ··· 157

第 9 章　化学动力学 ··· 159
　　9.1　知识导图 ··· 159
　　9.2　基本要求 ··· 159
　　9.3　内容要点 ··· 160
　　9.4　思考题 ··· 177
　　9.5　典型例题 ··· 177

参考文献 ··· 184

第1章
气　体 ⚬

1.1　知识导图

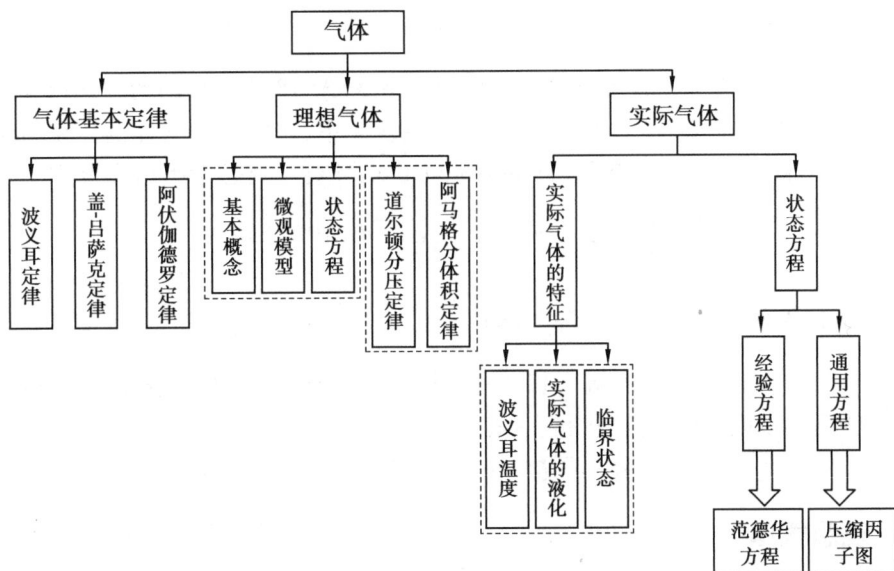

1.2　基本要求

①理解并会用理想气体状态方程(包括混合物)。

②理解范德华方程。

③理解掌握饱和蒸气压、沸点、临界状态、临界参数、对比参数的含义。

④理解实际气体气-液间的转变和临界状态的特征。

⑤了解实际气体与理想气体产生偏差的原因,真实气体范德华状态方程式及应用。

⑥理解对应状态原理。

1.3 内容要点

1.3.1 气体的三个经典定律

1）波义耳定律（Boyle's Law）

1662 年，波义耳（Boyle，1627—1691，英国物理学家、化学家）根据实验发现，在等温条件下，一定量低压气体的压强与体积成反比，这就是波义耳定律。其数学表达式为：

$$PV = C \text{ 或 } V \propto \frac{1}{P} \quad (\mathrm{d}n = 0, \mathrm{d}T = 0) \tag{1.1}$$

2）盖-吕萨克定律（Gay-Lussac's Law）

1787 年，法国物理学家查理（Charles，1746—1823）及 1802 年法国物理学家和化学家盖-吕萨克（Gay-Lussac，1778—1850）研究发现，在定压下，一定量的气体的体积与温度成正比，这就是 Charles 定律，也叫作 Charles-Gay-Lussac 定律。其数学表达式为：

$$\frac{V}{T} = C \text{ 或 } V \propto T \quad (\mathrm{d}n = 0, \mathrm{d}P = 0) \tag{1.2}$$

3）阿伏伽德罗定律（Avogadro's Law）

1811 年，阿伏伽德罗（Avogadro，1776—1856）提出：在等温、等压条件下，气体的体积与气体的物质的量成正比。其数学表达式为：

$$V = C \cdot n \text{ 或 } V \propto n \quad (\mathrm{d}P = 0, \mathrm{d}T = 0) \tag{1.3}$$

1.3.2 理想气体

1）理想气体状态方程

综合低压和气体的三大经典定律，可得出理想气体 P, V, T 这 3 个变量之间的关系式为：

$$PV = nRT \text{ 或 } P \cdot \frac{V}{n} = P \cdot V_m = RT \tag{1.4}$$

式中　V_m——1 mol 气体的体积 V，称为摩尔体积。

状态方程中的各物理量的性质和单位见表 1.1。

表 1.1　状态方程中的各物理量的性质和单位

物理量	性质	目前用单位（SI 单位）	文献常见单位
P	压力	$Pa(N/m^2)$	atm，mmHg
V	体积	m^3	$L(dm^3)$，$mL(cm^3)$
T	温度	K	℃，℉
n	物质的量	mol	mol

2）理想气体的模型

①分子本身不占有体积，为纯数学质点。
②分子间不存在相互作用力。
③分子间及分子与器壁间的碰撞是完全弹性的，即无能量损失。

3）理想气体的定义

无论在什么条件下都能严格遵守 $PV=nRT$ 关系的气体称为理想气体；或者，分子体积可视为零，分子间无相互作用力的气体也称为理想气体。

1.3.3　理想气体混合物

1）理想气体混合物的定义

任意比例混合的理想气体中每一组分均具有理想气体性质的混合气体。

2）理想气体混合物的特征

①因为任何理想气体的分子间都没有作用力，分子本身又都不占体积，所以理想气体的 PVT 性质与气体的种类无关。
②当一种理想气体的部分分子被另一种或几种同量的理想气体分子置换后，形成混合理想气体时，其 PVT 性质并不改变，只是理想气体状态方程中 n 变成了各种气体的物质的量之和。

3）道尔顿分压定律

道尔顿根据实验结果总结出如下适合与低压混合气体的定理：混合气体的总压等于各组分单独存在于混合气体的 T, V 条件下产生压力的总和。其数学表达式为：

$$P = P_A + P_B + P_C + \cdots = \sum_i P_i \tag{1.5}$$

$$P_i = P y_i \tag{1.6}$$

式中　P_i——各组分单独存在时的压力，称为分压力。
　　　y_i——i 组分的摩尔数与混合气体总摩尔数的比值，即摩尔分数。

$$y_i = \frac{n_i}{\sum n_i} \tag{1.7}$$

因为 $\sum y_i = 1$，所以 $\sum P_i = P$。
道尔顿分压定律成立的内在原因：分子间无作用力。

4）阿马格分体积定律

阿马格分体积定律解决"混合气体中某一组分的分体积等于它单独存在于混合气体的 P, T 条件下所占的体积，且各组分分体积之和等于总体积"，即

$$V = \sum_i V_i \qquad (1.8)$$

式中　V_i——混合气体中任一组分单独存在于混合气体的温度、总压条件下占有的体积，称为分体积。

阿马格分体积定律成立的内在原因:分子本身无体积。

1.3.4　实际气体的 PVT 行为

1)实际气体的 PV_m-P 关系曲线

(1)同一气体在不同温度对理想行为的偏离不同

①任何气体都有一个特征温度,称波义耳(Boyle)温度,用 T_B 表示,如图1.1所示,即

$$\left(\frac{\partial Z}{\partial P}\right)_{\substack{T_B \\ P\to 0}} = 0$$

②任何实际气体当 $T<T_B$ 时,都会出现 Z 值随 P 的增加先降后升。

③任何实际气体当 $T>T_B$ 时,Z 值总是随 P 的增加而增加。

(2)不同气体在相同温度下对理想行为的偏离不同

高压时,不同气体的 PV_m-P 关系曲线呈现不同的规律,如图1.2所示,但是当 $P\to 0$ 时,各种气体均存在 $PV_m = RT$。

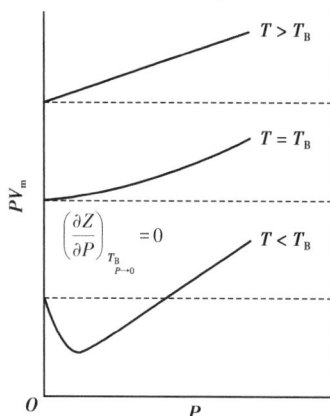

图1.1　同一气体不同温度的 PV_m-P 图

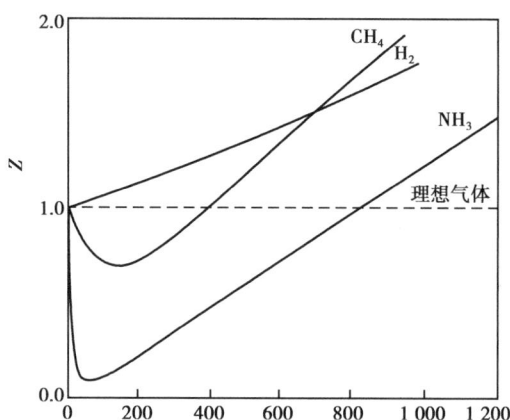

图1.2　0 ℃不同气体的 PV_m-P 图

2)实际气体的 P-V_m 曲线与实际气体的液化

(1)理想气体

理想气体 $PV_m = RT$,恒温时 $PV_m =$ 常数,P-V_m 等温线为等轴双曲线;T 不恒定时,双曲线的位置不同,但其形状完全相同。

(2)实际气体

高温、低压时,实际气体理想化,因此,其 P-V_m 等温线与理想气体相同。

低温时,P-V_m 等温曲线随温度呈现不同形状。

以 H_2O 的 $P\text{-}V_m$ 等温曲线为例,如图 1.3 所示。

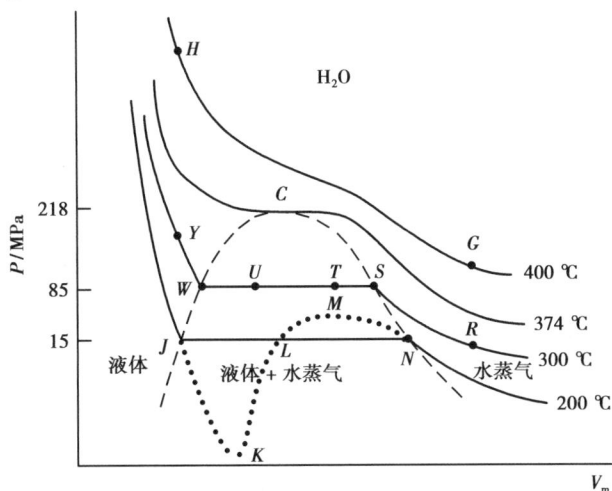

图 1.3　H_2O 的实测 $P\text{-}V_m$ 图

H_2O 的 $P\text{-}V_m$ 等温线按其形状可分为以下 3 种类型:

①$T<374$ ℃类型。

$P\text{-}V_m$ 等温线分为 3 个部分(如 300 ℃)。

SR 段(除 S 点外):只有气相存在。

SW 水平段:气-液两相平衡共存。

WY 段(除 W 点外):只有液相存在。

②$T=374$ ℃类型。

当 $T=374$ ℃时,等温线的水平部分缩成一点 C,称为临界点。

A.临界参数:

a.临界温度(T_C):气体能够液化所允许的最高温度。

b.临界压力(P_C):临界温度时气体液化所需的最小压力。

c.临界体积(V_C):临界点对应的摩尔体积。

B.临界点特征:

a.临界点处,饱和蒸汽体积与饱和液体体积相同,即 $V_{m,g}=V_{m,l}$,气液不分。

b.临界温度以上,气体在任何压力下都不会液化。

c.临界点是一个拐点,因此,

$$\left(\frac{\partial P}{\partial V_m}\right)_{T_C}=0,\quad \left(\frac{\partial^2 P}{\partial V_m^2}\right)_{T_C}=0 \tag{1.9}$$

d.临界参数是物质的本性,临界点附近物质性质发生突变。

C.临界参数与范德华常数的关系:

$$V_C=3b$$

$$T_C=\frac{8a}{27Rb} \tag{1.10}$$

$$P_C=\frac{a}{27b^2}$$

③$T>374$ ℃类型。

临界温度以上,气体在任何压力下都不会液化。因此,理想气体是不可能液化的,其原因是分子间没有相互作用力。

（3）实际气体液化的应用

①气体输送。

②超临界流体。

1.3.5 实际气体的状态方程

1）范德华方程（van der Waals 方程）

范德华考虑了实际气体与理想气体模型的差别,从体积和压力两个方面对理想气体方程 $PV=nRT$ 进行修正,得出范德华方程。

1 mol 的气体方程为:

$$\left(P + \frac{a}{V_m^2}\right)(V_m - b) = RT \tag{1.11}$$

n mol 的气体方程为:

$$\left(P + \frac{n^2 a}{V^2}\right)(V - nb) = nRT \tag{1.12}$$

其中,a 和 b 是与气体种类有关的特征常数,统称为范氏常数。

①体积修正项 b（volume correction）——考虑分子本身体积而作的修正。

②压力修正式——考虑分子间作用力作用的修正（内压力）。

范氏方程只适用于中压（几十个大气压）范围。P_a 即内压力,是由于分子间作用而减少的对器壁的压力。一般来讲,该压力的大小取决于气体分子对器壁的撞击频率（正比于分子数）,也取决于每次撞击对器壁施加的垂直力,这两个因素均正比于单位体积中的分子数目,故

$$P_a = \frac{a}{V_m^2} \quad （比例常数即为范氏常数） \tag{1.13}$$

2）普遍化的状态方程

（1）压缩因子 Z

理想气体:

$$PV_{m,i} = RT \rightarrow \frac{PV_{m,i}}{RT} = 1$$

实际气体:

$$PV_{m,r} \neq RT \rightarrow \frac{pV_{m,r}}{RT} \neq 1 = Z$$

定义 Z:

$$Z \equiv \frac{PV_m}{RT} \text{ 或 } Z \equiv \frac{PV}{nRT} \tag{1.14}$$

由于理想气体 $Z=1$；实际气体 $Z \neq 1$，因此，Z 对 1 的偏差程度反映了实际气体对理想行为的偏离程度。

由式(1.14)得：

$$Z = \frac{PV_{m,r}}{RT} = \frac{V_{m,r}}{\dfrac{RT}{P}} = \frac{V_{m,r}}{V_{m,i}} \tag{1.15}$$

①若 $Z>1$，则 $V_{m,r}>V_{m,i}$，实际气体比理想气体难压缩。

②若 $Z<1$，则 $V_{m,r}<V_{m,i}$，实际气体比理想气体易压缩。

③若 $Z=1$，则 $V_{m,r}=V_{m,i}$，实际气体具有理想气体的行为。

因此，Z 称为校正因子，也称为压缩因子。

Z 的物理意义：既反映了实际气体可压缩的难易程度，也反映了实际气体对理想行为的偏离程度。

Z 与 1 的偏离原因：

①分子间有引力，实际气体比理想气体易压缩，同样在 P,T 下，V_m 较小时，$PV_m<RT$，则 $Z<1$。

②分子有体积，减少了可压缩空间，实际气体比理想气体难压缩，同样在 P,T 下，V_m 较大时，$PV_m>RT$，则 $Z>1$。

(2)普遍化的状态方程

由式(1.14)得：

$$PV_m = ZRT \quad \text{或} \quad P \cdot V = nZRT \tag{1.16}$$

式(1.16)称为普遍化的状态方程。

因此，计算实际气体的 P,V,T 的定量关系，必须确定何种气体在不同条件下的 Z 值。

3)对应状态原理与压缩因子图

(1)对应状态原理

定义对比参数：

$$P_r \equiv \frac{P}{P_C} \qquad V_r \equiv \frac{V}{V_C} \qquad T_r \equiv \frac{T}{T_C} \tag{1.17}$$

其中，P_r,V_r,T_r 分别称为对比压力、对比体积和对比温度。

实验表明：各种实际气体在相同的 T_r,V_r 时，其 P_r 值也近似相等，这种关系称对应状态原理。

将 $a=3P_CV_C^2$、$b=\dfrac{1}{3}V_C$、$R=\dfrac{8}{3}\dfrac{P_CV_C}{T_C}$ 代入范德华方程，得：

$$\left(P_r + \frac{3}{V_r^2}\right) \cdot \left(V_r - \frac{1}{3}\right) = \frac{8}{3} \cdot T_r \tag{1.18}$$

式(1.18)称为范德华对比方程。

说明：各种实际气体在相同的 T_r,V_r 时，其 P_r 值也近似相等。

意义：对比参数反映了气体所处状态偏离临界点的倍数。

（2）压缩因子图

对实际气体，将对比量 $P=P_C P_r$，$V=V_C V_r$，$T=T_C T_r$ 代入式(1.14)，得：

$$Z = \frac{P_C V_C}{RT_C} \cdot \frac{P_r V_r}{T_r} = Z_C \cdot \frac{P_r V_r}{T_r} \tag{1.19}$$

实验表明：

①各种实际气体临界点 C 时的压缩因子与 Z_C 值非常接近。

②在 P_r，T_r 相同的对应状态下，V_r 也相同。

③相同的 P_r，T_r 下（对比状态），有相同的 Z 值，即 $Z=f(P_r,T_r)$。

画出不同恒 T_r 的 Z-P_r 图，即普遍化压缩因子图。

若需计算某种气体在指定温度、压力下的 Z 值，首先从手册中查出该气体的临界温度、临界压力，将温度、压力转换成 T_r 与 P_r 值，然后由压缩因子图即可直接查出 Z 值。

1.4 思考题

1.如果某种气体的 3 个状态参量(P,V,T)都发生了变化，它们之间又遵循什么规律？

2.什么是理想气体？它的物理模型是什么？

3.实际气体偏离理想气体的原因是什么？

4.范德华方程是对哪几个物理量的修正，其物理意义各是什么？

5.什么是临界温度？其物理意义是什么？

6.用压缩因子讨论实际气体时，某气体的难易压缩程度与 Z 有何关系？

1.5 典型例题

1.为什么在实际气体的恒温PV_m-P曲线中，当温度足够低时会出现PV_m值先随P的增加而降低，然后随 P 的增加而上升，即图 1.4 中 T_1 线；当温度足够高时，PV_m 值总是随 P 的增加而增加，即图 1.4 中 T_2 线？

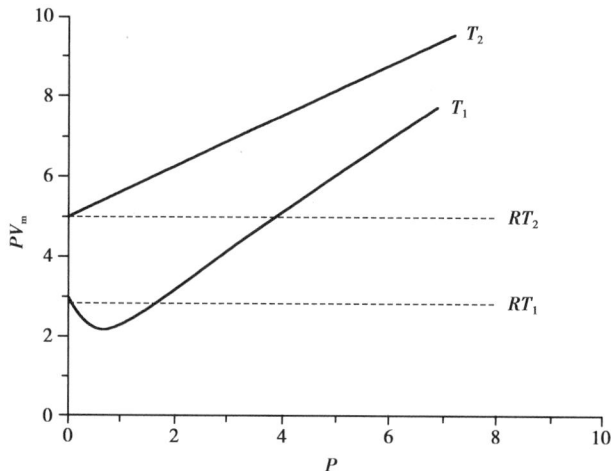

图 1.4　PV_m-P 曲线

答: 理想气体分子本身无体积,分子间无作用力。因为恒温时 $PV_m=RT$,所以 PV_m-P 线为一直线。实际气体由于分子有体积且分子间有相互作用力,因此两个因素在不同条件下的影响大小不同时,其 PV_m-P 曲线就会出现极小值。实际气体分子间存在的吸引力使分子更靠近,因此,在一定压力下比理想气体的体积要小,使得 $PV_m<RT$。另外,随着压力的增加实际气体中的分子体积所占气体总体积的比例越来越大,不可压缩性越来越显著,使气体的体积比理想气体的体积要大,结果 $PV_m>RT$。

当温度足够低时,因同样压力下,气体体积较小,分子间距较近,分子间相互吸引力的影响较显著;当压力较低时,因为分子的不可压缩性起的作用较小,所以实际气体都会出现 PV_m 值先随 P 的增加而降低;当压力增至较高时,不可压缩性所起的作用显著增大,故 PV_m 值随压力增高而增大,最终使 $PV_m>RT$,如图 1.4 中的曲线 T_1 所示。

当温度足够高时,由于分子动能增加,同样压力下体积较大,分子间距也较大,分子间的引力大大减弱。而不可压缩性相对说来起主要作用。因此,PV_m 值总是大于 RT,如图 1.4 中曲线 T_2 所示。

2.气柜内贮有 121.6 kPa,27 ℃的氯乙烯气体 300 m³,若以 90 kg/h 的流量输往使用车间,试问贮存的气体能用多久?

解 根据:$PV_m=\dfrac{mRT}{M}$

因为

$$m=\frac{121.6\times1\,000\times300\times62.5}{8.314\,5\times(273.15+27)}\text{g}=\frac{121.6\times1\,000\times300\times62.5}{8.314\,5\times(273.15+27)}\text{g}=913\,609\ \text{g}=913.609\ \text{kg}$$

所以

$$t=\frac{913.609\ \text{kg}}{90\ \text{kg/h}}=10.15\ \text{h}$$

第2章
热力学第一定律

2.1 知识导图

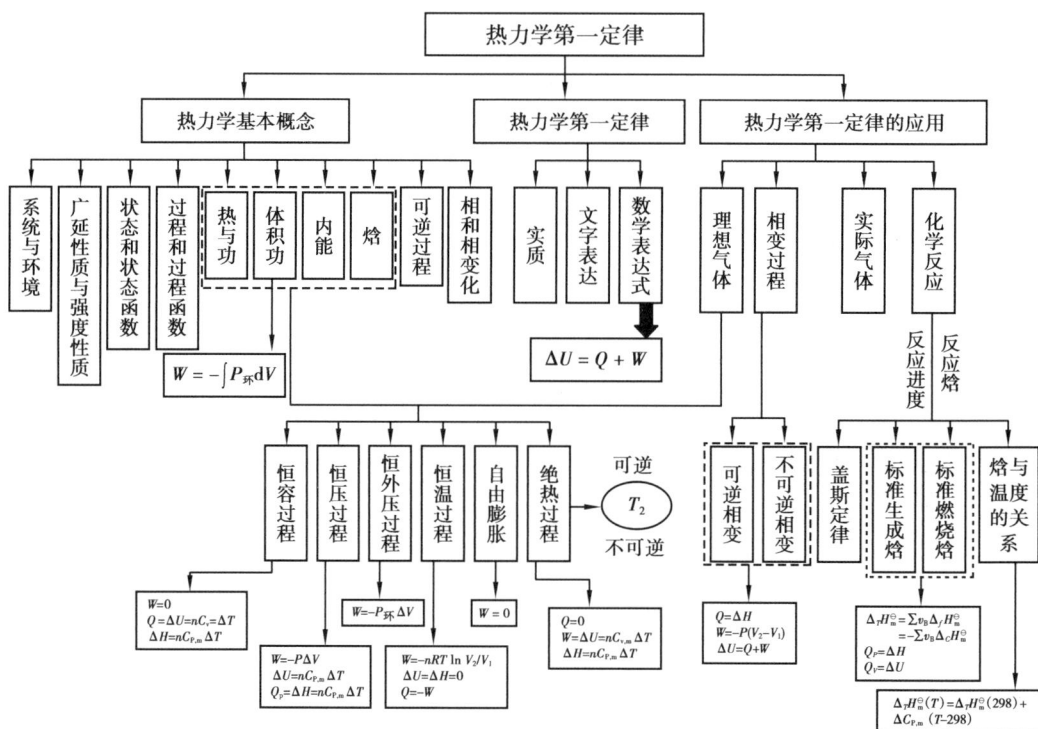

热力学第一定律

热力学基本概念 — 热力学第一定律 — 热力学第一定律的应用

系统与环境 | 广延性质与强度性质 | 状态和状态函数 | 过程和过程函数 | 热与功 | 体积功 | 内能 | 焓 | 可逆过程 | 相和相变化 | 实质 | 文字表达 | 数学表达式

理想气体 | 相变过程 | 实际气体 | 化学反应

$$W = -\int P_环 dV$$

$$\Delta U = Q + W$$

恒容过程 | 恒压过程 | 恒外压过程 | 恒温过程 | 自由膨胀 | 绝热过程

可逆 T_2 不可逆

可逆相变 | 不可逆相变 | 盖斯定律 | 标准生成焓 | 标准燃烧焓 | 焓与温度的关系

反应进度 / 反应焓

$W=0$
$Q=\Delta U=nC_v\Delta T$
$\Delta H=nC_{P,m}\Delta T$

$W=-P_环\Delta V$

$W=0$

$Q=0$
$W=\Delta U=nC_{v,m}\Delta T$
$\Delta H=nC_{P,m}\Delta T$

$Q=\Delta H$
$W=-P(V_2-V_1)$
$\Delta U=Q+W$

$\Delta_r H_m^\ominus = \sum v_B \Delta_f H_B^\ominus$
$= -\sum v_B \Delta_c H_B^\ominus$

$Q_P=\Delta H$
$Q_V=\Delta U$

$W=-P\Delta V$
$\Delta U=nC_{V,m}\Delta T$
$Q_p=\Delta H=nC_{P,m}\Delta T$

$W=-nRT \ln V_2/V_1$
$\Delta U=\Delta H=0$
$Q=-W$

$\Delta_r H_m^\ominus(T)=\Delta_r H_m^\ominus(298)+$
$\Delta C_{P,m}(T-298)$

2.2 基本要求

①理解系统与环境、状态及状态函数、广延性质和强度性质、热力学内能、焓、标准摩尔生成焓、标准摩尔燃烧焓、相变过程等基本概念。（重点）

②掌握功和热的概念,理解其正负号的规定及意义,理解过程函数的特性。

③掌握体积功的计算,并理解可逆过程的概念。

④理解热力学第一定律的文字表述及数学表达式。（重点）

⑤掌握等容过程热、等压过程热的概念及计算,掌握焓的定义及焓变的计算,明确热力学能和焓都是状态函数,理解状态函数的特性。

⑥掌握用等容热容、等压热容计算相应过程中系统热力学能和焓的变化,了解热熔和焓与温度的关系。

⑦熟练运用热力学第一定律计算理想气体在各种变化的过程(简单状态变化和相变化)中的 ΔU,ΔH,Q 及 W。(重难点)

⑧理解化学反应的反应进度、物质的标准态、反应的标准摩尔焓的概念。

⑨了解热力学第一定律与盖斯定律的关系,了解基尔霍夫定律的由来,会应用这两个定律。

⑩掌握物质的标准摩尔生成焓和标准摩尔燃烧焓的定义,熟练运用其计算化学反应的摩尔焓。

2.3 内容要点

2.3.1 基本概念和术语

1)系统与环境

(1)系统或体系
被划定的研究对象。

(2)环境或外界
除系统外,又与其密切相关,影响所及部分。

为研究方便,把系统与环境看作一个整体,称为总体系。因此,总体系也可作为"孤立体系"。

(3)系统的划分(根据有无物质和能量交换划分)

隔离体系:又称为孤立体系。此时由于环境与体系间既无能量交换又无物质交换,因此环境对隔离体系没有任何影响。

封闭体系:体系与环境无物质交换但有能量交换。

敞开体系:又称为开放体系,体系与环境既有能量交换又有物质交换。

注意:
热力学讨论中,若不作特殊说明,所讨论的体系均指封闭体系。

2)体系的热力学性质

通常指体系的一些宏观参数,如用压力、温度、体积、浓度、黏度、表面张力等来描述体系的热力学状态。

根据性质与物质数量之间的关系将其分为强度性质和容量性质两大类。

(1)强度性质
这种性质不具有加和性,其数值取决于物质自身的物性而与物质的数量无关,如温度、压力、密度、组成等。在数学上强度性质是零次齐函数。

（2）容量性质

容量性质又称为广延性质，具有加和性。其数值与物质的数量成正比，如体积、重量、内能等。在数学上，容量性质是一次齐函数。

$$强度性质 = \frac{广延性质}{总摩尔数或总质量}$$

3）状态和状态函数

（1）状态

定义：系统所有宏观性质的综合表现。

特点：①系统的状态一定，其所有性质一定。

②状态改变，不一定所有性质都改变；若性质改变，则状态一定改变。

（2）状态函数

定义：能确定系统状态的各种宏观性质，称为状态函数。

例如，理想气体的状态方程：$PV = nRT$，若以 T,P,n 为自变量，V 为状态函数，就可表示为：

$$V = f(T,P,n) = \frac{nRT}{P} \tag{2.1}$$

状态方程：联系状态函数之间定量关系的关系式。

基本特征：

①状态函数的数值是状态的单值函数。

②当条件改变、状态改变时，状态函数的变化值仅取决于系统的初态和终态，而与变化的具体过程无关。从数学上看，状态函数具有全微分的特性。

全微分的积分结果与途径无关，只取决于初态和终态，即

$$\Delta X = \int_{X_1}^{X_2} dX = X_2 - X_1 \tag{2.2}$$

如果是循环过程，系统的状态复原，则有：

$$\oint dX = X_2 - X_1 = 0 \tag{2.3}$$

③任何一个状态函数都是另外两个状态函数的函数，即互为函数关系。

例如，理想气体的 T,P,V 之间状态函数与变量 n 的关系，可以表示为 $V = f(T,P,n) = \frac{nRT}{P}$，也可以表示为 $P = f(T,V,n) = \frac{nRT}{V}$ 等。

注意：

单组分均相封闭系统（或无组成变化）是双变量系统。

4）热力学平衡

系统的平衡态：当系统的各种宏观性质不随时间而改变时的系统。

热力平衡包括下列几个平衡：

①热平衡:若体系内不存在绝热壁,体系各个部分温度应相等。如存在绝热壁,则由此壁隔开的每个独立空间各自的内部温度也应相等。

②力学平衡:系统各部分压力相等。如果两个均匀系统被一个固定器壁隔开,即使双方压力不等,也能保持力学平衡。

③相平衡:系统中各相分布达平衡时,各相的组成和数量不随时间变化,例如前面例子中水与水蒸气的平衡。

④化学平衡:当各物质之间有化学反应时到达平衡后,体系中的组成(即反应物与产物的量)不随时间变化。

应当指出的是,只有体系到达上述四项平衡条件时才能到达到平衡状态。

5)过程与途径

（1）定义

体系状态发生的任何变化称为过程。

变化的具体步骤(或历程)称为途径,也称为路径。因此,要完整地描述一个过程须指明始末状态及途径。

（2）分类

①由系统初末状态的差异分类。

简单物理过程:PVT 变化(聚集状态不变)。

复杂物理过程:相变、混合过程。

化学变化过程。

②由过程本身的特点分类。

等温过程:全路途温度恒定。

等压过程:全路途压力恒定。

绝热过程:全路途环境与物质无热交换。

循环过程:经过一个变化,系统又回到其原状态或始末状态相同。

6)热与功

系统与环境交换能量有两种形式:热与功。由于二者均为能量,故为能量的单位,在 SI 制中为焦耳(J)、千焦(kJ)。

（1）热或热量 Q

热是体系与环境因为温度不同而交换的能量,记为 Q。

热是物质运动的一种形式,与大量分子无规则运动有关,而衡量这种无规则运动强度的物理量就是温度。热是过程函数,其微分量用 δQ 表示。

用符号"δ"表示非全微分,以区别于全微分的符号"d"。即对无限小的热量,某系统在由状态 1 到状态 2 的某个过程中所传递的总热量 Q 为 $\int_1^2 \delta Q = Q$,但其积分结果绝不能写成 $Q_2 - Q_1$。

＊规定：

体系从环境中吸热，Q 为正值，$Q>0$。

体系将热放入环境，Q 为负值，$Q<0$。

一般将热分为两大类：一类是物系无相变化或化学变化时与环境交换的热，称为显热（显者，温度发生变化）；另一类是若发生相变化或化学变化，但温度恒定，则称为潜热，如汽化热、凝结热、化学反应热等。

（2）功 W

在热力学中，体系与环境交换的能量除了热外，其他的全称为功，记为 W。

＊规定：

体系接受环境的做功为正值，$W<0$。

体系对环境的做功为负值，$W>0$。

功的概念始于机械功，它等于力乘以在力的方向上发生的位移。

热力学中功可分为两大类：例如，在外压作用下物体体积发生变化（膨胀或缩小）而与环境交换的功，称为**体积功**，以符号 W 表示；克服液体表面张力使表面积发生变化的功，称为**表面功**；此外，还有电功、磁功等。把体积功以外的功统称为非体积功或其他功，用符号 W' 表示。

特别提醒：

①热和功的方向皆以体系为出发点。

②状态函数的变化只取决于始末状态而与路径无关，U 是状态函数，其变化与路径无关，故用 dU 表示。功与热都不是状态函数，而是与过程相关，属于过程函数，其微分量用"δQ"和"δW"表示，不能写成"dQ"和"dW"。

③功和热是过程函数，只有知道了具体途径才能计算；若体系的始、终态相同，途径不同，其功和热的数值是不同的。

④热和功是可以相互转化的。

7）内能 U

系统的能量通常由 3 个部分组成：系统整体运动的动能；系统在外力场中的位能及内能 U。在热力学研究中通常为宏观静止的物系，无整体运动，也无外力场存在（磁场、电场、离心场等），因此只考虑内能。

（1）内能的定义

内能是指体系内部质点能量的总和，包括：

①分子运动能。

②分子间相互作用的位能。

③分子内部的能量，如原子、电子运动能量的总和。

（2）内能的性质

内能是指系统内部微观性质的总和,但它体现了物质的一种宏观性质,因此,内能的性质为:

①内能是系统状态的单值函数,即状态一定,内能就有一个确定的值。

②内能是容量性质,与物质的量成正比,具有加和性。

③内能是状态函数,其变化量与路径无关,可全微分,其数学表达式为:

$$\Delta U = \int_A^B dU = U_B - U_A \tag{2.4}$$

但是,若一系统从状态 A 经途径 Ⅰ 变化到状态 B,也可经途径 Ⅱ 变化到状态 B,则内能的变化量 ΔU_1 相等,即

$$\Delta U_1 = \int_{Ⅰ}{\int_A^B} dU = \int_{Ⅱ}{\int_A^B} dU = U_B - U_A \tag{2.5}$$

相反,若系统分别沿途径 Ⅰ 和途径 Ⅱ 由状态 B 返回到状态 A,其内能变化量 ΔU_2 也相等,即

$$\Delta U_2 = \int_{Ⅰ}{\int_B^A} dU = \int_{Ⅱ}{\int_B^A} dU = U_A - U_B \tag{2.6}$$

特别提醒:

①一个系统的内能绝对值是无法求得的。

②对单组分物系(或多组分但组成不变的物系)通常可以用两个独立变量决定一个状态,状态一旦确定,则内能量也就确定了。假如这两个独立变量为 V 和 T,则:

$$U = f(T,V), \text{则} \ dU = \left(\frac{\partial U}{\partial T}\right)_V dT + \left(\frac{\partial U}{\partial V}\right)_T dV \tag{2.7}$$

$$U = f(T,P), \text{则} \ dU = \left(\frac{\partial U}{\partial T}\right)_P dT + \left(\frac{\partial U}{\partial P}\right)_T dP \tag{2.8}$$

2.3.2 体积功

1）体积功的定义

热力学上的体积功有特殊意义,其定义式为:

$$\delta W_{体} = -F \cdot dl = -P_{环} \cdot A \cdot dl = -P_{环} dV \tag{2.9}$$

或
$$W = -\int_{V_1}^{V_2} P_{环} dV \tag{2.10}$$

注意:

①膨胀时,因为 $dV>0$,所以 $P_{环} dV>0$。但按规定,体系对环境做功为负,故按规定 $\delta W_{体} = -P_{环} dV$。

②压缩时,因为 $dV<0$,所以 $P_{环} dV<0$。但按规定,环境对体系做功为正,故按规定 $\delta W_{体} = -P_{环} dV$。

2）功与过程

在恒温条件下，体系由 V_1 膨胀到 V_2，会经历以下几种途径：

①自由膨胀：外压为零时的膨胀过程。

$$\delta W = -P_{环}\mathrm{d}V = 0 \Rightarrow W = 0 \tag{2.11}$$

②恒外压过程：外压维持恒定，即 $P_{外}$＝常量，$P \neq$ 常量。

$$W = \int(-P_{环})\mathrm{d}V = -\int_{V_1}^{V_2} P_{环}\mathrm{d}V = -P_{环}(V_2 - V_1) \tag{2.12}$$

③恒压过程：$P_1 = P_2 = P_{外}$＝常量。

$$W = \int(-P_{环})\mathrm{d}V = -\int_{V_1}^{V_2} P\mathrm{d}V = -P(V_2 - V_1) \tag{2.13}$$

④外压是可变的，并总比物系压力（称为内压）差无限小，即 $P_{外} = (P \pm \mathrm{d}P)$。

$$W = -\int_{V_1}^{V_2}(-P \pm \mathrm{d}P)\mathrm{d}V = -\int_{V_1}^{V_2} P\mathrm{d}V \quad （忽略二阶无穷小）$$

$$\underline{\underline{（理想气体）}} -\int_{V_1}^{V_2}\frac{nRT}{V}\mathrm{d}V \tag{2.14}$$

$$\underline{\underline{（T\,恒）}} -nRT\ln\frac{V_2}{V_1}$$

当系统压力与外压无限接近时功最大，此时功的计算公式，用 P 代替 $P_{环}$：

$$W = -\int P_{环}\mathrm{d}V = -\int_{V_1}^{V_2} P\mathrm{d}V \tag{2.15}$$

注意：

通过计算说明功与路径有关，功不是状态函数，也就不是物质的性质，因此，不能说物质含有多少功。

2.3.3　可逆过程

1）可逆过程的定义

系统的每一步状态变化都可以向相反的方向进行，并使系统和环境都恢复原状而不留下任何其他痕迹的过程。也就是物质内部与环境之间在无限接近平衡时所进行的过程。

2）可逆过程的特点

①可逆过程是以无限小的变化进行的。整个过程由一连串非常接近平衡的状态所构成，过程进行的速度无限缓慢。

②在反向过程中，用同样的手续，循着原过程的逆过程，可使系统和环境均回到原来的状态。

③在可逆膨胀过程中系统做最大功，在可逆压缩过程中环境对系统做最小功。

3）可逆过程的意义

可逆过程效率最高。

4）不可逆过程

不具备以上可逆过程特点的一切实际过程都是热力学不可逆过程。

2.3.4 热力学第一定律

1）经典表述

孤立系统中能量的形式可以相互转化,但不会凭空产生,不会自行消失。

2）数学表述

①封闭系统:
体系发生一定变化时:$\Delta U = Q + W$;
体系发生微小过程:$\mathrm{d}U = \delta Q + \delta W = \delta Q + (-P_外 \mathrm{d}V + \mathrm{d}W')$。
②孤立系统:$Q = 0$,$W = 0$,$\Delta U = 0$。
③敞开系统:不适用。
式中,W 为总功,包含体积功和非体积功,即 $W = W_体 + W'$。

3）其他表述

第一类永动机是不可能造成的。
所谓第一类永动机就是不靠外界供应能量,体系本身的能量不会减少却不断地对外做功。

2.3.5 恒容热、恒压热及焓

1）恒容热与内能

恒容热是恒容且无非体积功条件下,系统与环境交换的热量,记为 Q_V。

$$Q_V = \Delta U_V \quad (条件:封闭系统、\mathrm{d}V = 0、\delta W' = 0) \tag{2.16}$$

注意:
　　恒容且 $W' = 0$ 时,虽然 ΔU_V 等于恒容热,但是内能和热量是两个概念,只有在这个特定条件下二者在数量上才相等。

2）恒压热

恒压热是在恒压且无非体积功的条件下,系统与环境交换的热,记为 Q_P。

恒压过程是指环境压力与物质压力相等并保持恒定的过程,即 $P = P_环 = $ 常量。

$$W = W_体 = -P_环(V_2 - V_1) = -P(V_2 - V_1)$$
$$= -PV_2 + PV_1 = -P_2V_2 + P_1V_1 \tag{2.17}$$

由热力学第一定律 $\Delta U = Q_P + W$,得:

$$Q_P = \Delta U - W = (U_2 - U_1) + (P_2V_2 - P_1V_1)$$
$$= (U_2 + P_2V_2) - (U_1 + P_1V_1) \tag{2.18}$$

3) 焓

(1) 焓的定义

$$H \equiv U + PV \tag{2.19}$$

(2) 焓的性质

① H 是状态函数: $H = U + PV$。

② 因为内能无绝对值,所以焓也无绝对值,无明确的物理意义。

③ 能量单位。

④ 因为内能是广延性质, V 是广延性质,所以,焓也是广延性质。

(3) 恒压热与焓

$$\delta Q = \mathrm{d}H(条件:封闭体系、恒压、\delta W' = 0) \tag{2.20}$$

注意:

　焓与恒压热是两个概念,只是在恒压且 $W' = 0$ 的条件下(特定条件下),二者在数值上是相等的。

对于理想气体,焓如内能一样,也是 T 的函数,即 $H = f(T)$。

2.3.6　恒容摩尔热容与恒容热

热主要分为显热(PVT 变化中的热)、潜热(相变热)和反应热(焓)。

摩尔热容是实验测定显热的基础数据。用来计算系统发生单纯 PVT 变化时的恒容热、恒压热及此类变化中系统的 ΔU 和 ΔH。

1) 恒容摩尔热容

定义:1 mol 物质在恒容、非体积功为零时,温度每升高 1 K 所需的显热为恒容摩尔热容 $C_{V,m}$,简称恒容热容,单位为 J/(mol·K)。其数学表达式为:

$$C_{V,m} = \frac{\delta Q_{V,m}}{\mathrm{d}T} = \frac{\mathrm{d}U_{V,m}}{\mathrm{d}T} = \left(\frac{\partial U_m}{\partial T}\right)_V = f(T) \tag{2.21}$$

$C_{V,m}$ 的物理意义:恒容下内能随温度的变化率。

令 $U = U(T, V)$,则 $\mathrm{d}U = C_V \mathrm{d}T + \left(\frac{\partial U}{\partial T}\right)_V \mathrm{d}V$。

恒容时, $\mathrm{d}U = C_V \mathrm{d}T$。

所以有 $Q_V = \Delta U$,则:

$$\Delta U = \int_{T_1}^{T_2} nC_{V,m} dT \tag{2.22}$$

*特别提醒:

对于理想气体,计算内能增量时不受恒容条件限制,也就是说,计算理想气体任意过程的 ΔU 时,都可直接应用公式 $\Delta U = \int_{T_1}^{T_2} nC_{V,m} dT$。

不过对于这些过程,$\Delta U \neq 0$,又因为不是恒容过程,即 $W \neq 0$,这个任意过程的热必须通过其他途径求得,其实最简单的办法就是用热力学第一定律:

$\Delta U = Q + W$,则 $Q = \Delta U - W$,因此必须先求 W。

2)恒容热(Q_V)的计算

n mol 物质进行恒容且无非体积功单纯 PVT 过程:

$$\delta Q_V = dU_V = nC_{V,m} dT \tag{2.23}$$

如果积分区间内 $C_{V,m}$ 被视为常数,那么:

$$Q_V = \Delta U_V = nC_{V,m}(T_2 - T_1) \tag{2.24}$$

适用条件:恒容简单变温过程,无相变化和化学变化发生。

2.3.7 恒压摩尔热容与恒压热

1)恒压摩尔热容

定义:1 mol 物质在恒压且无非体积功下系统升高 1 K 所需的显热,记为 $C_{P,m}$,单位为 $J/(mol \cdot K)$。其数学表达式为:

$$C_{P,m} = \frac{\delta Q_{P,m}}{dT} = \frac{dH_{P,m}}{dT} = \left(\frac{\partial H_m}{\partial T}\right)_P = f(T) \tag{2.25}$$

$C_{P,m}$ 的物理意义:恒压下焓随温度的变化率。

令 $H = H(T,P)$,则:

$$dH = C_P dT + \left(\frac{\partial H}{\partial P}\right)_V dP \tag{2.26}$$

等压时,$dH = C_P dT$。

2)恒压热(Q_P)的计算

n mol 物质进行恒压且无非体积功的单纯 PVT 过程。

无限小过程:

$$\delta Q_P = dH_P = nC_{P,m} dT \tag{2.27}$$

有限变化过程：

$$Q_P = \Delta H_P = \int_{T_1}^{T_2} nC_{P,m}dT \tag{2.28}$$

若在积分区域内 $C_{P,m}$ 为常数，则：

$$Q_P = \Delta H_P = nC_{P,m}(T_2 - T_1) \tag{2.29}$$

适用条件：恒压简单变温过程，有无相变化和化学变化发生。

＊特别提醒：

对于理想气体，焓也只是温度的函数，故理想气体在任何条件下，计算 ΔH 时均可应用式(2.29)。

3）$C_{P,m}$ 和 $C_{V,m}$ 的关系

（1）公式推导

从两者的定义式、内能和焓之间的关系以及热力学性能的全微分公式进行推导，得：

$$C_{P,m} - C_{V,m} = \left(\frac{\partial U_m}{\partial V}\right)_T \left(\frac{\partial V_m}{\partial T}\right)_P + P\left(\frac{\partial V_m}{\partial T}\right)_P \tag{2.30}$$

式(2.30)适用于任何物质。

（2）物理意义

由式(2.30)可以看出，$C_{P,m}$ 和 $C_{V,m}$ 的差值由两个部分组成：

① $\left(\frac{\partial V_m}{\partial T}\right)_P$ 代表恒压时温度上升引起的体积增量。

$P\left(\frac{\partial V_m}{\partial T}\right)_P$ 代表恒压时温度升高 1 K，由体积膨胀系统对环境做的功。

② $\left(\frac{\partial U_m}{\partial V}\right)_T$ 代表体积变化引起内能增量，即内压力。

$\left(\frac{\partial V_m}{\partial T}\right)_P \left(\frac{\partial U_m}{\partial V}\right)_T$ 代表恒压时温度升高 1 K，由体积膨胀而使热力学性能的增值（势能部分）。

故第一项表示温度升 1 K 时因体积变化引起内能增加量，第二项表示体积功。这就是说，$C_{P,m}$ 之所以比 $C_{V,m}$ 大是因为恒压升温时体积膨胀不仅恒容时内能要增加，而且还对外做体积功。

（3）特定系统时 $C_{P,m}$ 和 $C_{V,m}$ 的关系

理想气体：$C_{P,m} - C_{V,m} = R$

凝聚系统：$C_{P,m} - C_{V,m} = 0$，$C_{P,m} = C_{V,m}$

通常温度下，H_e 等单原子分子：$C_{V,m} = \frac{3}{2}R$，$C_{P,m} = \frac{5}{2}R$

H_2 等双原子分子：$C_{V,m} = \frac{5}{2}R$，$C_{P,m} = \frac{7}{2}R$

2.3.8 热力学第一定律对理想气体的应用——焦耳实验

1)焦耳实验

1843 年,焦耳做了气体向真空膨胀的实验,其实验装置如图 2.1 所示。

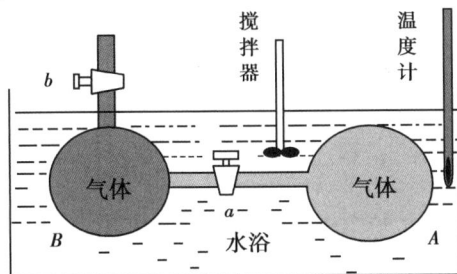

图 2.1 焦耳实验示意图

2)实验结果

结果:测得空气膨胀后温度不变,水浴中水温也不变。
分析:系统和环境热交换:$Q=0$。
　　　系统向真空膨胀:$P_环=0$,故 $W=0$。
　　　热力学第一定律:$\Delta U=Q+W=0$。
即理想气体向真空膨胀内能不变。

3)焦耳实验结论

①理想气体的内能仅是温度的函数:$U=f(T)$。

②理想气体的内能在温度恒定时不随体积变化:$\left(\dfrac{\partial U}{\partial V}\right)_T=0$。即理想气体自由膨胀时内能不变。

③理想气体的内能在温度恒定时与压力无关:$\left(\dfrac{\partial U}{\partial P}\right)_T=0$。

特别注意:

$$\Delta U=\int_{T_1}^{T_2}C_V dT \text{ 和 } \Delta H=\int_{T_1}^{T_2}C_P dT\text{,适用于理想气体的任意过程。}$$

2.3.9 热力学第一定律对理想气体单纯状态变化过程的应用

理想气体单纯状态变化是指无化学变化又无相变化,只是系统的 P,V,T 变化过程。

1)理想气体恒温可逆过程

$$\text{I}(P_1,V_1,T)\xrightarrow{\text{恒温}}\text{II}(P_2,V_2,T)$$

$$dT = 0, \Delta U = 0, \Delta H = 0$$

$$W_{r,T} = -\int_{V_1}^{V_2} P_e dV = -\int_{V_1}^{V_2} (P \pm dP) dV = -\int_{V_1}^{V_2} P dV$$

$$= -\int_{V_1}^{V_2} \frac{nRT}{V} dV = -nRT \ln \frac{V_2}{V_1}$$

$$= -P_1 V_1 \ln \frac{V_2}{V_1} = -P_2 V_2 \ln \frac{V_2}{V_1}$$

$$Q_T = -W_T = nRT \ln \frac{V_2}{V_1}$$

2）理想气体恒容过程

$$dV = 0, W = 0$$

$$Q_V = \Delta U_V = \int_{T_1}^{T_2} nC_{V,m} dT = nC_{V,m}(T_2 - T_1)$$

$$\Delta H = \int_{T_1}^{T_2} nC_{P,m} dT = nC_{P,m} \Delta T$$

3）理想气体恒压过程

$$W_{r,T} = -\int_{V_1}^{V_2} P_e dV = -P \Delta V = -nR \Delta T$$

$$Q_P = \Delta H = \int_{T_1}^{T_2} nC_{P,m} dT = nC_{P,m}(T_2 - T_1)$$

$$\Delta U_V = Q_P + W = \Delta H = nC_{P,m} \Delta T - nR \Delta T = nC_{V,m} \Delta T$$

4）理想气体绝热过程

绝热过程是指气缸绝热或过程进行太快以致系统与环境来不及进行热交换的过程。因为 $Q = 0$，由 $\Delta U = Q + W$，所以 $\Delta U = W = nC_{V,m}(T_2 - T_1)$。

$$\begin{cases} 系统对外做功(绝热膨胀), W < 0, \Delta U \downarrow \to T \downarrow \\ 对系统做功(绝热压缩), W > 0, \Delta U \uparrow \to T \uparrow \end{cases}$$

即理想气体绝热可逆过程中 PVT 均发生变化。

$$W_{r,a} = -\int_{V_1}^{V_2} P dV$$

①绝热可逆过程方程：

$$\text{I}(P_1, V_1, T_1) \xrightarrow{Q=0} \text{II}(P_2, V_2, T_2)$$

理想气体绝热可逆过程方程式：

$$\begin{cases} TV^{\gamma-1} = C \\ PV^{\gamma} = C \\ P^{1-\gamma} T^{\gamma} = C \end{cases} \tag{2.31}$$

$\gamma = \dfrac{C_P}{C_V}$，称为绝热指数。

$\gamma = 1.67$(单原子气体)

$\gamma = 1.40$(双原子气体)

$\gamma = 1.33$(多原子气体)

适用条件:理想气体、绝热、可逆。

用途:求末态的 PVT。

理想气体绝热可逆体积功计算:

方法一:由功的定义推出计算公式。

根据:$P_1 V_1^{\gamma} = P_2 V_2^{\gamma} = \cdots = P V^{\gamma}$,$P = \dfrac{P_1 V_1^{\gamma}}{V^{\gamma}}$

$$W_{r,a} = -\int_{V_1}^{V_2} P dV = -\int_{V_1}^{V_2} \frac{P_1 V_1^{\gamma}}{V^{\gamma}} dV == -P_1 V_1^{\gamma} \int_{V_1}^{V_2} \frac{dV}{V^{\gamma}} \tag{2.32}$$

$$= -\frac{P_1 V_1^{\gamma}}{1 - \gamma} \left[\frac{1}{V_2^{\gamma - 1}} - \frac{1}{V_1^{\gamma - 1}} \right]$$

方法二:根据热力学第一定律和理想气体的性质。

$$W_a = \Delta U = \int_{T_1}^{T_2} n C_{V,m} dT = n C_{V,m} (T_2 - T_1) \tag{2.33}$$

②绝热不可逆过程。

对于绝热过程:因为 $Q = 0$,所以 $dU = \delta W$。

$$\Delta U = \int_{T_1}^{T_2} n C_{V,m} dT = n C_{V,m} (T_2 - T_1) = -P_{环}(V_2 - V_1) = W_a$$

③讨论。

a.绝热不可逆与绝热可逆。

因为 $Q = 0$,所以 $dU = \delta W$。

$$\begin{cases} W_{不可逆} = -C_V (T_1 - T_2) \\ W_{可逆} = -C_V (T_1 - T_2') \end{cases}$$

故绝热可逆和绝热不可逆不能由同一始态达到同一终态。

$$W_{可逆} > W_{不可逆}, T_2' < T_2$$

b.绝热自由膨胀过程。

理想气体向真空绝热膨胀:

$$P_{外} = 0, W = 0, \Delta U = 0, \Delta T = 0, \Delta H = 0$$

故绝热自由膨胀和恒温自由膨胀相同。

c.恒温可逆与绝热可逆体积功的区别。

恒温可逆 $PV =$ 常数 1,绝热可逆 $PV^{\gamma} =$ 常数 2,均为过程方程,即在那个过程中 PV 间的关系,同样由 V_1 胀至 V_2,绝热压力降得多,或者说,绝热线更陡。

理想气体 $W_{r,T}$(体)和 $W_{r,a}$(体)比较,如图 2.2 所示。

说明:①恒温可逆膨胀和绝热可逆膨胀,不能达到同一终态。

②恒温可逆膨胀:$V \uparrow \to P \downarrow$。

绝热可逆膨胀:$\begin{cases} V \uparrow \to P \downarrow \\ V \downarrow \to P \downarrow \end{cases}$。

③$W_{恒温可逆} > W_{绝热可逆}$。

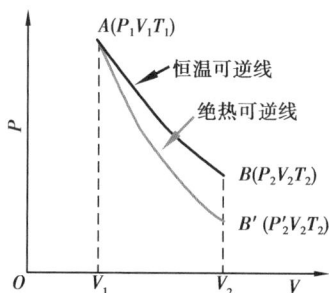

图 2.2　恒温可逆与绝热可逆的 P-V 线

2.3.10　热力学第一定律对相变过程的应用

1）相

在体系中物理性质和化学性质完全相同的均匀部分称为相。

相与相之间在指定条件下有明显的（分）界面。在界面上，从宏观角度来看，性质的改变是飞跃的。

2）相变焓

1 mol 纯物质于恒定温度下及该温度下的平衡压力发生相变时对应的焓变，记为：$\Delta_{相变}H_m(T)$，单位为 J/mol。

3）相变焓随温度的变化

相变焓是 P,T 的函数，$\Delta_{相变}H_m(T)=f(P,T)$，但平衡压力取决于温度 $P=f(T)$，因此，$\Delta_{相变}H_m=f(T)$。

$$\Delta_{相变}H_m(T_2) = \Delta_{相变}H_m(T_1) + \int_{T_1}^{T_2}\Delta_{相变}C_{P,m}dT \tag{2.34}$$

4）相变过程中 W，Q，ΔU 和 ΔH 的计算

①可逆相变：恒温恒压及参加变化的两相平衡共存条件下发生的相变。

$$W = -P\Delta V = -P(V_g - V_l) = -PV_g = -nRT \tag{2.35}$$

如 $L{\rightarrow}G$，则：$Q_P = \Delta H = n\Delta_{Vap}H$

$$\Delta U = Q_P + W$$

②不可逆相变：不是在恒温恒压及两相平衡共存条件下发生的相变。

通过设计过程计算，借助可逆相变。

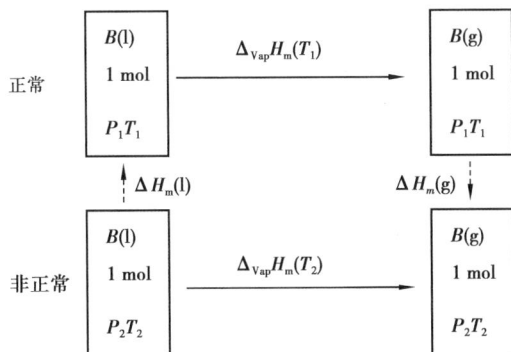

根据状态函数性质有：

$$\Delta_{Vap}H_m(T_2) = \Delta_{Vap}H_m(T_1) + \Delta H_m(g) + \Delta H_m(l)$$

$$\Delta_{Vap}H_m(T_2) = \Delta_{Vap}H_m(T_1) + \int_{T_1}^{T_2} C_{P,m}(g)\,dT - \int_{T_1}^{T_2} C_{P,m}(l)\,dT$$

$$= \Delta_{Vap}H_m(T_1) + \int_{T_1}^{T_2}\left[C_{P,m}(g) - C_{P,m}(l)\right]dT$$

$$= \Delta_{Vap}H_m(T_1) + \int_{T_1}^{T_2}\Delta_{Vap}C_{P,m}\,dT$$

$$= Q_P$$

$$W = -P\Delta V = -P(V_g - V_l) = -PV_g = -nRT$$

$$\Delta U = Q_P + W$$

2.3.11 热力学第一定律对化学反应的应用——热化学

1）热化学

化学反应的过程是反应物分子结构发生变化并生成生成物的过程，在此过程中，由于物质的内部质点相互作用发生了变化，或者说，产物与反应物各自键能总值的不同，于是就伴有放热或吸热效应发生，而研究、测定并计算这些热的科学称为热化学。

2）化学反应计量式及反应进度

一般的化学反应：$aA+bB=lL+mM$，可写为

$$0 = \sum v_B B \tag{2.36}$$

式中 v_B——化学计量系数，与反应式写法有关，反应物为负，产物为正。

在物理化学中，这个化学反应的方程式称为"化学反应计量式"，它表示发生了 1 mol 化学反应时，消耗 a mol A，b mol B 而产生了 l mol L 和 m mol M。或者说，每发生 1 mol 化学反应就有 a mol A 和 b mol B 组成的始态和生成 l mol L 和 m mol M 组成的末态。这就是所谓的"1 mol 化学反应"，它是一个很重要的概念。

如果上面的化学反应不是进行了 1 mol，可以用反应进度 ξ 表示：

定义反应进度：$\xi = \dfrac{\Delta n_B}{v_B}$

对微小进度：$\mathrm{d}\xi = \dfrac{\mathrm{d}n_{\mathrm{B}}}{v_{\mathrm{B}}}$。

①$\xi \geqslant 0$，$\xi = 1$ 称 1 mol 反应，反映化学反应进行的程度。

②ξ 与反应计量方程的写法有关。

③ξ 与反应物组分无关，任意时刻，可用反应物或产物来表示进行的程度，其值相同。

④对一个反应系统，其广度性质 $X = f(T, P, \xi)$。

3）盖斯定律

1840 年，俄国化学家盖斯就发现"在整个恒压或恒容时，化学反应热只取决于初始和终了状态而与具体途径无关"，这就是著名的盖斯定律。

4）化学反应的热效应

反应热：在恒温且无非体积功的条件下，反应系统吸收或放出的热量。

化学反应常常有两种途径：

一种是恒压的化学反应：反应在固定容积的容器内进行（如量热器），反应热为恒温恒容下的恒容热效应 Q_{V}，显然 $Q_{\mathrm{V}} = \Delta U_{\mathrm{V}}$。

一种是恒容的化学反应：反应在恒压恒温下进行，热效应为恒温恒压热效应 Q_{P}，显然，$Q_{\mathrm{P}} = \Delta H_{\mathrm{P}}$。

这两种途径的反应热最容易求，因为 ΔH，ΔU 是状态函数，只与始末状态有关，而与具体途径无关。

由于 ΔH 和 ΔU 是状态函数与路径无关，因此，盖斯定律是热力学第一定律的必然结果。

5）摩尔反应焓

在 P，T，y_1 确定状态下进行 $\mathrm{d}\xi$ 微量反应引起的 $\mathrm{d}H$，也就是折合为进行 1 mol 反应引起的焓变，为该状态下的摩尔反应焓，记为 $\Delta_{\mathrm{r}}H_{\mathrm{m}}$，单位为 J/mol。

$$\Delta_{\mathrm{r}}H_{\mathrm{m}}(T, P, y_{\mathrm{B}}) = \sum v_{\mathrm{B}}H_{\mathrm{B}}(P, T, y_{\mathrm{B}}) \tag{2.37}$$

6）标准态

①气体的标准态：标准压力 $P^{\ominus}$（100 kPa）下的纯理想气体。

②凝聚体的标准态：标准压力 $P^{\ominus}$（100 kPa）下的纯液体或纯固体。

注意：

物质的标准态没有对温度 T 加以限定。

7）标准摩尔反应焓 $\Delta_{\mathrm{r}}H_{\mathrm{m}}^{\ominus}(T)$

若一个任意化学反应中各物质均处于温度为 T 的标准状态下的摩尔反应焓称标准摩

尔反应焓,记为 $\Delta_r H_m^\ominus(T)$,单位为 J/mol 或 kJ/mol。

如化学反应:

$$aA \quad + \quad bB \quad = \quad lL \quad + \quad mM$$

$$T,P^\ominus \qquad T,P^\ominus \qquad T,P^\ominus \qquad T,P^\ominus$$

$$纯态 \qquad 纯态 \qquad 纯态 \qquad 纯态$$

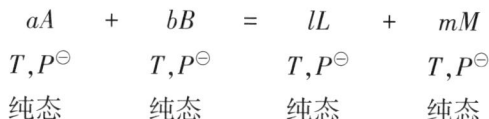

$$\Delta_r H_m^\ominus(T) = \sum \upsilon_B H_{B,m}^\ominus(T) \tag{2.38}$$

8)标准摩尔生成焓与标准摩尔反应焓

(1)标准摩尔生成焓

热力学规定:在温度 T 的标准态下,由最稳定的单质生成 1 mol 化合物的反应焓称该物质在温度 T 的标准摩尔生成焓。$\Delta_f H_B^\ominus(\omega,T)$,式中 f=formation(生成),ω 为相(g,l,s),$\ominus$代表标准,单位为 J/mol 或 kJ/mol。

注意:

①单质必须是稳定态,例如碳(C)有 3 种相态:无定型 C、石墨和金刚石。它们均由碳原子组成,但晶体结构不同,其中只有石墨为稳定相态。

纯物质在稳定相态时的 $\Delta_f H_B^\ominus = 0$。

非最稳定单质的 $\Delta_f H_B^\ominus \neq 0$。

如碳的两种形态:$\Delta_f H_m^\ominus(石墨) = 0,\Delta_f H_m^\ominus(金刚石) = 1\ 821$ J/mol。

②对温度 T 没有限制。

同一物质,不同温度下的 $\Delta_f H_B^\ominus(T)$ 不同。

热力学手册上可查到各物质在 $T = 298.15$ K 的标准摩尔生成焓 $\Delta_f H_B^\ominus(298.15$ K$)$。

(2)由 $\Delta_f H_B^\ominus(\omega,T)$ 计算标准摩尔反应焓 $\Delta_r H_m^\ominus(T)$

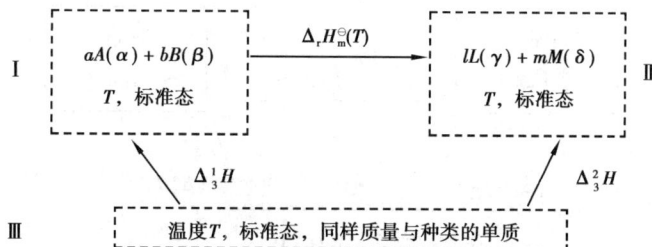

显然:$\Delta_3^2 H = \Delta_3^1 H + \Delta_r H_m^\ominus(T)$

$$\Delta_r H_m^\ominus(T) = \Delta_3^2 H - \Delta_3^1 H$$

$$= \left[l\Delta_f H_L^\ominus(\gamma,T) + m\Delta_f H_M^\ominus(\delta,T) \right] - \left[a\Delta_f H_A^\ominus(\alpha,T) + b\Delta_f H_B^\ominus(\beta,T) \right] \tag{2.39}$$

$$= \sum_B \nu_B \Delta_f H_B^\ominus(\omega,T)$$

其中,ω 代表 $\alpha,\beta,\gamma,\delta$;$B$ 代表 A,B,L,M;ν_i 代表对应的物质在化学计量式中的化学计量数(即系数),也就是说,温度 T 时标准摩尔反应焓为在同温度 T,各参与反应物质的标准摩尔生成焓与化学计量数乘积的代数和,要注意参加反应物质的化学计量数 ν_B,产物为正,反应物为负。

为了方便记忆,式(2.39)可以写成

$$\Delta_r H_m^{\ominus}(T) = \sum \left[\nu_i \Delta_f H_i^{\ominus}(\omega, T) \right]_{\text{产物}} - \left[|\nu_i| \Delta_f H_i^{\ominus}(\omega, T) \right]_{\text{反应物}} \tag{2.40}$$

简单地说,就是产物的焓值之和减去生成物的焓值之和。

9)标准摩尔燃烧焓与标准摩尔反应焓

(1)标准摩尔燃烧焓

热力学规定:在温度 T 的标准态下,由 1 mol β 相的化合物 B 与氧进行氧化反应的焓变,即物质 B 在温度 T 时的标准摩尔燃烧焓,记为 $\Delta_C H_B^{\ominus}(\beta, T)$。其中,C 为燃烧(combustion)。

注意:

①物质处于标准态(100 kPa)。

②完全氧化,如 C 氧化成 CO_2 而非 CO;H_2 完全氧化生成 H_2O,即 $C \to CO_2$;$H \to H_2O(l)$;$S \to SO_3(g)$;$N \to N_2$;$Cl \to HCl(溶液)$。

已完全燃烧的物质如 $H_2O(l)$、$CO_2(g)$ 等的 $\Delta_C H_I^{\ominus}(\beta, T) = 0$。

③对温度 T 没有限制。

同一物质,不同温度下的 $\Delta_C H_B^{\ominus}(T)$ 不同。

热力学手册上可查到各物质在 $T = 298.15$ K 的标准摩尔生成焓 $\Delta_C H_B^{\ominus}(298.15 \text{ K})$。

(2)由 $\Delta_C H_B^{\ominus}(\beta, T)$ 计算化学反应的 $\Delta_r H_m^{\ominus}(T)$

显然:$\Delta_r H_m^{\ominus}(T) = \Delta_1^3 H - \Delta_2^3 H$

只要知道燃烧反应的 $\Delta_1^3 H$ 和 $\Delta_2^3 H$,即可求出 $\Delta_r H_m^{\ominus}(T)$,即

$$\Delta_r H_m^{\ominus}(T) = - \sum \nu_1 \Delta_C H_B^{\ominus}(w, T) \tag{2.41}$$

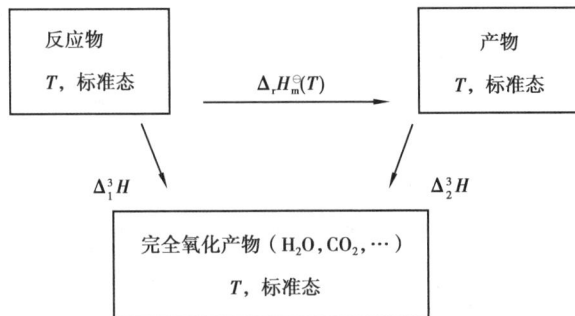

10)基尔霍夫公式(Kirchhoff 公式)——$\Delta_r H_m^{\ominus}(T)$ 与温度 T 的关系

温度不同,标准摩尔反应焓如何变化?

（1）基尔霍夫微分式

由热容定义：$\left(\dfrac{\partial H_m}{\partial T}\right)_P = C_{P,m}$，即

$$\left(\frac{\partial \Delta H_m}{\partial T}\right)_P = \Delta C_{P,m} \quad\text{——基尔霍夫微分式} \tag{2.42}$$

（2）基尔霍夫积分式

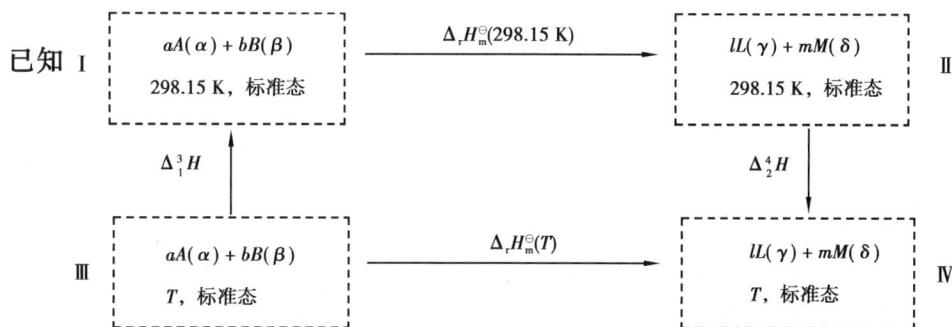

已知

| Ⅰ | $aA(\alpha) + bB(\beta)$ 298.15 K，标准态 | $\xrightarrow{\Delta_r H_m^{\ominus}(298.15\ \text{K})}$ | $lL(\gamma) + mM(\delta)$ 298.15 K，标准态 | Ⅱ |

$\Delta_1^3 H \uparrow$ ㅤㅤㅤㅤㅤㅤㅤㅤㅤ $\downarrow \Delta_2^4 H$

| Ⅲ | $aA(\alpha) + bB(\beta)$ T，标准态 | $\xrightarrow{\Delta_r H_m^{\ominus}(T)}$ | $lL(\gamma) + mM(\delta)$ T，标准态 | Ⅳ |

则：

$$\Delta_r H_m^{\ominus}(T) = \Delta_r H_m^{\ominus}(298.15\ \text{K}) + \Delta_2^4 H + \Delta_1^3 H$$

其中，$\Delta_1^3 H$ 为反应物温度变化引起的焓变：

$$\Delta_1^3 H = \int_{T}^{298.15\ \text{K}} \left[aC_{P,m}(A,\alpha) + bC_{P,m}(B,\beta) \right] \mathrm{d}T$$

$\Delta_2^4 H$ 为产物温度变化引起的焓变：

$$\Delta_2^4 H = \int_{298.15\ \text{K}}^{T} \left[lC_{P,m}(L,\gamma) + mC_{P,m}(M,\delta) \right] \mathrm{d}T$$

$$\Delta_r H_m^{\ominus}(T) = \Delta_r H_m^{\ominus}(298.15\ \text{K}) + \int_{298.15\ \text{K}}^{T} \left[\sum (\nu_i C_{P,m}(I,\omega))_{产物} - \sum (|\nu_i| C_{P,m}(I,\omega))_{反应物} \right] \mathrm{d}T$$

$$= \Delta_r H_m^{\ominus}(298.15\ \text{K}) + \int_{298.15\ \text{K}}^{T} \Delta_r C_{P,m} \mathrm{d}T$$

$$\tag{2.43}$$

式中，$\Delta_r C_{P,m} = \sum \nu_i C_{P,m}(I,\omega)$。

式（2.43）是反映 $\Delta_r H_m^{\ominus}(T)$ 与 T 关系基尔霍夫公式（Kirchhoff 公式）的积分式。

意义：

$\Delta_r H_m^{\ominus}(T)$ 随温度的变化取决于产物与反应物的热容差。

11）火焰最高理论温度

火焰过程是物质恒压燃烧过程。

最高理论温度是指假定系统无热损失于环境，即绝热过程（或者说，燃烧热全部用来加热系统升温）系统升高的温度。

$$Q_P = \Delta H = 0 \quad (恒压，绝热，W' = 0)$$

12) 爆炸反应达到的最高温度

爆炸过程是系统恒容反应由温度、压力的升高引起的破坏过程。

最高温度（及压力）可理想化为恒容绝热过程。

$$Q_V = \Delta U = 0 \quad (恒容，绝热，W' = 0)$$

2.4 思考题

1. 系统的状态改变是否状态函数一定要改变？为什么？如何理解"状态函数是状态的单值函数"？

2. 为什么功可以全部变成热，但热不能全部转化为功。

3. 在一个密闭绝热的房间里放置一台冰箱，然后打开冰箱门，接通电源让冰箱的制冷机运转，经过一段时间后，室内的平均温度将升高、降低还是不变？为什么？

4. 为什么膨胀功和压缩功均使用相同的公式 $W = -\int p(外)\mathrm{d}V$？

5. "系统的焓等于系统的热量"这种说法是否正确？

6. 对于理想气体来说，$\Delta U_T = 0$，是否说明若水蒸气为理想气体，则在 25 ℃下将水蒸发成水蒸气时 $\Delta U_T = 0$？

7. 理想气体经等温可逆变化，因为 $\Delta U = 0$，所以 $Q = W = nRT \cdot \ln\dfrac{V_2}{V_1}$，这里热 Q 与功 W 只取决于始末态的体积，故热 Q 与功 W 也具有状态函数的性质，这种说法正确吗？为什么？

8. 因为 $Q_V = \Delta U$，$Q_P = \Delta H$，所以 Q_V 与 Q_P 都是特定条件下的状态函数，对吗？

2.5 典型例题

1. 容器内有氮气 100 g，温度为 298.2 K，压力为 100 $P^{\ominus}$，令该气体反抗外压力 10 $P^{\ominus}$ 做等外压绝热膨胀，直至气体的压力和外压相等，试计算：

（1）气体终态的温度。

（2）膨胀过程气体做的功和焓变。

解 （1）等外压绝热膨胀，是可逆过程。$Q_a = 0$。

由热力学第一定律 $\Delta U = Q + W$ 可知，$\Delta U = W$，则：

$$n \cdot C_{V,m} \cdot (T_2 - T_1) = -P_2(V_2 - V_1) = -P_2 \cdot \left(\frac{nRT_2}{P_2} - \frac{nRT_1}{P_1}\right) = -nR\left(T_2 - \frac{P_2 T_1}{P_1}\right)$$

$$\frac{5}{2}R \cdot (T_2 - T_1) = -R\left(T_2 - \frac{10P^{\ominus} T_1}{100P^{\ominus}}\right)$$

$$\frac{5}{2} \cdot (T_2 - T_1) = -\left(T_2 - \frac{T_1}{10}\right)$$

$$T_2 = \frac{26}{35} \cdot T_1 = \frac{26}{35} \times 298.2 \text{ K} = 221.52 \text{ K}$$

（2）$W = \Delta U = n \cdot C_{V,m} \cdot (T_2 - T_1) = \frac{100}{28} \times \frac{5}{2} \times 8.314 \times (221.52 - 298.2) \text{ kJ}$

$$= -5.692\ 1 \text{ kJ}$$

$$\Delta H = n \cdot C_{P,m} \cdot (T_2 - T_1) = \frac{100}{28} \times \frac{7}{2} \times 8.314 \times (221.52 - 298.2) \text{ kJ}$$

$$= -7.969\ 0 \text{ kJ}$$

2. 1 mol 单原子理想气体，始态为 202.65 kPa 和 298 K，现使其体积分别经过下列途径增大到原体积的两倍，（1）等温可逆膨胀；（2）绝热可逆膨胀。计算每种情况下终态压力及各过程的 $W, Q, \Delta U$ 和 ΔH。

解 （1）等温可逆膨胀，已知 $P_1 = 202.65$ kPa，$T = 298$ K，$V_2 = 2 \cdot V_1$。

因为　　$P_1 \cdot V_1 = P_2 \cdot V_2$

所以　　$P_2 = P_1 \cdot \dfrac{V_1}{V_2} = 202.65 \text{ kPa} \times \dfrac{V_1}{2V_1} = 101.325 \text{ kPa}$

因为 $T_1 = T_2$，则 $\Delta U_1 = \Delta H_1 = 0$。

$$W_1 = \int P dV = \int \frac{nRT}{V} dV = nRT \cdot \ln \frac{V_2}{V_1} = (1 \times 8.314 \times 298 \times \ln 2) \text{ kJ} = 1.717\ 3 \text{ kJ}$$

由热力学第一定律 $\Delta U = Q + W = 0$ 可得：

$$Q_1 = -W_1 = -1.717\ 3 \text{ kJ}$$

（2）绝热可逆膨胀 $\left(C_{V,m} = \dfrac{3}{2}R, C_{P,m} = \dfrac{5}{2}R \right)$，$Q_2 = 0$ kJ。

$$P_2 = P_1 \cdot \left(\frac{V_1}{V_2} \right)^{1.67} = 202.65 \text{ kPa} \times \left(\frac{1}{2} \right)^{1.67} = 63.683\ 4 \text{ kPa}$$

$$T_2 = T_1 \cdot \left(\frac{V_1}{V_2} \right)^{\gamma-1} = 298 \text{ K} \times \left(\frac{1}{2} \right)^{0.67} = 187.3 \text{ K}$$

$$\Delta U_2 = \int n \cdot C_{V,m} \cdot dT = n \cdot C_{V,m} \cdot (T_2 - T_1) = \left[1 \times \frac{3}{2} \times 8.314 \times (187.3 - 298) \right] \text{ kJ}$$

$$= -1.380\ 5 \text{ kJ}$$

$$\Delta H_2 = \int n \cdot C_{P,m} \cdot dT = n \cdot C_{P,m} \cdot (T_2 - T_1) = \left[1 \times \frac{5}{2} \times 8.314 \times (187.3 - 298) \right] \text{ kJ}$$

$$= -2.300\ 9 \text{ kJ}$$

由热力学第一定律 $\Delta U = Q + W$，可得 $\Delta U_2 = W_2 = -1.380\ 5$ kJ。

3. 已知恒压下，某化学反应的 $\Delta_r H_m$ 与温度 T 无关。试证明该反应的 $\Delta_r S_m$ 也与 T 无关。

证明 恒温恒压下化学反应：$\Delta_r S_m = \dfrac{\Delta_r H_m - \Delta_r G_m}{T}$。

恒压下，求上式两边对 T 的偏微商：

$$\left(\frac{\partial \Delta_r S_m}{\partial T}\right)_P = \left[\frac{\partial\left(\frac{\Delta_r H_m - \Delta_r G_m}{T}\right)}{\partial T}\right]_P$$

$$= \left[\frac{\partial\left(\frac{\Delta_r H_m}{T}\right)}{\partial T}\right]_P - \left[\frac{\partial\left(\frac{\Delta_r G_m}{T}\right)}{\partial T}\right]_P$$

$$= \frac{1}{T}\left(\frac{\partial \Delta_r H_m}{\partial T}\right)_P - \frac{\Delta_r H_m}{T^2} - \left[\frac{\partial\left(\frac{\Delta_r G_m}{T}\right)}{\partial T}\right]_P$$

又根据 Gibbs-Helmholts 公式，有：

$$\left[\frac{\partial\left(\frac{\Delta_r G_m}{T}\right)}{\partial T}\right]_P = -\frac{\Delta_r H_m}{T^2}$$

代入上式，得：

$$\left(\frac{\partial \Delta_r S_m}{\partial T}\right)_P = \frac{1}{T}\left(\frac{\partial \Delta_r H_m}{\partial T}\right)_P$$

由于 $\left(\frac{\partial \Delta_r H_m}{\partial T}\right)_P = 0$，即

$$\left(\frac{\partial \Delta_r S_m}{\partial T}\right)_P = \frac{1}{T}\left(\frac{\partial \Delta_r H_m}{\partial T}\right)_P = 0$$

因此，$\Delta_r S_m$ 与 T 无关。

按式 $C_{P,m} - C_{V,m} = \left(\left(\frac{\partial U_m}{\partial V_m}\right)_T + p\right)\left(\frac{\partial V_m}{\partial T}\right)_P$ 讨论其物理意义。

在 $C_{P,m} - C_{V,m} = \left(\left(\frac{\partial U_m}{\partial V_m}\right)_T + p\right)\left(\frac{\partial V_m}{\partial T}\right)_P$ 中，$p\left(\frac{\partial V_m}{\partial T}\right)_P$ 项与因温度升高体积增大，为做体积功而消耗的能量有关。

$\left(\frac{\partial U_m}{\partial V_m}\right)_T\left(\frac{\partial V_m}{\partial T}\right)_P$ 项与因温度升高分子之间的距离增大，为克服分子之间引力而消耗的能量有关。

第3章
热力学第二定律 ···○

3.1 知识导图

```
                          热力学第二定律
    ┌───────────────┬──────────────┬──────────────┬──────────────────┐
  基本概念        热力学第二定律   热力学第三定律   热力学第二定律的应用
```

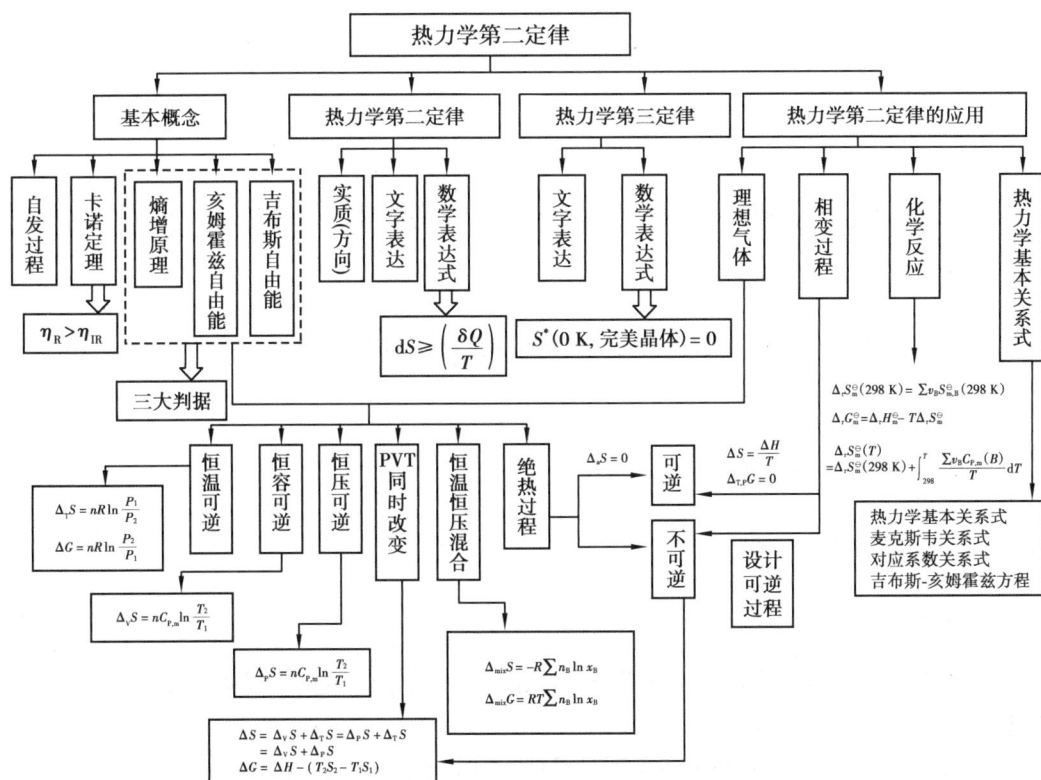

$$\Delta_r S_m^{\ominus}(298\text{ K}) = \sum v_B S_{m,B}^{\ominus}(298\text{ K})$$

$$\Delta_r G_m^{\ominus} = \Delta_r H_m^{\ominus} - T\Delta_r S_m^{\ominus}$$

$$\Delta_r S_m^{\ominus}(T) = \Delta_r S_m^{\ominus}(298\text{ K}) + \int_{298}^{T} \frac{\sum v_B C_{P,m}(B)}{T} dT$$

热力学基本关系式
麦克斯韦关系式
对应系数关系式
吉布斯-亥姆霍兹方程

$$\Delta_T S = nR\ln\frac{P_1}{P_2}$$

$$\Delta G = nR\ln\frac{P_2}{P_1}$$

$$\Delta_V S = nC_{V,m}\ln\frac{T_2}{T_1}$$

$$\Delta_P S = nC_{P,m}\ln\frac{T_2}{T_1}$$

$$\Delta_{mix}S = -R\sum n_B\ln x_B$$

$$\Delta_{mix}G = RT\sum n_B\ln x_B$$

$$\Delta S = \Delta_V S + \Delta_T S = \Delta_P S + \Delta_T S$$
$$= \Delta_V S + \Delta_P S$$
$$\Delta G = \Delta H - (T_2 S_2 - T_1 S_1)$$

$$\Delta_a S = 0$$

$$\Delta S = \frac{\Delta H}{T}$$
$$\Delta_{T,P}G = 0$$

$$dS \geq \left(\frac{\delta Q}{T}\right)$$

$$S^*(0\text{ K, 完美晶体}) = 0$$

$$\eta_R > \eta_{IR}$$

3.2 基本要求

①了解不可逆过程的定义及特征。

②理解热力学第二定律的文字表述,明确其意义。

③了解热机效率和卡诺定理,了解它们与热力学第二定律的联系。

④理解克劳修斯不等式的意义,掌握循环过程的热温熵的规律。(重难点)

⑤掌握可逆过程、不可逆过程的热温熵和熵函数,理解熵增原理与熵判据。

⑥理解熵 S、吉布斯自由能 G、亥姆霍兹自由能 A 的定义,并理解它们的物理意义和判

据条件。（重点）

⑦了解热力学第三定律,知道规定熵的意义、计算及应用。

⑧熟练掌握简单状态变化过程(P,V,T 变化)和相变过程的 $\Delta S,\Delta G,\Delta A$ 的计算,会设计可逆过程。（重难点）

⑨会运用吉布斯-亥姆霍兹方程式。

⑩掌握热力学函数(P,V,T,U,H,S,A,G)的基本关系式、麦克斯韦关系式。（重难点）

⑪掌握化学势的定义,了解理想气体和实际气体的化学势。

⑫理解化学势判据在相平衡和化学平衡方面的应用。

3.3 内容要点

3.3.1 自发过程

1)自发过程的定义

自发过程是指在自然界中,凡是无须任何外力参与就可以自动发生的过程。

2)自发过程的共同特征

①向着隔离体系中能量分散程度增大的方向进行,即平衡态。

②自发过程都是不可逆的。

③自发过程都有做功本领。

④体系复原后,环境失去功,得到热。

3.3.2 卡诺循环

1)卡诺循环的含义及特征

①热机:通过工质,从高温热源吸热,向低温热源放热,并对环境做功的循环操作的机器。

②热力学循环:热机内部工质不断进行的循环过程。

③热机效率:热机从高温热源 T 吸收的热量 Q_1 转化为 W 的分数,用 η 表示。

$$\eta = \frac{-W}{Q_1} = \frac{Q_1 + Q_2}{Q_1} \tag{3.1}$$

式中　Q_1——高温吸热,为正值;

　　　Q_2——排给低温热量,为负值。

④卡诺热机:理想可逆循环的热机,其热功转化效率最大。

⑤卡诺循环:n mol 理想气体作为工质,在高温热源 T_1 和低温热源 T_2 之间,经 4 个可逆过程组合起来的循环。

卡诺热机效率:

$$\eta = -\frac{W}{Q_1} = \frac{nR(T_1 - T_2)\ln\dfrac{V'}{V_1}}{nRT_1\ln\dfrac{V'}{V_1}} = \frac{T_1 - T_2}{T_1} = \frac{Q_1 + Q_2}{Q_1} \quad (3.2)$$

卡诺循环的结论：

①η 只与 T_1 和 T_2 有关，与工质无关，T_1-T_2 温差越大，η 越大。

若 T_2 一定，T_1 越大，η 越大，则热的品位越高。

②卡诺机为可逆机，逆向时 η 不变，若 4 个步骤逆向进行即为制冷机工作原理。

2）卡诺定理

在 T_1 和 T_2 两热源间工作的所有热机中，可逆热机的效率越大。

$$\eta_{(不可逆)} < \eta_{(可逆)}$$

式中　$\eta_{(不可逆)}$——不可逆热机效率；

　　　$\eta_{(可逆)}$——可逆热机效率。

3）卡诺定理的推论

在 T_1 和 T_2 两热源间工作的所有可逆热机其效率必相等，与工作物质性质变化的种类无关。

$$\eta_{R_1} = \eta_{R_2} = \eta_{R_3} = \cdots = \frac{T_1 - T_2}{T_1} \quad (3.3)$$

4）卡诺定理的意义

①引入不等号 $\eta_{(不可逆)} < \eta_{(可逆)}$，原则上，解决了化学反应方向的问题。

②提高热机效率的根本途径。

③解决了热机效率的极限值问题。

3.3.3　热力学第二定律

1）两种经典表述

（1）克劳修斯说法（1850 年）

热不能自动从低温物体流向高温物体。

（2）开尔文说法（1851 年）

不能制造出一种循环机器，它从单一热源吸热而使之全部变成功，而不引起其他变化。

2）其他表述

①第二类永动机是不可能造成的。

什么叫第二类永动机？就是能够从单一热源吸热，并将所有吸收的热全部变为功而无其他影响。

　　②一切自发过程都是不可逆的。

　　③自发过程在适当条件下可以做功。

　　④熵增原理。

　　自发过程都是向着隔离体系中能量分散程度增大的方向。

3.3.4　热力学第二定律的数学表达式与熵函数

　　热力学第二定律的原始表述判断过程的方向和限度显然很不方便且不易操作。因此,必须根据热力学第二定律引出一个新的函数作判据来判断过程的方向和限度。克劳修斯在卡诺循环的基础上定义了一个状态函数——熵(entropy)。

　　1)熵函数

　　卡诺循环:

$$\oint \left(\frac{\delta Q}{T}\right)_R = 0$$

　　任意可逆循环:

$$\oint \frac{\delta Q_R}{T} = 0$$

其中,$\left(\frac{\delta Q}{T}\right)_R$为某函数的全微分,积分值与路径无关(因为只有全微分的积分才与路径无关)为状态函数。

　　(1)熵的定义

　　克劳修斯将此函数定义为熵,用符号 S 表示。

$$dS \equiv \frac{\delta Q_R}{T} \tag{3.4}$$

　　过程熵变:

$$\Delta S = \int_{T_1}^{T_2} \frac{\delta Q_R}{T}$$

　　环路积分:

$$\oint dS = 0$$

这里的热一定是可逆过程热。

　　(2)熵函数的特征

　　①熵是系统的状态函数,熵变仅与始终态有关,而与路径无关。

　　②熵是容量性质,与物质的量有关,且整个体系的熵是各部分熵的总和。

　　③过程的可逆性可用克劳修斯不等式判断:$\Delta S \geqslant \int_I^{II} \frac{\delta Q_R}{T}$(=,可逆; >,不可逆)。

　　④对一个隔离体系(广义的大隔离体系),过程的自发性可用下式判断。

$$[\Delta S_体 + \Delta S_环] \geqslant 0(>0\ 自发;=0\ 平衡) \tag{3.5}$$

2)可逆过程的热温商(图3.1)

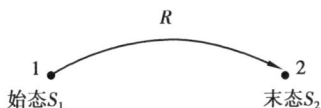

始态S_1 R 末态S_2

图 3.1 可逆状态变化示意图

根据定义,$\int_1^2\left(\dfrac{\delta Q}{T}\right)_R = \int_1^2 dS = S_2 - S_1 = \Delta S$。

可逆过程的熵变:

$$\Delta S = \int_I^{II} dS = \int_I^{II}\left(\frac{\delta Q}{T}\right)_R \tag{3.6}$$

熵 S 的性质:
- 单位:J/K。
- 状态函数,只取决于始终态,具有全微分。
- 广度性质。
- 绝对值未知。

3)不可逆循环过程中的热温商

$$\sum\left(\frac{\delta Q}{T}\right)_{IR} < 0 \tag{3.7}$$

4)不可逆过程的热温商小于可逆过程的热温商(图3.2)

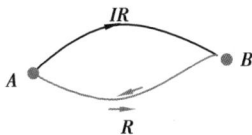

图 3.2 不可逆的循环过程

$$\int_A^B\left(\frac{\delta Q}{T}\right)_{IR} < \Delta S_{A\to B}\ 或\left(\frac{\delta Q}{T}\right)_{IR} < dS \tag{3.8}$$

3.3.5 克劳修斯不等式——热力学第二定律的数学表达式

1)克劳修斯不等式

可逆过程:

$$dS = \left(\frac{\delta Q}{T}\right)_R\ 或\Delta S = \int\left(\frac{\delta Q}{T}\right)_R \tag{3.9}$$

不可逆过程:

$$dS > \left(\frac{\delta Q}{T}\right)_{IR}\ 或\Delta S > \int\left(\frac{\delta Q}{T}\right)_{IR} \tag{3.10}$$

$$dS \geqslant \left(\frac{\delta Q}{T}\right) \text{ 或 } \Delta S \geqslant \int\left(\frac{\delta Q}{T}\right) \begin{cases} IR\,(\text{不可逆过程}) \\ R\,(\text{可逆过程}) \end{cases} \tag{3.11}$$

克劳修斯不等式称为"熵判据"。

①可用来判断一个过程是否可逆。

②差值越大，不可逆程度越大。

③T 是环境温度；当使用其中的"="时，可认为 T 是系统温度。

2) 绝热过程中的克劳修斯不等式

$$dS_a \geqslant 0 \text{ 或 } \Delta S_a \geqslant 0 \begin{cases} \text{不可逆过程} \\ \text{可逆过程} \end{cases} \tag{3.12}$$

结论：绝热可逆过程是恒熵过程；反之，亦然。

　　　绝热不可逆过程是熵增加的过程。

不足：没有明确指明过程的方向。

3) 隔离系统的克劳修斯不等式——熵增原理

在隔离体系中，自发过程向着熵增大的方向进行。因此：

$$dS_{is} \geqslant 0 \text{ 或 } \Delta S_{is} \geqslant 0 \begin{cases} \text{不可逆过程（可逆过程）} \longrightarrow \text{方向} \\ \text{可逆过程（平衡态）} \longrightarrow \text{限度} \end{cases} \tag{3.13}$$

即 $\Delta S_{is} > 0$，自发过程；$\Delta S_{is} = 0$，平衡态；$\Delta S_{is} < 0$，非自发过程。

　　结论：①隔离系统的熵是增加的，直至最大。

　　　　　②隔离系统的变化向着熵增大方向进行，平衡时熵值最大。

　　　　　③一个孤立系统的熵永不减小。

4) 熵判据

熵变化用于判定隔离系统变化的方向和限度：

①如果 $\Delta S = \Delta S_{系} + \Delta S_{环} = 0$，则原系统的过程能实际发生，过程是可逆的。

②如果 $\Delta S = \Delta S_{系} + \Delta S_{环} > 0$，则原系统的过程能实际发生，且过程是不可逆的。

③如果 $\Delta S = \Delta S_{系} + \Delta S_{环} < 0$，则原系统的过程不可能发生。

5) 熵的物理意义

①表示系统混乱程度的量度，混乱度越大，能量的可用性越差，即能量贬值。

②量度系统无序度的函数。

3.3.6　熵变的计算

由熵的定义式 $dS = \dfrac{\delta Q_{可逆}}{T}$ 及熵变公式 $\Delta S = \int_{I}^{II} \dfrac{\delta Q_{可逆}}{T}$ 可知，对任意过程如何计算 ΔS？

由于 S 是状态函数，ΔS 仅取决于始末状态而与路径无关，只要确定始末状态，不管原过程是否可逆，只要设计一条可逆途径，则该途径的熵变 ΔS 就是设计途径各熵变的总和。

由熵判据可知，$\Delta S_{隔} \geq 0$（自发，平衡）或 $\Delta S_{体} + \Delta S_{环} \geq 0$ 及 $\Delta S_{隔} \geq 0$（自发，平衡），故必须求出 $\Delta S_{体}$ 及 $\Delta S_{环}$。

1）体系熵变的计算（$\Delta S_{体系}$）

（1）单纯 PVT 的变化情况

所谓单纯 PVT 的变化，即没有相变化和化学变化。在两个状态间设计一路线可逆过程（无非体积功），则根据热力学第一定律，有：

$$\delta Q_{可逆} = dU - \delta W$$
$$= dU - (-PdV + \delta W')$$
$$= dU + PdV$$

那么

$$\Delta S = \int_{I}^{II} \frac{\delta Q_{可逆}}{T} = \int_{I}^{II} \frac{dU + PdV}{T} \tag{3.14}$$

对于理想气体：

$$\Delta S = \int_{I}^{II} \frac{nC_{V,m}dT}{T} + \int_{I}^{II} \frac{1}{T} \cdot \frac{nRT}{V}dV \tag{3.15}$$

若 $C_{V,m}$ 为常数：

$$\Delta S = nC_{V,m} \ln \frac{T_2}{T_1} + nR \ln \frac{V_2}{V_1} \tag{3.16}$$

若 $C_{V,m}$ 不为常数：

$$\Delta S = \int_{I}^{II} \frac{nC_{V,m}}{T}dT + nR \ln \frac{V_2}{V_1} \tag{3.17}$$

式（3.15）是计算封闭系统简单 P,V,T 变化时 ΔS 的计算通式。

有以下几种特殊情况：

①恒温可逆过程（$T_1 = T_2$）。

理想体系：

$$\Delta S_T = \int_1^2 \frac{dU + PdV}{T} = \int_1^2 \frac{PdV}{T} = \int_1^2 \frac{nR}{V}dV = nR \ln \frac{V_2}{V_1} = nR \ln \frac{P_1}{P_2} \tag{3.18}$$

凝聚态系统：

$$\Delta S_T = \int \frac{\delta Q_R}{T} = \int \frac{dU + PdV}{T} = 0 \tag{3.19}$$

②恒容可逆变温过程（$V_1 = V_2$）。

$$\Delta S_V = \int_1^2 \frac{nC_{V,m}dT}{T} = nC_{V,m} \ln \frac{T_2}{T_1} \tag{3.20}$$

恒容时：$\delta Q_{可逆} = \delta Q_V = nC_{V,m}dT$。

意义：$T\uparrow, S\uparrow$，且每升温 1 K，S 增加 C_V/T。

③恒压可逆变温过程$(P_1=P_2)$。

$$\Delta S_P = \int_1^2 \frac{nC_{P,m}dT}{T} = nC_{P,m}\ln\frac{T_2}{T_1} \tag{3.21}$$

恒压时：$\delta Q_{可} = \delta Q_P = nC_{P,m}dT$。

意义：$T\uparrow,S\uparrow$，且每升温 1 K，S 增加 C_p/T。

④PVT 同时改变过程（对 g 态系统），如图 3.3 所示。

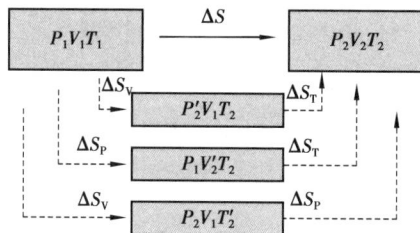

图 3.3　PVT 同时改变过程

对理想气体：

$$\Delta S = nC_{V,m}\ln\frac{T_2}{T_1} + nR\ln\frac{V_2}{V_1} \quad (V,T)$$

$$= nC_{P,m}\ln\frac{T_2}{T_1} + nR\ln\frac{P_2}{P_1} \quad (P,T) \tag{3.22}$$

$$= nC_{V,m}\ln\frac{T_2}{T_1} + nC_{P,m}\ln\frac{V_2}{V_1} \quad (V,P)$$

⑤循环过程：因为 S 是状态函数，所以

$$\Delta S = 0 \tag{3.23}$$

2）理想气体恒温恒压下的混合过程（图3.4）

图 3.4　理想气体恒温恒压下的混合过程

$$n_B: T,P \longrightarrow T,P_B$$

$$\Delta S_B = n_B R\ln\frac{P}{P_B} = -n_B R\ln x_B$$

$$\Delta_{mix}S = -R\sum n_B\ln x_B \tag{3.24}$$

条件：T,P 不同理想气体的混合过程。

3）绝热过程

（1）绝热可逆过程的熵变
由原始公式计算最简单：

$$\Delta S = \int_I^{II} \frac{\delta Q_{可逆}}{T} = \int_I^{II} \frac{0}{T} = 0 \tag{3.25}$$

也可从通用公式出发:

$$\Delta S = n C_{V,m} \ln \frac{T_2}{T_1} + nR \ln \frac{V_2}{V_1}$$

$$= n C_{V,m} \ln \left(\frac{V_2}{V_1} \right)^{1-k} + nR \ln \frac{V_2}{V_1}$$

$$= \left[n C_{V,m} (1-k) + nR \right] \ln \frac{V_2}{V_1} \qquad (3.26)$$

$$= n \left[C_{V,m} \left(\frac{C_V - C_P}{C_V} \right) + R \right] \ln \frac{V_2}{V_1}$$

$$= n \left[-R + R \right] \ln \frac{V_2}{V_1}$$

$$= 0$$

(2)绝热不可逆过程的熵变:$\Delta S \neq 0$

①先求出终态 T,P。

②P,V,T 同时改变,求出 ΔS。

说明只要理想气体的单纯 P,V,T 变化过程,式(3.22)均可用来计算系统的 ΔS。

4)相变过程

(1)可逆相变过程

所谓可逆相变就是体系处于无限接近相平衡条件下进行的相变化。也就是正常沸点和凝固点时的相变化。

例如,101.325 kPa,0 ℃的水和冰之间的相变化;101.325 kPa,100 ℃的水和水蒸气之间的相变化。

按定义: $\Delta_{相变} S = \int \frac{\delta Q_{可逆}}{T}$ （在等温、等压下可逆相变条件）

$$= \int \frac{\mathrm{d}H}{T}$$

$$= \left(\frac{\Delta H}{T} \right)_{相变} \quad (Q_{可逆} = \Delta H_{相变})$$

即

$$\Delta_{相变} S = \int \frac{\delta Q_R}{T} = \int \frac{n \mathrm{d} H_m}{T} = \frac{n \Delta_{相变} H}{T} \qquad (3.27)$$

注:$\Delta H = n \Delta H_{相变}$,$\Delta H$ 具有容量性质。

(2)不可逆相变过程

凡不在无限接近相平衡条件下进行的相变过程,均为不可逆变化。

注意:

　　计算熵变时,按定义应当应用可逆热 $\delta Q_{可逆}$。因此,不能像可逆相变化一样直接求算。

　　借助熵是状态函数,原来的起始、终点之间设计一个由几个可逆过程组成的新途径,这个新途径熵变总和即为原过程的熵变。

5）环境熵变的计算

（1）为什么要计算环境熵变

熵判据

$$\Delta S_{(\text{隔})} = \Delta S_{(\text{系})} + \Delta S_{(\text{环})}$$

（2）如何计算

无论对环境或体系,计算熵变必须从熵定义出发。因为环境通常很大,即环境远大于系统。

所以认为,环境的过程总是可逆的。

$$dS_{(\text{环})} = \frac{\delta Q_{R(\text{环})}}{T_{\text{环}}} = \frac{-\delta Q_{(\text{系})}}{T_{\text{环}}} = \frac{-dH_{\text{系}}}{T_{\text{环}}}$$

$$\Delta S_{(\text{环})} = \frac{Q_{(\text{环})}}{T_{\text{环}}} = \frac{-Q_{(\text{系})}}{T_{\text{环}}} = \frac{-\Delta H_{\text{系}}}{T_{\text{环}}}$$

(3.28)

3.3.7 热力学第三定律

1）热力学第三定律的概念

凝聚体系中,任何恒温化学反应的熵差,均随温度趋于绝对零度而趋于零,即 Nernst 热定理。

1912 年,Planck 将热定理推进了一步,即假定 0 K 纯凝聚态物质的熵值等于零。

$$\lim_{T \to 0} S^*_{(0\,K,\text{凝聚相})} = 0$$

(3.29)

1920 年,Lewis 和 Gibson 提出:"0 K 时,任何纯物质的完美晶体的熵等于零",即热力学第三定律。

$$S^*_{(0\,K,\text{完美晶体})} = 0$$

(3.30)

2）物质的规定熵 S_T 及标准熵 $S_T^\ominus$

（1）规定熵 $S_m(T)$

以热力学第三定律规定的 $S^*_{(0\,K,\text{完美晶体})}$ 为基准,求得 1 mol 任何纯物质在温度为 T 时的熵值 $S^*_m(T)$,称为该物质在指定状态下的规定熵 $S_m(T)$,也称为第三定律熵。

（2）标准熵 $S_m^\ominus(T)$

若该纯物质处于温度 T 时的标准状态（100 kPa）,则其规定熵称为温度 T 时的标准熵,记为 $S_m^\ominus(T)$。

（3）标准熵 $S_T^\ominus$ 的计算

假定该物质在 298.15 K→T 温度间无相变化。

298.15 K 100 kPa	$\xrightarrow{\Delta S}$	T K 100 kPa

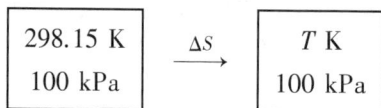

$$S_m^\ominus(T) - S_m^\ominus(298.15\,K) = \Delta S = \int_{298.15}^{T} \frac{C_{P,m}}{T} dT$$

$$S_m^{\ominus}(T) = S_m^{\ominus}(298.15 \text{ K}) + \int_{298.15}^{T} \frac{C_{P,m}}{T} dT \tag{3.31}$$

3）化学反应的标准反应熵 $\Delta_r S_{(T)}^{\ominus}$

在恒定温度 T 时，且各组分均处于标准状态，反应 $aA(g) + bB(g) \longrightarrow lL(g) + mM(g)$ 的熵变称为温度 T 时该反应的标准摩尔反应熵，记为 $\Delta_r S_{(T)}^{\ominus}$。

求某温度下纯物质标准熵的目的是求化学反应的标准反应熵 $\Delta_r S_{(T)}^{\ominus}$。例如，

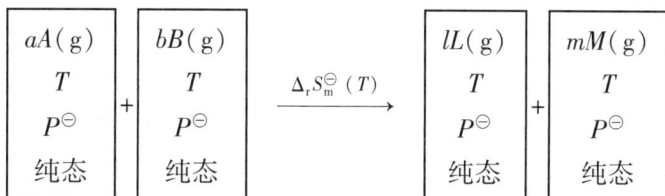

$$
\boxed{\begin{array}{c} aA(g) \\ T \\ P^{\ominus} \\ \text{纯态} \end{array}} + \boxed{\begin{array}{c} bB(g) \\ T \\ P^{\ominus} \\ \text{纯态} \end{array}} \xrightarrow{\ \Delta_r S_m^{\ominus}(T)\ } \boxed{\begin{array}{c} lL(g) \\ T \\ P^{\ominus} \\ \text{纯态} \end{array}} + \boxed{\begin{array}{c} mM(g) \\ T \\ P^{\ominus} \\ \text{纯态} \end{array}}
$$

假定在温度 T 时，反应各组分均处于标准状态，那么上述任意化学反应 $aA(g) + bB(g) \longrightarrow lL(g) + mM(g)$ 的标准反应熵应如何求解？

熵具有容量性质——加和性，反应熵可以用各物质的标准熵进行计算。（反应物为始态，产物为终态）

$$\Delta_r S_m^{\ominus} = [lS_m^{\ominus}(T,L(g)) + mS_m^{\ominus}(T,M(g))] - [aS_m^{\ominus}(T,A(g)) + bS_m^{\ominus}(T,B(g))] \tag{3.32}$$

写成通式为：

$$\Delta_r S_m^{\ominus} = \sum (v_i S_m^{\ominus})_{\text{产物}} - \sum |v_i| S_m^{\ominus}(T,i)_{\text{反应物}}$$

或

$$\Delta_r S_m^{\ominus} = \sum v_i S_m^{\ominus}(T,i) \tag{3.33}$$

式中 v_i——化学反应组分计量系数，反应物为负，产物为正。

3.3.8 亥姆霍兹函数与吉布斯函数

在应用熵判据 $[\Delta S_{\text{体}} + \Delta S_{\text{环}}] \geq 0$ 来判断自发变化的方向和平衡条件时，要求是隔离体系，或是把体系和与之相关联的环境当作一个大的隔离体系，这样就必须考虑环境熵变，显然问题更复杂。

通常的变化是在恒温或恒温恒压或恒温恒容的条件下进行的。如果能有新的函数，甩掉隔离系统的条件限制，用这个函数值的变化来判断过程的自发可能性及限度更为方便！因此，Helmholth 和 Gibbs 又定义了两个函数，这就是亥姆霍兹函数 A 和吉布斯函数 G。

另外，热力学第一定律、第二定律给出了两个状态函数 U 和 S；而 $H = U + PV$ 是辅助函数，同样 A 和 G 也是辅助函数，它们都不是热力学定律的直接结果。

1）亥姆霍兹函数

如果体系进行的过程是恒温恒容且非体积功为零，则：

$$dT = 0, dV = 0, \delta W' = 0$$

即

$$P_\text{外} \, dV = 0$$

根据熵判据：$dS_\text{隔} = dS_\text{体} + dS_\text{环} \geqslant 0$（自发，平衡）

$$dS_\text{体} + \frac{dQ_\text{环}}{T_\text{环}} \geqslant 0 \, (\text{自发，平衡})$$

根据热力学第一定律：$dU = \delta Q + \delta W$

$$\delta Q_\text{体} = dU - (-P_\text{环} \, dV + \delta W')$$

$$\delta Q_\text{体} = dU$$

而

$$\delta Q_\text{环} = -\delta Q_\text{体} = -dU$$

$$dS_\text{体} - \frac{dU_\text{体}}{T_\text{体}} \geqslant 0 (\text{自发，平衡}) \quad (dT = 0, dV = 0, \delta W' = 0)$$

$$d(TS) - dU \geqslant 0 (\text{自发，平衡}) \quad (dT = 0, dV = 0, \delta W' = 0)$$

$$d(TS - U) \geqslant 0 (\text{自发，平衡}) \quad (dT = 0, dV = 0, \delta W' = 0) \tag{3.34}$$

$$d(U - TS)_\text{体系} \leqslant 0 (\text{自发，平衡}) \quad (dT = 0, dV = 0, \delta W' = 0)$$

或

$$d(U - TS) \leqslant 0 (\text{自发，平衡}) \quad (dT = 0, dV = 0, \delta W' = 0)$$

（1）亥姆霍兹函数的定义

定义 $U-TS$ 为系统的亥姆霍兹函数 A，为组合的状态函数。

$$A \equiv U - TS \tag{3.35}$$

其中，A 也称为功函数，性质为：

①A 的单位是能量单位 J，kJ。

②A 是组合状态函数。

③由于 U, S 是体系容量性质，故 A 也是容量性质。

④由于 U 的绝对值不可知，故 A 的绝对值也不可知。

（2）亥姆霍兹函数的判据

由式（3.35）代入式（3.34）可知，

$$dA \leqslant 0 (\text{自发，平衡})(\text{封闭体系}, dT = 0, dV = 0, \delta W' = 0)$$

或

$$d_{T,V} A \leqslant 0 (\text{自发，平衡})(\delta W' = 0) \tag{3.36}$$

即自发过程是 A 减少的过程，直至最小值（$d_{T,V} A \leqslant 0$）方能达到平衡。

式（3.36）亥姆霍兹函数判据应用条件是：$dT = 0, dV = 0, \delta W' = 0$，封闭系统即可，不再要求隔离体系。

（3）ΔA 的物理意义

$$A = U - TS \quad \text{或} \quad \Delta A = \Delta U - \Delta(TS)$$

①恒温时：

$$\Delta_T A = \Delta U - T\Delta S = \Delta U - Q_R = \Delta U - (\Delta U_R - W_R) = W_R$$

$$\Delta_T A = W_R \tag{3.37}$$

式（3.37）的意义：在恒温条件下，一个封闭体系所做的最大功（即可逆功）等于其亥姆霍兹函数的变化；因此，可理解为恒温条件下，体系做功能力的变化，这是 A 又称为功函数的原因。

另外,对一切不可逆过程 $W<W_R$。

因此,恒温时:$\Delta_T A<W$(过程能发生且是不可逆的)。

$\Delta_T A=W$(过程能发生且是可逆的)。

$\Delta_T A>W$(过程不可能发生)。

②恒温恒容过程:$W=-\int_I^{II} P_{环}dV+W'_R=W'_R$ 必有:

$$\Delta_{T,V}A=W' \tag{3.38}$$

式(3.38)的意义:当恒温恒容时体系的亥姆霍兹函数的变化等于体系所做非体积功。

因此,恒温恒容时:$\Delta_{T,V}A<W'$(过程能发生且是不可逆的)。

$\Delta_{T,V}A=W'$(过程能发生且是可逆的)。

$\Delta_{T,V}A>W'$(过程不可能发生)。

③恒温恒容,且 $W'=0$ 过程,必有:

$$\Delta A=0 \tag{3.39}$$

式(3.39)的意义:当恒温恒容且 $W'=0$ 时,体系向着亥姆霍兹函数减小的方向进行。

因此,恒温恒容且 $W'=0$ 时:$\Delta A<0$(过程能发生且是不可逆的)。

$\Delta A=0$(过程能发生且是可逆的)。

$\Delta A>0$(过程不可能发生)。

2)Gibbs 函数

如果封闭体系进行的过程是恒温恒压且非体积功为零,则:

$dT=0,dP=0,\delta W'=0$ 或 $T_{体}=T_{环}=$ 常数,则 PdV 可写成 $d(PV)$。

那么:$\delta Q_{环}=-\delta Q_{体}=-dH_{体}$

根据熵判据:$dS_{隔}=dS_{体}+dS_{环}\geq 0$(>0 自发,=0 可逆)

$$dS_{体}+\frac{dQ_{环}}{T_{环}}\geq 0(>0\text{ 自发},=0\text{ 可逆})$$

$$dS_{体}-\frac{dH_{体}}{T_{体}}\geq 0(>0\text{ 自发},=0\text{ 可逆})$$

$$d(TS)_{体}-dH_{体}\geq 0(>0\text{ 自发},=0\text{ 可逆})$$

$$d(H-TS)\leq 0(>0\text{ 自发},=0\text{ 可逆})(dT=0,dP=0,\delta W'=0\text{ 封闭体系}) \tag{3.40}$$

或

$$d(U+PV-TS)\leq 0(>0\text{ 自发},=0\text{ 可逆})(dT=0,dP=0,\delta W'=0\text{ 封闭体系}) \tag{3.41}$$

(1)吉布斯函数的定义

定义 $H-TS$ 为吉布斯函数,用 G 表示,也称为体系的组合状态函数。

$$\begin{aligned}G&\equiv H-TS\\&\equiv U+PV-TS\\&\equiv A+PV\end{aligned} \tag{3.42}$$

吉布斯自由能 G 也称为吉氏自由能,其性质如下:

①G 是能量单位。

②G 是状态函数。

③因 U,S,V 是容量性质，故 G 也是体系的容量性质。

④A,U,H 的绝对值均不可知。

（2）吉布斯函数判据

结合式（3.39）和式（3.40），有：

$$\mathrm{d}G \leqslant 0(< 0\ 自发,\ = 0\ 可逆)(\mathrm{d}T = 0,\mathrm{d}P = 0,\delta W' = 0\ 封闭体系)$$

或

$$\mathrm{d}_{T,P}G \leqslant 0(< 0,自发,且不可逆)$$
$$(= 0,平衡,且可逆)\quad(\delta W' = 0) \tag{3.43}$$

这就是说，自发过程在（$\mathrm{d}T = 0,\mathrm{d}P = 0,\delta W' = 0$）是 G 减少的过程，直至最小值体系方能达到平衡。该判据的使用条件是：T,P 一定且非体积功为零。这个判据只要是封闭体系即可，也不用隔离体系。

由于在生产和科研实验中，恒温恒压较恒温恒容更普遍，因此，G 判据比 A 判据应用更广。

（3）ΔG 的物理意义

由定义：$G = H-TS = U+PV-TS$

$$\begin{aligned}
\Delta_{T,P}G &= \Delta_{T,P}U + P\Delta V - T\Delta S \\
&= \Delta U + P\Delta V - Q_R \\
&= \Delta U + P\Delta V - [\Delta U + P\Delta V - W'_R] \\
&= W'_R
\end{aligned} \tag{3.44}$$

式（3.44）的物理意义：在恒温恒压条件下，一个封闭体系的吉布斯函数的变化等于体系所做的可逆非体积功（最大功）。需要注意的是，这只是在特定条件下的物理意义，就其本质来说，它仍然是 $\Delta G = \Delta(H-TS) = \Delta(U+PV-TS) = \Delta(A+PV)$。

因此，恒温恒压时：$\Delta_{T,P}G < W'$（过程能发生且是不可逆的）。

$\Delta_{T,P}G = W'$（过程能发生且是可逆的）。

$\Delta_{T,P}G > W'$（过程不可能发生）。

当恒温恒压，且 $W' = 0$ 时，必有：

$$\Delta G = 0 \tag{3.45}$$

式（3.45）的意义：当恒压恒温且 $W' = 0$ 时，体系向着吉布斯函数减小的方向进行。

因此，恒温恒压且 $W' = 0$ 时：$\Delta G < 0$（过程能发生且是不可逆的）。

$\Delta G = 0$（过程能发生且是可逆的）。

$\Delta G > 0$（过程不可能发生）。

3）ΔA 和 ΔG 的计算

只要记住 A 和 G 的定义式以及它们是状态函数，就可进行计算：

$$A = U - TS$$
$$\mathrm{d}A = \mathrm{d}U - \mathrm{d}(TS) = \mathrm{d}U - T\mathrm{d}S - S\mathrm{d}T$$

$$\Delta A = \Delta U - \Delta TS$$
$$G = U + PV - TS = H - TS$$
$$\mathrm{d}G = \mathrm{d}U + \mathrm{d}(PV) - \mathrm{d}(TS) = \mathrm{d}U + P\mathrm{d}V - T\mathrm{d}S - S\mathrm{d}T$$
$$= \mathrm{d}H - \mathrm{d}(TS) = \mathrm{d}H - T\mathrm{d}S - S\mathrm{d}T$$
$$\Delta G = \Delta U - \Delta(PV) - \Delta(TS)$$
$$= \Delta H - \Delta(TS)$$

（1）理想气体恒温过程

$$\mathrm{d}A = -P\mathrm{d}V$$
$$\mathrm{d}G = V\mathrm{d}P$$

$$\Delta A = -\int_{V_1}^{V_2} \frac{nRT}{V}\mathrm{d}V = nRT \ln \frac{V_1}{V_2} = nRT \ln \frac{P_2}{P_1} \tag{3.46}$$

$$\Delta G = \int_{P_1}^{P_2} \frac{nRT}{P}\mathrm{d}P = nRT \ln \frac{P_2}{P_1} = \Delta A \tag{3.47}$$

（2）变温物理变化过程

$$\Delta A = \Delta U - \Delta TS = \Delta U - (T_2 S_2 - T_1 S_1) \tag{3.48}$$

$$\Delta G = \Delta H - \Delta TS = \Delta H - (T_2 S_2 - T_1 S_1) \tag{3.49}$$

对恒压变温过程：$\Delta G = -\int_{T_1}^{T_2} S\mathrm{d}T$，利用 $\left(\frac{\partial S}{\partial T}\right)_P = \frac{C_P}{T}$。

因此，一般不需设计变温步骤。

（3）相变过程

①可逆相变：$\Delta_{\mathrm{T,P}}G = 0, \Delta_{\mathrm{T}}A = W$。

②不可逆相变过程：关键在于始终态之间设计可逆过程。

（4）混合过程

对不同理想气体在等 T, P 混合过程：

$$\Delta_{\mathrm{mix}}H = 0$$

$$\Delta_{\mathrm{mix}}S = -R\sum_{\mathrm{B}} n_{\mathrm{B}} \ln x_{\mathrm{B}} \tag{3.50}$$

$$\Delta_{\mathrm{mix}}G = RT\sum_{\mathrm{B}} n_{\mathrm{B}} \ln x_{\mathrm{B}} \tag{3.51}$$

应用条件：不同理想气体的等 T, P 混合；不考虑理想气体的其他混合过程。

（5）化学反应

$$\Delta_{\mathrm{r}}G_{\mathrm{m}}^{\ominus} = \Delta_{\mathrm{r}}H_{\mathrm{m}}^{\ominus} - T\Delta_{\mathrm{r}}S_{\mathrm{m}}^{\ominus} \ \text{或} \ \Delta_{\mathrm{r}}G_{\mathrm{m}}^{\ominus} = \sum v_{\mathrm{B}}\Delta_{\mathrm{f}}G_{\mathrm{m,B}}^{\ominus} \tag{3.52}$$

特别注意：

自发过程方向的热力学三大判据：

①熵判据：对隔离系统（或绝热系统）

$$\mathrm{d}S \geq 0 (>自发，=平衡)$$

自发过程总是熵增加的过程，直至最大，系统平衡。

②亥姆霍兹函数判据：封闭系统处于恒温恒容，非体积功为零。

$$\mathrm{d}A_{\mathrm{T,V}} \leq 0 (<自发，=平衡)$$

自发过程总是亥姆霍兹函数减少的过程，直至最小。

③吉布斯函数判据：封闭系统处于恒温恒压，非体积功为零。

$$dG_{T,P} \leqslant 0 (<自发, =平衡)$$

自发过程总是吉布斯函数减少的过程，直至最小。

注意事项：

使用熵判据必须是隔离体系，从广义考虑，既要考虑系统又要考虑相关的环境。而使用 G 和 A 的判据则只考虑体系（当然，还有是否恒温恒容或恒压条件）是封闭的即可。

应用判据判定的是自发过程变化的方向和限度，但非自发并不意味着不能进行。例如，$H_2 + \frac{1}{2}O_2 \longrightarrow H_2O$，$\Delta G < 0$ 自发过程；而逆反应 $H_2O \longrightarrow H_2 + \frac{1}{2}O_2$，$\Delta G > 0$，非自发过程，但此反应在电解池中加入电功（非体积功）就能进行非自发的反应。

3.3.9 热力学基本方程和麦克斯韦关系式

研究对象：封闭体系、组成恒定。

研究目的：用易测量的物理量表达难测量或不可测量的物理量。

研究方法：利用热力学第一定律和热力学第二定律导出的热力学函数之间的关系式，从而导出易测量的物理量与难测量的物理量之间的关系。

1）热力学基本方程

热力学基本关系式就是热力学第一定律和第二定律结合的复合式。

由热力学第一定律有：$dU = \delta Q + \delta W = \delta Q + \delta W_{体} + \delta W'$

若 $W' = 0$，则 $dU = \delta Q - P_{环} dV$　　　（封闭系统，$W' = 0$）

若为可逆，则 $dU = \delta Q_R - P_{环} dV$　　　（封闭系统，$W' = 0$ 可逆过程）

由热力学第二定律有：$\delta Q_R = TdS$　　　（若其他功 $\delta W' = 0$）

二者结合：$dU = TdS - PdV$　　　（封闭系统，$W' = 0$ 可逆过程）

将 $H = U + PV$，$G = H - TS$ 及 $A = U - TS$ 代入上式得四大热力学基本方程式：

$$dU = TdS - PdV$$
$$dH = TdS + VdP$$
$$dS = -dV - SdT \qquad (3.53)$$
$$dG = VdP - SdT$$

适用条件：①适用于组成恒定的封闭系统、$W' = 0$ 的可逆过程。

②适用于封闭系统 $W' = 0$ 的单纯 PVT 变化的任意过程。

③可逆的相变、化学变化。

用途：①计算双变量系统的状态函数变化量。

②得出其他结论。

2)对应系数关系式——微分式

$$dU = \left(\frac{\partial U}{\partial S}\right)_V dS + \left(\frac{\partial U}{\partial V}\right)_S dV = TdS - PdV$$

$$(3.54)$$

得： $\left(\dfrac{\partial U}{\partial S}\right)_V = T, \left(\dfrac{\partial U}{\partial V}\right)_S = -P$

$$dH = \left(\frac{\partial H}{\partial S}\right)_P dS + \left(\frac{\partial H}{\partial P}\right)_S dP = TdS + VdP$$

$$(3.55)$$

得： $\left(\dfrac{\partial H}{\partial S}\right)_P = T, \left(\dfrac{\partial H}{\partial P}\right)_S = V$

$$dA = \left(\frac{\partial A}{\partial T}\right)_V dT + \left(\frac{\partial A}{\partial V}\right)_T dV = -SdT - PdV$$

$$(3.56)$$

得： $\left(\dfrac{\partial A}{\partial T}\right)_V = -S, \left(\dfrac{\partial A}{\partial V}\right)_T = -P$

$$dG = \left(\frac{\partial G}{\partial T}\right)_P dT + \left(\frac{\partial G}{\partial P}\right)_T dP = -SdT + VdP$$

$$(3.57)$$

得： $\left(\dfrac{\partial G}{\partial T}\right)_P = -S, \left(\dfrac{\partial G}{\partial P}\right)_T = V$

用途：证明题、分析问题。

3)麦克斯韦（Maxwell）关系式及其应用

将麦克斯韦关系式（欧拉定理） $\left(\dfrac{\partial M}{\partial y}\right)_x = \left(\dfrac{\partial N}{\partial x}\right)_y$ 用于热力学基本方程得：

$$
\begin{array}{l}
dU = TdS - PdV \\
dH = TdS + VdP \\
dS = -dV - SdT \\
dG = VdP - SdT
\end{array}
\longrightarrow
\begin{array}{l}
\left(\dfrac{\partial T}{\partial V}\right)_S = -\left(\dfrac{\partial P}{\partial S}\right)_V \\[2mm]
\left(\dfrac{\partial T}{\partial P}\right)_S = -\left(\dfrac{\partial V}{\partial S}\right)_P \\[2mm]
\left(\dfrac{\partial P}{\partial T}\right)_V = \left(\dfrac{\partial S}{\partial V}\right)_T \\[2mm]
\left(\dfrac{\partial V}{\partial T}\right)_P = -\left(\dfrac{\partial S}{\partial P}\right)_T
\end{array}
$$

$$(3.58)$$

适用于封闭系统 $W' = 0$ 的状态变化过程；不适用于相变、化学变化。

作用：①用实验易测量代替难测量；

②导出其他具有普遍意义的公式。

例如，$\Delta S = \int_{P_1}^{P_2}\left(\dfrac{\partial S}{\partial P}\right)_T dP$，$\left(\dfrac{\partial S}{\partial T}\right)_V = \dfrac{nC_{V,m}}{T}$，$\left(\dfrac{\partial S}{\partial T}\right)_P = \dfrac{nC_{P,m}}{T}$，$\left(\dfrac{\partial z}{\partial x}\right)_y\left(\dfrac{\partial x}{\partial y}\right)_z\left(\dfrac{\partial y}{\partial z}\right)_x = -1$ 等。

3.3.10 克拉佩龙方程——热力学第二定律在相平衡中的应用

1）克拉佩龙方程

某纯物质在一定 T,P 条件下达到两相平衡（条件）：

$$物质 B^*(\alpha,P,T) \xrightleftharpoons[\quad]{平衡} 物质 B^*(\beta,T+\mathrm{d}T,P+\mathrm{d}P)$$

按热力学第二定律有：

$$G_m^*(\alpha,T,P) + \mathrm{d}G_m^*(\alpha) = G_m^*(\beta,T,p) + \mathrm{d}G_m^*(\beta)$$

那么：

$$\mathrm{d}G_m^*(\alpha) = \mathrm{d}G_m^*(\beta) \tag{3.59}$$

由 $\mathrm{d}G = V\mathrm{d}P - S\mathrm{d}T$ 得：

代入式（3.59）得：

$$V_m^*(\alpha)\mathrm{d}P - S_m^*(\alpha)\mathrm{d}T = V_m^*(\beta)\mathrm{d}P - S_m^*(\beta)\mathrm{d}T$$

式中　$\Delta S_m^*(\alpha \rightarrow \beta)$——1 mol 纯物质由 α 相变至 β 相的熵变，即摩尔相变熵变；

$\Delta V_m^*(\alpha \rightarrow \beta)$——1 mol 纯物质由 α 相变至 β 相的体积变化，即摩尔相变体积差。

则有：

$$\frac{\mathrm{d}P}{\mathrm{d}T} = \frac{S_m^*(\beta) - S_m^*(\alpha)}{V_m^*(\beta) - V_m^*(\alpha)} = \frac{\Delta S_m^*(\alpha \rightarrow \beta)}{\Delta V_m^*(\alpha \rightarrow \beta)}$$

又可逆相变时：$\Delta S_m^*(相变) = \dfrac{\Delta H_m^*(相变)}{T}$

所以：

$$\frac{\mathrm{d}P}{\mathrm{d}T} = \frac{\Delta H_m^*(相变)}{T \cdot \Delta V_m^*(相变)} \quad ——克拉佩龙方程（Clapeyron 方程） \tag{3.60}$$

式中　ΔH_m^*——摩尔相变焓。

2）克劳修斯-克拉佩龙方程（Clausius-Clapeyron 方程）

若将克拉佩龙方程应用于气体参与的平衡（如 g-l 和 g-s），且假定：①气体为理想气体；②气体摩尔体积较液体和固体的摩尔体积大得多，如果 $\Delta V_m^* = \Delta V_m^*(g) - \Delta V_m^*(l)$ 或 $(s) \approx \Delta V_m^*(g)$，那么：

$$\frac{\mathrm{d}\ln P}{\mathrm{d}T} = \frac{\Delta_{蒸发}H_m^*}{RT^2} \quad ——克劳修斯 - 克拉佩龙方程（微分式） \tag{3.61}$$

式（3.61）积分后会给出 $P \sim T$ 关系式：

$$\int \mathrm{d}\ln P = \int \frac{\Delta H_m^*}{RT^2}\mathrm{d}T$$

若认为 ΔH_m^* 与 T 无关：

$$\ln P = -\frac{\Delta_{蒸}H_m^*}{RT} + C \quad ——克劳修斯 - 克拉佩龙方程（不定积分式） \tag{3.62}$$

若以 $\ln P$ 和 $\frac{1}{T}$ 作图,必为一直线,直线斜率 $m = -\frac{\Delta_{蒸} H_m^*}{R}$,从而求出摩尔蒸发热 $\Delta_{蒸} H_m^*$。

若对式(3.58)作定积分：$\int_{P_1}^{P_2} \ln P = \frac{\Delta_{蒸} H_m^*}{R} \int_{T_1}^{T_2} \frac{dT}{T^2}$ 则：

$$\ln \frac{P_2}{P_1} = \frac{-\Delta_{蒸} H_m^*}{R}\left(\frac{1}{T_2} - \frac{1}{T_1}\right) \text{——克劳修斯 - 克拉佩龙方程(定积分式)} \quad (3.63)$$

若测知温度为 T_1 和 T_2 的平衡蒸气压 P_1 和 P_2 即可计算 $\Delta_{蒸发} H_m^*$,总之 5 个变量中知道 4 个变量,可求另一变量。

3.4 思考题

1.什么是自发过程? 不可逆过程是否都是自发过程?

2.熵增加的过程必定是自发过程吗?

3.冰在 273 K 下转变为水,其熵值增大,则 $\Delta S = \frac{Q}{T} > 0$。但又知在 273 K 时,冰与水处于平衡状态,而 $dS = 0$ 是平衡条件。上述说法看起来是矛盾的,应如何解释?

4.−10 ℃的过冷水自发凝结为−10 ℃的冰,计算得到的系统熵变 $\Delta S < 0$,这一结果与熵增原理相矛盾吗? 为什么?

5.内能 U 和熵 S 这两个函数可以解决热力学第一定律和第二定律的问题,为什么还要引入焓 H、亥姆霍兹自由能 A 和吉布斯自由能 G 呢? 它们是不是状态函数,能否测出它们的绝对值?

6.试比较理想气体恒温可逆膨胀和绝热可逆压缩过程中系统的熵变 ΔS 有何区别?

3.5 典型例题

1.在下列情况下,1 mol 理想气体在 27 ℃定温膨胀,从 50 dm³ 至 100 dm³,试计算以下过程的 $Q,W,\Delta U,\Delta H$ 及 ΔS。

(1)可逆膨胀;

(2)膨胀过程所做的功等于最大功的 50%;

(3)向真空膨胀。

解 (1)理想气体定温可逆膨胀：

$\Delta U = 0, \Delta H = 0$

$Q_r = -W = nRT \ln \frac{V_2}{V_1} = 1\,728.85 \text{ J}$

$\Delta S = \frac{Q_r}{T} = 5.76 \text{ J/K}$

（2）$Q = -W = 50\% W_r = 864.44$ J

$\Delta S = Q_r / T = 5.76$ J/K

$\Delta U = 0, \Delta H = 0$

（3）$Q = 0, W = 0, \Delta U = 0, \Delta H = 0$

$\Delta S = 5.76$ J/K

2.8 mol 某理想气体, 始态为 $P_1 = 0.20$ MPa, $T_1 = 400$ K, 经恒温可逆膨胀到终态 $P_2 = 0.10$ MPa。试计算该过程的 $Q, W, \Delta U, \Delta H, \Delta A, \Delta G$ 和 ΔS。

解 由于过程为恒温: $\Delta U = \Delta H = 0$

因此: $-Q = W = -\int_{V1}^{V2} P\mathrm{d}V = -nRT \ln \dfrac{V_2}{V_1} = -nRT \ln \dfrac{P_2}{P_1} = -18.442$ kJ

$\Delta A = \Delta G = -T\Delta S = -nRT \ln \dfrac{P_2}{P_1} = -18.442$ kJ

$\Delta S = nR \ln \dfrac{P_1}{P_2} = 46.1$ J/K

3.今有 1 mol 理想气体始态为 0 ℃、1 MPa, 令其反抗恒定的 0.1 MPa 外压, 膨胀至其体积为原来的 10 倍, 压力等于外压。计算此过程的 $Q, W, \Delta U, \Delta H, \Delta S, \Delta G$。已知 $C_{V,m} = 12.471$ J/(mol·K)。

解 $n = 1$ mol 理想气体

$$\begin{cases} P_1 = 1 \text{ MPa} \\ t_1 = 0 \text{ ℃} \\ V_1 \end{cases} \xrightarrow{P_{外} = 0.1 \text{ MPa}} \begin{cases} P_2 = 0.1 \text{ MPa} \\ V_2 = 10 V_1 \end{cases}$$

因为 $P_1 V_1 = P_2 V_2$, 所以 $T_2 = T_1 = 273.15$ K

$\Delta H = 0, \Delta U = 0$

$W = -P_{外} \Delta V = -P_2 (10 V_1 - V_1) = -\dfrac{1}{10} P_1 \times 9 V_1 = -0.9 RT_1$

$\quad = (-0.9 \times 8.314 \times 273.15)\text{kJ} = -2.044$ kJ

$Q = -W = 2.044$ kJ

$\Delta S = nR \ln \dfrac{V_2}{V_1} = (1 \times 8.314 \times \ln 10)\text{J/K} = 19.141$ J/K

$\Delta G = \Delta H - T\Delta S_T = (-273.15 \times 19.14 \times 10^{-3})\text{kJ} = -5.228$ kJ

4.5 mol 单原子理想气体, 从始态 300 K、50 kPa 先绝热可逆压缩至 100 kPa, 再恒压冷却至体积为 85 dm³ 的末态。求整个过程的 $Q, W, \Delta U, \Delta H, \Delta S$。

解

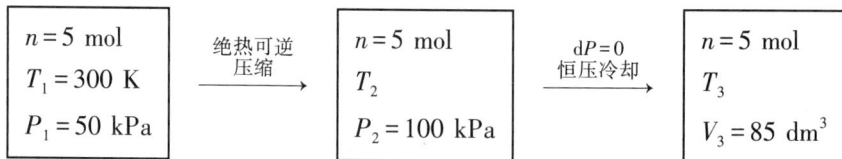

$$T_2 = T_1 \cdot \left(\frac{P_1}{P_2}\right)^{\frac{1-\gamma}{\gamma}} = 300 \times \left(\frac{50}{100}\right)^{-0.4} \text{K} = 395.85 \text{ K}$$

$$T_3 = P_2 \cdot \frac{V_3}{nR} = 100\,000 \times \frac{0.085}{5 \times 8.314}$$

$$K = 204.47 \text{ K}$$

$$\Delta U = \int n \cdot C_{V,m} \cdot dT = n \cdot C_{V,m} \cdot (T_3 - T_1) = \left[5 \times \frac{3}{2} \times 8.314 \times (204.47 - 300)\right] \text{kJ}$$

$$= -5.957 \text{ kJ}$$

$$\Delta H = \int n \cdot C_{P,m} \cdot dT = n \cdot C_{P,m} \cdot (T_3 - T_1) = \left[5 \times \frac{5}{2} \times 8.314 \times (204.47 - 300)\right] \text{kJ}$$

$$= -9.928 \text{ kJ}$$

$$\Delta S = \Delta S_1 + \Delta S_2 = 0 + \Delta S_2 = \int \frac{n \cdot C_{P,m} \cdot dT}{T} = n \cdot \frac{5R}{2} \cdot \ln \frac{T_3}{T_2}$$

$$= \left(5 \times \frac{5}{2} \times 8.314 \times \ln \frac{204.47}{395.85}\right) \text{J/K}$$

$$= -68.654 \text{ J/K}$$

$$Q = Q_1 + Q_2 = 0 + Q_2 = \int n \cdot C_{P,m} dT = n \cdot \frac{5R}{2} \cdot (204.47 - 395.85)$$

$$= \left[5 \times \frac{5}{2} \times 8.314 \times (204.47 - 395.85)\right] \text{J}$$

$$= -19.889 \text{ J}$$

$$W = \Delta U - Q = [-5.956\,8 - (-19.889\,2)] \text{J} = 13.932 \text{ J}$$

5.1 mol 单原子理想气体从 272 K、22.4 dm³ 的始态变到 202.65 kPa、303 K 的末态。已知物系的规定熵为 83.68 J/K，$C_{V,m} = 12.471$ J/(mol·K)，求此过程的 $\Delta U,\Delta H,\Delta S,\Delta G$。

解
$$\begin{cases} T_1 = 273 \text{ K} \\ V = 22.4 \text{ dm}^3 \\ S_1 = 83.68 \text{ J/K} \end{cases} \longrightarrow \begin{cases} T_2 = 303 \text{ K} \\ P_2 = 202.65 \text{ kPa} \\ S_2 = ? \end{cases}$$

$$\Delta U = n \cdot C_{V,m} \cdot (T_2 - T_1) = [1 \times 12.471 \times (303 - 273)] \text{J} = 374.1 \text{ J}$$

$$\Delta H = n \cdot C_{P,m} \cdot (T_2 - T_1) = [1 \times (12.471 + 8.314) \times (303 - 273)] \text{J} = 628.6 \text{ J}$$

$$V_3 = \frac{nRT_2}{P_2} = \frac{1 \times 8.314 \times 303 \times 10^3}{202.65 \times 10^3} \text{ dm}^3 = 12.43 \text{ dm}^3$$

$$\Delta S = nC_{V,m} \ln \frac{T_2}{T_1} + nR \ln \frac{V_2}{V_1} = \left(1 \times 12.471 \times \ln \frac{303}{273} + 1 \times 8.314 \ln \frac{12.432}{22.4}\right) \text{J/K}$$

$$= (1.300 - 4.895) \text{J/K} = -3.595 \text{ J/K}$$

$$S_2 = S_1 + \Delta S = (83.68 - 3.595) \text{J/K} = 80.085 \text{ J/K}$$

$$\Delta(TS) = T_2 S_2 - T_1 S_1 = (303 \times 80.085 - 273 \times 83.68) \text{J} = 1\,421.1 \text{ J}$$

$$\Delta A = \Delta U - \Delta(TS) = (374.1 - 1421.1) \text{J} = -1\,047 \text{ J}$$

$$\Delta G = \Delta H - \Delta(TS) = (623.6 - 1421.1) \text{J} = -797.5 \text{ J}$$

6.1 mol 理想的单原子气体,开始处于 STP(标准温压)下,通过下述各可逆过程,计算每个过程的 $W,Q,\Delta U,\Delta H$ 和 ΔS。已知该单原子气体的 $C_{V,m}=\dfrac{3}{2}R,\gamma=\dfrac{5}{3}$。

(1)等容冷却至 100 ℃;

(2)等压加热至 100 ℃;

(3)绝热膨胀至 10.132 5 kPa。

解 (1)等容过程:$dV=0,W=0$

$$\Delta U=Q_V=n\cdot C_{V,m}\cdot(T_2-T_1)=\left[1\times\frac{3}{2}\times8.314\times(173.15-273.15)\right]J=-1\ 247\ J$$

$$\Delta H=n\cdot C_{P,m}\cdot(T_2-T_1)=\left[1\times\frac{5}{2}\times8.314\times(173.15-273.15)\right]J=-2\ 079\ J$$

$$\Delta S=\int_{T_1}^{T_2}\frac{nC_{V,m}}{T}dT=nC_{V,m}\ln\frac{T_2}{T_1}=\left(1\times\frac{3}{2}\times8.314\times\ln\frac{173.15}{273.5}\right)J/K=-5.69\ J/K$$

(2)等压变温过程

$$\Delta U=n\cdot C_{V,m}\cdot(T_2-T_1)=\left[1\times\frac{3}{2}\times8.314\times(373.15-273.15)\right]J=1\ 247\ J$$

$$\Delta H=Q_P=n\cdot C_{P,m}\cdot(T_2-T_1)=\left[1\times\frac{5}{2}\times8.314\times(373.15-273.15)\right]J=2\ 079\ J$$

$$W=\Delta U-Q_P=(1\ 247-2\ 079)J=-832\ J$$

$$\Delta_P S=\int_{T_1}^{T_2}\frac{nC_{P,m}}{T}dT=nC_{P,m}\ln\frac{T_2}{T_1}=\left(1\times\frac{5}{2}\times8.314\times\ln\frac{373.15}{273.5}\right)J/K=6.48\ J/K$$

(3)绝热可逆膨胀过程

因为 $Q=0$,所以 $\Delta S=0$。

$$T_2=T_1\cdot\left(\frac{P_1}{P_2}\right)^{\frac{1-\gamma}{\gamma}}=273.15\times\left(\frac{101.325}{10.132\ 5}\right)^{-0.4}K=108.7\ K$$

$$\Delta U=W=n\cdot C_{V,m}\cdot(T_2-T_1)=\left[1\times\frac{3}{2}\times8.314\times(108.7-273.15)\right]J=-2\ 045\ J$$

$$\Delta H=n\cdot C_{P,m}\cdot(T_2-T_1)=\left[1\times\frac{5}{2}\times8.314\times(108.7-273.15)\right]J=-3\ 409\ J$$

7.一个带活塞(摩擦及质量都可忽略)的绝热气缸中有 1 mol、300 K、1 MPa 的理想气体,令其反抗恒定 0.2 MPa 的外压膨胀至平衡,计算此过程的 $Q,W,\Delta U,\Delta H,\Delta S$ 和 ΔG。已知系统始态的规定熵为 83.68 J/K,$C_{V,m}=12.471$ J/(mol·K)。

解 1 mol 理想气体

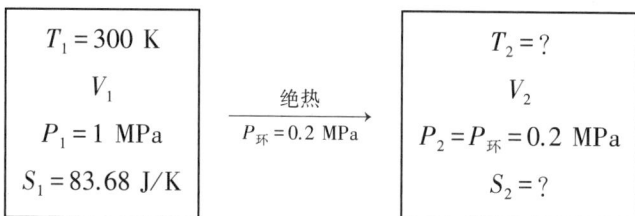

$T_1=300$ K		$T_2=?$
V_1	绝热	V_2
$P_1=1$ MPa	$\xrightarrow{\ \ P_环=0.2\text{ MPa}\ \ }$	$P_2=P_环=0.2$ MPa
$S_1=83.68$ J/K		$S_2=?$

因为绝热 $Q=0$，所以 $\Delta U=W$。

$$nC_{V,m}(T_2-T_1)=-P_e(V_2-V_1)$$

$$12.471\times(T_2-300)=-0.2\times10^6\times\left(\frac{8.314\times T_2}{0.2\times10^6}-\frac{8.314\times300}{1\times10^6}\right)$$

求得：$T_2=204$ K。

$\Delta U=n\cdot C_{V,m}\cdot(T_2-T_1)=[1\times12.471\times(204-300)]J=-1\ 197$ J

$W=\Delta U=-1\ 197$ J

$\Delta H=n\cdot C_{P,m}\cdot(T_2-T_1)=[1\times(12.471+8.314)\times(204-300)]J=-1\ 995$ J

$\Delta S=nC_{P,m}\ln\dfrac{T_2}{T_1}+nR\ln\dfrac{P_1}{P_2}=1\times20.784\times\ln\dfrac{204}{300}+1\times8.314\times\ln\dfrac{1}{0.2}$

$\quad=5.365$ J/K

$S_2=S_1+\Delta S=(83.68+5.365)J/K=89.045$ J/K

$\Delta G=\Delta H-\Delta(TS)=-1995$ J$-(204\times89.045-300\times83.68)J=4\ 943.82$ J

8.1 mol 单原子理想气体始态为 273 K，101.325 Pa，经历恒压下体积加倍可逆变化，试计算过程的 $Q,W,\Delta H,\Delta U,\Delta S,\Delta G$。[已知 273 K，101.325 Pa 下该气体的摩尔熵为 100 J/(mol·K)]

解 恒压下体积加倍：

理想气体：$pV=nRT$，体积增加一倍，则 $T_2=2T_1=546$ K

$\Delta U=nC_{V,m}(T_2-T_1)=\left(\dfrac{3}{2}\times8.314\times273\right)J=3\ 405$ J

$W=-p\Delta V=-p_1(2V_1-V_1)=-P_1V_1=-nRT=(-8.314\times273)J=-2\ 270$ J

$Q=\Delta U-W=[3\ 405-(-2\ 270)]J=5\ 675$ J

$\Delta H=nC_{P,m}(T_2-T_1)=\left(\dfrac{5}{2}\times8.314\times273\right)J=5\ 674$ J

$\Delta S=C_{P,m}\times8.314\times\ln\dfrac{T_2}{T_1}=\left(\dfrac{5}{2}\times8.314\times\ln2\right)J/K=14.41$ J/K

$S_2=S_1+\Delta S=(100+14.41)J/K=114.41$ J/K

$\Delta G=\Delta H-\Delta(TS)=\Delta H-(T_2S_2-T_1S_1)=[5\ 674-(2\times273\times114.4-273\times100)]J$

$\quad=-2.949\times10^4$ J

9.证明：$\left(\dfrac{\partial C_P}{\partial P}\right)_T=-T\left(\dfrac{\partial^2V}{\partial T^2}\right)_P$。

证明 因为 $\qquad\qquad C_P=\left(\dfrac{\partial H}{\partial T}\right)_P$

所以 $\qquad\left(\dfrac{\partial C_P}{\partial P}\right)_T=\left[\dfrac{\partial}{\partial P}\left(\dfrac{\partial H}{\partial T}\right)_P\right]_T=\left[\dfrac{\partial}{\partial T}\left(\dfrac{\partial H}{\partial P}\right)_T\right]_P$

又因为 $\qquad\qquad dH=TdS+VdP$

所以 $\qquad\left(\dfrac{\partial H}{\partial P}\right)_T=T\left(\dfrac{\partial S}{\partial P}\right)_T+V$

由于 $\left(\dfrac{\partial S}{\partial P}\right)_T = -\left(\dfrac{\partial V}{\partial T}\right)_P$（麦克斯韦关系式）

因此，

$$\left(\frac{\partial H}{\partial P}\right)_T = -T\left(\frac{\partial V}{\partial T}\right)_P + V$$

代入式 $\left(\dfrac{\partial C_P}{\partial P}\right)_T = \left[\dfrac{\partial}{\partial T}\left(\dfrac{\partial H}{\partial P}\right)_T\right]_P$，得：

$$\left(\frac{\partial C_P}{\partial P}\right)_T = \left[\frac{\partial}{\partial T}\left(-T\left(\frac{\partial V}{\partial T}\right)_P + V\right)_T\right]_P = -\left(\frac{\partial V}{\partial T}\right)_P - T\left(\frac{\partial^2 V}{\partial T^2}\right)_P + \left(\frac{\partial V}{\partial T}\right)_P = -T\left(\frac{\partial^2 V}{\partial T^2}\right)_P$$

10.对理想气体 $\left(\dfrac{\partial S}{\partial x}\right)_y = \dfrac{nR}{V}$，请推断出式中的 x 和 y 是什么变数？

答 由热力学基本方程：$dA = -SdT - PdV$

又根据麦克斯韦关系式：$\left(\dfrac{\partial S}{\partial V}\right)_T = \left(\dfrac{\partial P}{\partial T}\right)_V$

对理想气体有 $P = nRT/V$，代入上式得：

$$\left(\frac{\partial S}{\partial V}\right)_T = \left(\frac{nR\partial T}{V\partial T}\right)_V = \frac{nR}{V}$$

故 x 应为 V，y 应为 T。

11.试从热力学基本方程出发，证明理想气体 $\left(\dfrac{\partial H}{\partial P}\right)_T = 0$。

解 由热力学基本方程式：$dH = TdS + VdP$，得：

$$\left(\frac{\partial H}{\partial P}\right)_T = T\left(\frac{\partial S}{\partial P}\right)_T + V$$

将麦克斯韦关系式 $\left(\dfrac{\partial S}{\partial P}\right)_T = -\left(\dfrac{\partial V}{\partial T}\right)_P$ 代入上式，得：

$$\left(\frac{\partial H}{\partial P}\right)_T = -T\left(\frac{\partial V}{\partial T}\right)_P + V$$

由理想气体状态方程 $V = \dfrac{nRT}{P}$，得：

$$\left(\frac{\partial V}{\partial T}\right)_P = \frac{nR}{P} = \frac{V}{T}$$

故理想气体 $\left(\dfrac{\partial H}{\partial P}\right)_T = -T \times \dfrac{V}{T} + V = 0$

第4章
溶液-多组分系统热力学 ················○

4.1 知识导图

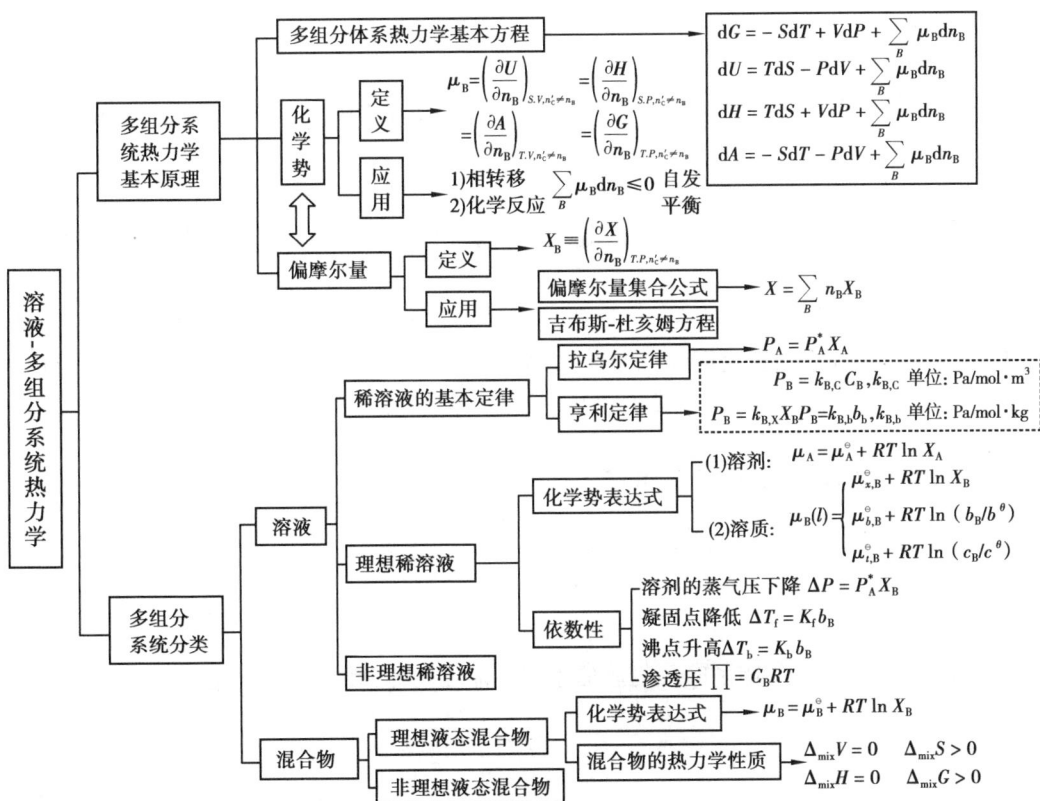

溶液-多组分系统热力学

- 多组分系统热力学基本原理
  - 多组分系统热力学基本原理
    - 多组分体系热力学基本方程
      $$dG = -SdT + VdP + \sum_B \mu_B dn_B$$
      $$dU = TdS - PdV + \sum_B \mu_B dn_B$$
      $$dH = TdS + VdP + \sum_B \mu_B dn_B$$
      $$dA = -SdT - PdV + \sum_B \mu_B dn_B$$
    - 化学势
      - 定义
        $$\mu_B = \left(\frac{\partial U}{\partial n_B}\right)_{S,V,n'_c \neq n_B} = \left(\frac{\partial H}{\partial n_B}\right)_{S,P,n'_c \neq n_B} = \left(\frac{\partial A}{\partial n_B}\right)_{T,V,n'_c \neq n_B} = \left(\frac{\partial G}{\partial n_B}\right)_{T,P,n'_c \neq n_B}$$
      - 应用
        - 1)相转移
        - 2)化学反应 $\sum_B \mu_B dn_B \leq 0$ 自发 平衡
    - 偏摩尔量
      - 定义 $X_B \equiv \left(\frac{\partial X}{\partial n_B}\right)_{T,P,n'_c \neq n_B}$
      - 应用
        - 偏摩尔量集合公式 $X = \sum_B n_B X_B$
        - 吉布斯-杜亥姆方程

- 多组分系统分类
  - 溶液
    - 稀溶液的基本定律
      - 拉乌尔定律 $P_A = P_A^* X_A$
      - 亨利定律
        $$P_B = k_{B,C} C_B, k_{B,C} \text{ 单位: Pa/mol} \cdot m^3$$
        $$P_B = k_{B,X} X_B \quad P_B = k_{B,b} b_b, k_{B,b} \text{ 单位: Pa/mol} \cdot kg$$
    - 理想稀溶液
      - 化学势表达式
        - (1)溶剂: $\mu_A = \mu_A^* + RT \ln X_A$
        - (2)溶质: $\mu_B(l) = \begin{cases} \mu_{x,B}^\ominus + RT \ln X_B \\ \mu_{b,B}^\ominus + RT \ln(b_b/b^\theta) \\ \mu_{t,B}^\ominus + RT \ln(c_B/c^\theta) \end{cases}$
      - 依数性
        - 溶剂的蒸气压下降 $\Delta P = P_A^* X_B$
        - 凝固点降低 $\Delta T_f = K_f b_B$
        - 沸点升高 $\Delta T_b = K_b b_B$
        - 渗透压 $\prod = C_B RT$
    - 非理想稀溶液
  - 混合物
    - 理想液态混合物
      - 化学势表达式 $\mu_B = \mu_B^\ominus + RT \ln X_B$
      - 混合物的热力学性质
        $$\Delta_{mix}V = 0 \quad \Delta_{mix}S > 0$$
        $$\Delta_{mix}H = 0 \quad \Delta_{mix}G > 0$$
    - 非理想液态混合物

4.2 基本要求

①熟悉混合物和溶液组成表示法及其相互之间的关系。

②掌握偏摩尔量的概念,了解在多组分系统中引入偏摩尔量的意义。

③掌握化学势的定义,了解理想气体、液体和固体的化学势表达式,理解化学势判据在相平衡和化学反应平衡方面的应用。

④掌握拉乌尔定律和亨利定律,了解它们的适用条件和不同之处。

⑤掌握理想液态混合物和理想稀溶液中各组分化学势的表达式及其标准态的含义。

⑥掌握理想液态混合物和理想稀溶液的相平衡。

⑦了解真实液态混合物各组分和真实溶液中溶质的化学势、活度和活度因子。

⑧了解物质在两相间的分配平衡和应用。

⑨了解气体在金属中的溶解平衡-西弗特定律。

4.3　内容要点

由两种或两种以上的物质组成的系统称为多组分系统。多组分系统可以是单相,也可以是多相,而对多相系统可把它分成几个单相系统来研究。这里主要讨论多组分单相系统。

多组分系统分为溶液和混合物两大类。

溶液是指两种或两种以上物质均匀混合,彼此以分子或离子状态分布时所形成的多组分均相系统。各组分在热力学上有不同的处理方法,它们有不同的标准态,服从的经验规律也不同等。

在多组分均相系统中,溶质和溶剂不加区分,其中任何组分都具有相同的性质,每一组分在热力学上都可以用相同的方法处理,它们有相同的标准态,服从相同的经验规律等,这样的系统称为混合物。

按照多组分系统内组分数量(也称质点数目)的变化情况,可将多组分系统分为质点数目不变的系统和质点数目可变的系统。多组分无相变、无化学反应的封闭系统属于质点数目不变系统;多组分有相变或化学变化的封闭系统以及敞开系统属于质点可变系统。

4.3.1　混合物和溶液组成表示法

组成是溶液或混合物的重要性质参数,即为强度性质。

1)摩尔分数 x_B

B 的物质的量 n_B 与体系的总物质的量 $\sum n_B$ 之比称为摩尔分数 x_B。

$$x_B = \frac{n_B}{\sum\limits_B n_B} \quad 显然 \quad \sum\limits_B x_B = 1 \tag{4.1}$$

2)质量分数(或质量百分数) W_B

B 的质量 m_B 与体系的总质量 $\sum m$ 之比称为质量分数 W_B。

$$W_B = \frac{m_B}{\sum\limits_B m_B} \quad 显然 \quad \sum\limits_B W_B = 1 \tag{4.2}$$

3)体积摩尔浓度 C_B

1 m³ 溶液中所含溶质的摩尔数。

$$C_B = \frac{\text{组分 } B \text{ 的摩尔数(mol)}}{\text{溶液的总体积(m}^3)} \tag{4.3}$$

4)质量摩尔浓度 b_B(或 m_B)

1 kg 溶剂中所含溶质的摩尔数。

$$b_B = \frac{\text{组分 } B \text{ 的摩尔数(mol)}}{\text{溶剂的总质量(kg)}} \tag{4.4}$$

二组分溶液中，x_B 和 b_B 的关系：

$$x_B = \frac{b_B}{\dfrac{1}{M_A} + b_B} \quad \text{或} \quad x_B = \frac{b_B}{\dfrac{1\,000}{M_A} + b_B} \tag{4.5}$$

$$x_B = M_A \cdot b_B (\text{极稀溶液}) \tag{4.6}$$

4.3.2　偏摩尔量

设 X 为体系的广度(或称容量)性质，如 V,U,H,S,A,G 等，广度性质的摩尔量为 X_m。

对纯物质均相体系，广度性质具有加和性。当体系的温度、压力一定时，X 具有确定的值。在恒温、恒压条件下，对一定量的纯物质：

$$X = f(T,P), X = nX_m$$

对多组分均相体系，除质量外，体系的任一广度性质，在相同的 T 和 P 下，通常并不等于构成该体系的所有纯物质的相应广度性质的总和，即

$$X_B \neq n_B X_{m,B}(\text{理想液体混合物除外})$$

$$X \neq \sum n_B X_{m,B}$$

多组分均相体系的广度性质除与体系的温度、压力有关外，还取决于体系的组成。

$$X = X(T,P,n_1,n_2,\cdots)$$

在多组分体系中，为了描述每一组分对体系的热力学性质的贡献，因此，提出了偏摩尔量的概念。

1)偏摩尔量的定义

偏摩尔量是研究多组分系统的一个重要概念。

对混合系统 $X=f(T,P,n_B,n_C,n_D,\cdots)$ 全微分得：

$$dX = \left(\frac{\partial X}{\partial T}\right)_{P,n_B,n_C,\cdots} dT + \left(\frac{\partial X}{\partial P}\right)_{T,n_B,n_C,\cdots} dP + \left(\frac{\partial X}{\partial n_B}\right)_{T,P,n_C,n_D,\cdots} dn_B +$$
$$\left[\frac{\partial X}{\partial n_C}\right]_{T,P,n_B,n_D,\cdots} dn_C + \cdots \tag{4.7}$$

定义：

$$X_B = \left(\frac{\partial X}{\partial n_B}\right)_{T,P,n_B,n_D,\cdots} \tag{4.8}$$

X_B 称为物质 B 的某种容量性质 X 的偏摩尔量。

2）偏摩尔量的物理意义

①在等温等压条件下，在大量系统中，保持除 B 组分外的其他组分不变（即 n_C 不变，C 代表除 B 组分以外的其他组分），系统的容量性质 Z 随组分 B 的物质的量 n_B 的变化率；相当于加入 1 mol B 所引起的该系统容量性质 Z 的改变。

②在有限量的系统中加入 dn_B 后，系统的容量性质发生了变化 dZ，dZ 与 dn_B 的比值就是 Z_B（由于只加入了 dn_B，因此，系统的浓度可视为不变）。

由于用偏微分的形式表示，故称 Z_B 为偏摩尔量。

若系统 T,P 一定，则：

$$dX = X_B dn_B + X_C dn_C + \cdots = \sum_B X_B dn_B \tag{4.9}$$

注意：

①只有容量性质才有偏摩尔量，强度性质不存在偏摩尔量。

②必须是在等温等压条件下，保持除 B 组分外的其他组分不变，系统的容量性质 Z 对组分 B 的物质的量 n_B 的偏微分才是偏摩尔量。

③偏摩尔量本身是强度性质。

④纯物质的偏摩尔量就是它的摩尔量。

3）偏摩尔量的加和公式

在保持系统 T 和 P 不变时：

$$dX = X_B dn_B + X_C dn_C + \cdots = \sum_B X_B dn_B$$

如果在恒定的 T,P 条件下，保持各种物质的比例不变，逐渐加入物质 $1,2,3,\cdots,k$，使系统的总量逐渐增大，直到各物质的量为 $n_1,n_2,\cdots,n_k$，则各物质的偏摩尔量均为一个常数，在这种条件下对上式进行积分。

$$\int_0^X dX = \int_0^{n_B} X_B dn_B + \int_0^{n_C} X_C dn_C + \cdots \tag{4.10}$$

$$X = n_B X_B + n_C X_C + \cdots = \sum_B n_B X_B \tag{4.11}$$

意义：

在一定的 T 和 P 条件下，混合系统的任一广度性质等于各组分在该组成时的偏摩尔量 X_B 与其摩尔数 n_B 的乘积之和。

4）其他偏摩尔量

多组分系统任一容量性质（如 U,H,S,A,G）偏摩尔量的加和公式为：

$$U = \sum_B n_B U_B \qquad U_B = \left(\frac{\partial U}{\partial n_B}\right)_{T,P,n_B,n_D,\cdots} \tag{4.12}$$

$$H = \sum_B n_B H_B \qquad H_B = \left(\frac{\partial H}{\partial n_B}\right)_{T,P,n_B,n_D,\cdots} \tag{4.13}$$

$$S = \sum_B n_B S_B \qquad S_B = \left(\frac{\partial S}{\partial n_B}\right)_{T,P,n_B,n_D,\cdots} \tag{4.14}$$

$$A = \sum_B n_B A_B \qquad A_B = \left(\frac{\partial A}{\partial n_B}\right)_{T,P,n_B,n_D,\cdots} \tag{4.15}$$

$$G = \sum_B n_B G_B \qquad G_B = \left(\frac{\partial G}{\partial n_B}\right)_{T,P,n_B,n_D,\cdots} \tag{4.16}$$

U_B 是偏摩尔热力学能,H_B 是偏摩尔焓,S_B 是偏摩尔熵,A_B 是偏摩尔亥姆霍兹自由能,G_B 是偏摩尔吉布斯自由能。

5)吉布斯-杜亥姆方程

前述 T,P 一定时,有: $dX = \sum_B X_B dn_B$。

对 $X = \sum_B n_B X_B$ 求全微分,得:

$$dX = \sum_B n_B dX_B + \sum_B X_B dn_B \tag{4.17}$$

$$\sum n_B dX_B = 0 \text{ 或 } \sum y_B dX_B = 0 \text{——吉布斯 - 杜亥姆方程} \tag{4.18}$$

由 $y_1 dX_1 + y_2 dX_2 = 0$,得:

$$\frac{dX_1}{dX_2} = -\frac{y_2}{y_1} \tag{4.19}$$

结论:

当两组分混合物的组成发生微小变化时,如果一组分的偏摩尔量增大,则另一组分的偏摩尔量必然减少,且增大和减少的比例与混合物中两组分的摩尔分数成反比。即各组分的偏摩尔量变化是相互制约的。

4.3.3 化学势

研究对象:组成可变的均相封闭系统,即多组分系统。
研究目的:物质变化方向和限度的判据。

1)化学势的狭义定义

在各偏摩尔量中,偏摩尔吉布斯函数应用最广、最重要。因而特别把偏摩尔吉布斯函数定义为化学势,用符号 μ_B 表示。

$$\mu_B \equiv G_B = \left(\frac{\partial G}{\partial n_B}\right)_{T,P,n'_C \neq n_B} \tag{4.20}$$

2）化学势的广义定义

在只做体积功的多组分均相系统中,物质 B 的化学势 μ_B 定义为:

$$\mu_B = \left(\frac{\partial U}{\partial n_B}\right)_{S,V,n'_C \neq n_B} = \left(\frac{\partial H}{\partial n_B}\right)_{S,P,n'_C \neq n_B} = \left(\frac{\partial A}{\partial n_B}\right)_{T,V,n'_C \neq n_B} = \left(\frac{\partial G}{\partial n_B}\right)_{T,P,n'_C \neq n_B} \quad (4.21)$$

3）多组分系统热力学的基本方程

$$G = f(T,P,n_B,n_C,\cdots)$$

$$dG = \left(\frac{\partial G}{\partial T}\right)_{P,n_C} dT + \left(\frac{\partial G}{\partial P}\right)_{T,n_C} dP + \sum_B \left(\frac{\partial G}{\partial n_B}\right)_{T,P,n'_C \neq n_B} dn_B$$

$$dG = -SdT + VdP + \sum_B \mu_B dn_B \quad (4.22)$$

对均相只做体积功的多组分系统,可将热力学函数 U,H,A 也表示为:

$$U = f(S,V,n_B,n_C,n_D,\cdots)$$

$$H = f(S,P,n_B,n_C,n_D,\cdots)$$

$$A = f(T,V,n_B,n_C,n_D,\cdots)$$

同理可得:

$$dU = TdS - PdV + \sum_B \mu_B dn_B \quad (4.23)$$

$$dH = TdS + VdP + \sum_B \mu_B dn_B \quad (4.24)$$

$$dA = -SdT - PdV + \sum_B \mu_B dn_B \quad (4.25)$$

上述 4 个方程称为一般化热力学的基本方程。

适用于组成可变的封闭系统(也适用于开放系统)。

对化学势可以从以下几个方面来理解:

①可根据其定义式理解。如 $\mu_B = \left(\frac{\partial G}{\partial n_B}\right)_{T,P,n'_C \neq n_B}$ 表示在恒定 $T,P,n_{j\neq i}$ 的条件下,在无限大的系统中物质增加 1 mol 时,引起系统吉布斯自由能的增量,称为物质 i 的化学势。

②不能把任意的热力学函数对 n_i 偏微商都称为物质 i 的化学势。只能是 4 个热力学函数 U,H,A,G,它们在恒定相应变量(例 U 需恒定 S,V)及 $n_{j\neq i}$ 不变的条件下,对 n_i 求偏微商才称为物质 i 的化学势 μ_i。

③化学势总是针对系统中的某种物质而言,对整个系统没有化学势的概念。例如对乙醇溶液,只能说溶液中乙醇或水的化学势为若干,而不能说乙醇溶液有多少化学势。

④化学势 μ_i 是状态函数,它是两个容量性质之比,属于强度性质。其绝对值不能确定,因此,不同物质的化学势的大小不能进行比较。在 SI 中,化学势的单位为 J/mol。

4.3.4 化学势判据及其应用

1）化学势判据

根据一般化热力学的基本方程: $dG = -SdT + VdP + \sum_B \mu_B dn_B$

若 $dT=0, dP=0$，则 $dG = \sum\limits_B \mu_B dn_B$。

根据吉布斯函数判据 $dG \leqslant 0 (<自发, =平衡)(dT=0, dP=0, W'=0)$，则有：

$$\sum_B \mu_B dn_B \leqslant 0 (< 自发, = 平衡)(dT=0, dP=0, W'=0) \tag{4.26}$$

即为化学势判据。

2）化学势判据的应用

（1）在相平衡中的应用

假定系统有 α 和 β 两个相，在定温定压下如果有 dn_i 的 i 物质从 α 相转移到 β 相，则 α 相的吉布斯自由能变化为：

$$dG(\alpha) = \mu_i(\alpha) dn_i(\alpha) = -\mu_i(\alpha) dn_i \tag{4.27}$$

β 相的吉布斯自由能变化为：

$$dG(\beta) = \mu_i(\beta) n_i(\beta) = \mu_i(\beta) dn_i \tag{4.28}$$

系统的总吉布斯自由能变化为：

$$dG = dG(\alpha) + dG(\beta) = [\mu_i(\beta) - \mu_i(\alpha)] dn_i \leqslant 0 \begin{cases} <自发过程 \\ =可逆过程，平衡状态 \end{cases} \tag{4.29}$$

因为 $dn_i>0, dG<0$ 时，$\mu_i(\beta) - \mu_i(\alpha) < 0$。

即 $\mu_i(\alpha) > \mu_i(\beta)$，表明物质 i 能自发地由化学势较高的 α 相转移到化学势较低的 β 相。

当 $\mu_i(\alpha) = \mu_i(\beta)$ 时 $dG=0$。表明物质 i 在两相间转移达到平衡。这说明物质 i 在 α, β 相中的分布达到平衡。

因此，相平衡的条件：每一种物质在各相中的化学势必须相等。

相转移的方向：从化学势高的相向化学势低的相转移。

（2）在化学反应中的应用

反应 $2SO_2(g) + O_2(g) \Longrightarrow 2SO_3(g)$ 属于多组分均相系统。如果有 $2dn$ mol 的 SO_2 与 dn mol 的 SO_3 发生反应，生成 $2dn$ mol 的 SO_3。在等温、等压、$W'=0$ 的条件下，反应系统的吉布斯自由能变化为：

$$\begin{aligned} dG &= \sum \mu_i dn_i = 2\mu(SO_3) dn - 2\mu(SO_2) dn - \mu(O_2) dn \\ &= [2\mu(SO_3) - 2\mu(SO_2) - \mu(O_2)] dn \leqslant 0 \end{aligned} \tag{4.30}$$

因为 $dn>0$，所以：

$$2\mu SO_3 \leqslant 2\mu SO_2 + \mu O_2 \begin{cases} < 正向反应为自发 \\ = 反应达平衡 \\ > 逆向反应为自发 \end{cases} \tag{4.31}$$

将此结论推广到一般的化学反应，结论如下：

$$\left(\sum v_i \mu_i \right)_{产物} \leqslant \left(\sum v_i \mu_i \right)_{反应物} \begin{cases} < 正向反应为自发 \\ = 反应达到平衡 \\ > 逆向反应为自发 \end{cases} \tag{4.32}$$

式（4.32）也适用于复相反应。

当反应物的化学势大于产物的化学势，则化学反应正向可自发进行；

当反应物的化学势等于产物的化学势，则反应达到平衡；

当反应物的化学势小于产物的化学势，则正向反应不可能自发进行，其逆向反应可自发进行。

4.3.5 理想气体的化学势

因为 μ_B 的绝对值不可知，所以要人为地选择标准状态，即用相对值 μ_B。

1）纯理想气体的化学势

对纯理想气体：$\mu^* = G_m^*$。

选标准态化学势 $\mu^\ominus$ 作为计算标准。

由热力学基本方程 $dG = -SdT + VdP$ 知

恒 T 时：$dG = VdP$

$$d\mu^* = dG_m^* = V_m^* dP = \frac{RT}{P}dP = RTd\ln P$$

$$\int_{\mu^\ominus}^{\mu^*} d\mu^* = \int_{P^\ominus}^{P} RT\, d\ln P$$

$$\mu^* - \mu^\ominus = RT\ln\frac{P}{P^\ominus}$$

$$\mu^* = \mu^\ominus + RT\ln\frac{P}{P^\ominus} \tag{4.33}$$

因为标准态只指定 P 没有指定 T，所以 $\mu^\ominus$ 是 T 的函数，可以写成 $\mu^\ominus(T)$。

2）混合理想气体的化学势

混合理想气体因分子间无相互作用力，每种气体应和其纯态时一样。

$$\mu_B = \mu_B^\ominus + RT\ln\frac{P_B}{P^\ominus} \tag{4.34}$$

式中　P_B——B 气体分压；

　　　$\mu_B^\ominus$——纯 B 标准态化学势。

4.3.6 实际气体的化学势

1）纯实际气体的化学势

实际气体的行为偏离了理想气体，为了使实际气体的化学势等温式与理想气体的化学势等温式（4.33）形式相似，路易士对实际气体引入了逸度的概念。

$$\mu(T,P) = \mu^\ominus(T,P^\ominus) + RT\ln\frac{f}{P^\ominus} \tag{4.35}$$

路易士将 f 定义为逸度。纯实际气体的化学势与其逸度的对数呈直线关系。

$\mu^{\ominus}(T, P^{\ominus})$ 是纯理想气体在 $T, P^{\ominus}$ 时的化学势。

事实上，f 是将实际气体与理想气体化学势的偏差，集中归结为对实际气体压力的校正，即

$$f = \gamma \cdot P \tag{4.36}$$

其中，γ 称为逸度系数，γ 没有单位。

逸度系数 γ 反映了实际气体与理想气体之间的偏差。

$$\mu(T, P) = \mu^{\ominus}(T, P^{\ominus}) + RT \ln \frac{\gamma \cdot P}{P^{\ominus}}$$

$$\mu(T, P) = \mu^{\ominus}(T, P^{\ominus}) + RT \ln \frac{P}{P^{\ominus}} + RT \ln \gamma = \mu^{\ominus}(T, P) + RT \ln \gamma \tag{4.37}$$

其中，$\mu^{\ominus}(T, P)$ 视为纯理想气体在温度为 T、压力为 P 时的化学势，对实际气体是个特殊的状态，也称为实际气体理想化的参考状态。

2）混合实际气体某组分 B 的化学势

混合实际气体中组分 B 的化学势为：

$$\mu_B(T, P) = \mu_B^{\ominus}(T, P^{\ominus}) + RT \ln \frac{P_B \gamma_B}{P^{\ominus}} = \mu_B^*(T, P^{\ominus}) + RT \ln \frac{f_B}{P^{\ominus}} \tag{4.38}$$

式中　f_B——混合实际气体中组分 B 的逸度；

　　　γ_B——逸度系数。

式(4.38)表明：定温下，实际气体组分 B 的 μ_B 与 $\ln f_B$ 呈直线关系。

$\mu_B^{\ominus}(T, P^{\ominus})$ 视为纯组分 B 在温度为 T、压力为 $P^{\ominus}$（101 325 Pa）下理想气体的化学势，称为组分 B 标准态的化学势。

4.3.7　拉乌尔定律与亨利定律

蒸气压是液体的重要强度性质。

纯液体：$P_v^* = f(T, P)$，主要决定于 T。

溶液：$P_v = f(T, P, x_B, \cdots)$，主要决定于 T 和组成 x_B。

1）拉乌尔定律（1886 年）

（1）拉乌尔定律的主要内容

稀溶液中溶剂的蒸气压 P_A 等于同温度下纯溶剂的蒸气压 p_A^* 乘以它在溶液中的摩尔分数 x_A，其数学表达式为：

$$P_A = P_A^* x_A \tag{4.39}$$

通常用下标"A"表示溶剂，用下标"B"表示溶质。

（2）拉乌尔定律其他表示形式

对两组分溶液，则 $x_A + x_B = 1$，式(4.39)又可写成：

$$P_A = P_A^*(1 - x_B) \quad \text{或} \quad P_A^* - P_A = P_A^* x_B \tag{4.40}$$

即溶剂 A 的蒸气压的降低值等于纯溶剂的饱和蒸气压 p_A^* 乘以溶液中溶质的物质的量分数 x_B。

（3）拉乌尔定律的使用条件

针对稀溶液中的溶剂而言，溶质应是非挥发性的。

式（4.40）表明，在稀溶液的前提下，于相同量的溶剂中不管加入什么溶质（非挥发性的），只要溶质物质的量相同（即 x_B 相同），则溶剂的蒸气压降低值就相同。

这种只依赖于溶质的相对数量而不依赖于溶质本身性质的特性称为"依数性"。因此，稀溶液中溶剂蒸气压降低值就是溶液的一种依数性。

2）亨利定律（1803 年）

（1）亨利定律的主要内容

1807 年，亨利研究气体在液体中的溶解度时，发现在一定温度下气体在液体中的溶解度随该气体的平衡压力增大而增加。该规律对挥发性溶质也适用。

亨利定律可以表述为：在一定温度下，稀溶液中挥发性溶质在气相中的平衡分压与其在溶液中的摩尔分数成正比。

$$P_B = k_{B,x} x_B \tag{4.41}$$

式中　P_B——与溶液平衡的溶质蒸气的分压；

x_B——溶质在溶液中的摩尔分数；

$k_{B,x}$——比例系数，称为亨利常数，它与 P_B 具有相同的单位 Pa，其大小决定于温度、压力、溶剂、溶质的性质。亨利常数 $k_{B,x}$ 不等于纯 B 的蒸气压 P_B^*，即 $k_{B,x} \neq P_B^*$。亨利定律是对于溶质而言的，溶液越稀，亨利定律就越正确。

（2）亨利定律的其他表达式

稀溶液中溶质的浓度分别用 x_B, C_B, b_B 表示，这三者之间互成正比关系。溶质在平衡气相中的分压 P_B 也分别与 C_B 或 b_B 成正比，可以写成：

$$P_B = k_{B,C} \cdot C_B/C^\ominus, k_{B,C} \text{ 单位：Pa/mol·m}^3$$
$$P_B = k_{B,b} \cdot b_B/b^\ominus, k_{B,b} \text{ 单位：Pa/mol·kg} \tag{4.42}$$

这是亨利定律的另外两种表示形式，但应注意 $k_{B,x} \neq k_{B,C} \neq k_{B,b}$。$C^\ominus, b^\ominus$ 称为单位浓度，$C^\ominus = 1 \text{ mol/m}^3, b^\ominus = 1 \text{ mol/kg}$。应当注意的是 $k_{B,x}, k_{B,C}, k_{B,b}$ 与 P_B 具有相同的单位 Pa。

（3）亨利定律的使用条件

针对稀溶液中的溶质。

特别注意：

①如果溶液中有多种溶质，当液面上方气体总压不大时，亨利定律能分别适用于每一种溶质。

②溶质在液相和气相中的分子状态必须是相同的，如果溶质分子在溶液中与溶剂形成化合物，或是发生聚合或电离，此时亨利定律就不再适用。如 HCl 在溶液中是 H^+ 和 Cl^- 状态，而在气相中则是 HCl 分子态，这时亨利定律不适用。

4.3.8　理想液态混合物及各组分的化学势

1）理想液态混合物

（1）定义

溶液中的任一组分在全部浓度范围内都符合拉乌尔定律的溶液,称为理想液态混合物,简称理想混合物。

（2）组分蒸气压的表达式

对溶液中的任一组分 B,用数学形式表示为:

$$P_B = P_B^* X_B \quad (0 \leq X_B \leq 1) \tag{4.43}$$

其中,组分 B 可以是溶剂,也可以是溶质。P_B 为组分 B 在气相中的平衡蒸气压。P_B^* 为纯组分 B 在相同温度下的饱和蒸气压。x_B 为组分 B 在理想混合物中的物质的量分数。

对 A,B 两种组分组成的理想混合物:

$$P_A = P_A^* x_A \tag{4.44}$$

$$P_B = P_B^* x_B = P_B^* (1 - x_A) \tag{4.45}$$

溶液的总蒸气压 P 是 A,B 两个组分的蒸气分压之和,即

$$P = P_A + P_B = P_A^* x_A + P_B^* (1 - x_A) = (P_A^* - P_B^*) x_A + P_B^* \tag{4.46}$$

式(4.46)表明,溶液的蒸气总压 P 与 x_A 呈直线关系。

（3）微观模型

①不同组元分子间与同一组元分子间的作用力基本相等,没有离解、缔合等作用,即 $f_{A-A} = f_{B-B} = f_{A-B}$。

②各组元的分子体积大小非常接近,如异构体、同位素。

现实中,大多数溶液都不符合理想混合物的定义,但光学异构体的混合物、同位素化合物的混合物、立体异构体的混合物、紧邻同系物的混合物可以近似地当作理想混合物看待。例如,苯与甲苯、d-樟脑和 l-樟脑等组成的混合物可近似看作理想混合物。

2）理想混合物中组分 B 的化学势

（1）任何溶液中组分 B 的化学势

在一定的 T,P 下,$l\text{-}g$ 两相平衡,液态混合物中任一组分 B 在两相中的化学势相等:

$$\mu_B(l) = \mu_B(g)$$

式中　$\mu_B(l)$——组分 B 在溶液中的化学势;

　　　$\mu_B(g)$——组分 B 在蒸气相中的化学势。

若蒸气为理想气体混合物,B 组分蒸气压为 P_B,假定蒸气均看作理想气体,则依据混合理想气体中任一组分 B 的化学势为:

$$\mu_B(g) = \mu_B^*(T, P^\ominus, g) + RT \ln \frac{P_B}{P^\ominus} \tag{4.47}$$

因为 $\mu_B(l) = \mu_B(g)$,所以任何溶液中组分 B 的化学势为:

$$\mu_B(l) = \mu_B^*(T, P^\ominus, g) + RT \ln \frac{P_B}{P^\ominus} \tag{4.48}$$

式(4.48)适用于任何溶液,它说明溶液中任意组分 B 的化学势可用此组分在平衡蒸气相中的化学势来表示。

(2) 理想混合物中组分 B 的化学势

理想混合物中组分 B 在平衡蒸气中的分压 P_B 与组分 B 在溶液中的物质的量分数 x_B 之间遵循拉乌尔定律,将 $P_B = P_B^* x_B$ 代入式(4.48),得理想混合物中任一组分 B 化学势的表达式为:

$$\mu_B(l) = \mu_B^\ominus(T,P^\ominus,g) + RT \ln \frac{P_B^*}{P^\ominus} + RT \ln x_B$$

$$\mu_B(l) = \mu_B^\ominus(T,P_B^*,l) + RT \ln x_B \tag{4.49}$$

其中, $\mu_B^\ominus(T,P_B^*,l) = \mu_B^\ominus(T,P^\ominus,g) + RT \ln \frac{P_B^*}{P^\ominus}$。

$\mu_B^\ominus(T,P_B^*,l)$ 是液态 B 在温度为 T、压力为饱和蒸气压 P_B^* 时的化学势。

组分 B 化学势标准态的规定:

纯液体 B 在理想混合物所处的温度 T 及标准压力 $P^\ominus$ 下的状态,则在 $T,P^\ominus$ 条件下,组分 B 的标准态化学势为 $\mu_B^\ominus(T,P^\ominus,l)$,它与 $\mu_B^\ominus(T,P_B^*,l)$ 是不相等的,即 $\mu_B^\ominus(T,P_B^*,l)$ 并不是组分 B 的标准态化学势。

因为 $\left(\dfrac{\partial \mu_B^\ominus}{\partial P}\right)_{T,n} = V_{m,B}^\ominus$, $V_{m,B}^\ominus$ 为纯液态 B 的摩尔体积。恒定温度 T 压力由 $P_B^* \to P^\ominus$,则:

$$\int_{\mu_B^\ominus(T,P_B^*,l)}^{\mu_B^\ominus(T,P^\ominus,l)} \mathrm{d}\mu_B^\ominus = \int_{P_B^*}^{P^\ominus} V_{m,B}^\ominus \mathrm{d}p$$

$$\mu_B^\ominus(T,P^\ominus,l) = \mu_B^\ominus(T,P_B^*,l) + \int_{P_B^*}^{P^\ominus} V_{m,B}^\ominus \mathrm{d}p$$

故

$$\mu_B^\ominus(T,P_B^*,l) = \mu_B^\ominus(T,P^\ominus,l) - \int_{P_B^*}^{P^\ominus} V_{m,B}^\ominus \mathrm{d}p$$

代入式(4.49)可得:

$$\mu_B(T,P,x_B,l) = \mu_B^\ominus(T,P^\ominus,l) + RT \ln x_B - \int_{P_B^*}^{P^\ominus} V_{m,B}^\ominus \mathrm{d}p \tag{4.50}$$

由于一般液体体积随压力变化较小,又考虑到压力对凝聚相性质的影响较小,在压力变化不大的情况下,积分项 $\int_{P_B^*}^{P^\ominus} V_{m,B}^\ominus \mathrm{d}P$ 常略去不计。式(4.50)可改写成:

$$\mu_B(T,P,x_B,l) = \mu_B^\ominus(T,P^\ominus,l) + RT \ln x_B \tag{4.51}$$

式(4.51)是理想混合物中组分 B 化学势的表示式,它表明理想混合物中组分 B 的化学势 $\mu_B(T,P,x_B,l)$ 等于其标准状态的化学势 $\mu_B^\ominus(T,P^\ominus,l)$ 加上 $RT \ln x_B$。因为 $x_B<1$, $\ln x_B<0$,可知理想混合物中组分 B 的化学势 $\mu_B^\ominus(T,P,x_B,l)$ 小于其同温下纯液态 B 在标准压力 $P^\ominus$ 下的化学势 $\mu_B^\ominus(T,P^\ominus,l)$。如果忽略压力对凝聚相性质的影响,常常选取与理

想混合物具有相同温度 T 和压力 P 的纯液体 B，作为理想混合物中组分 B 的标准态。

组分 B 的标准态化学势为 $\mu_B^{\ominus}(T,P,l)$，理想混合物中组分 B 的化学势表示为：

$$\mu_B(T,P,x_B,l) = \mu_B^{\ominus}(T,P,l) + RT \ln x_B \tag{4.52}$$

4.3.9　理想液态混合物的热力学

1）偏摩尔性质

多组分体系中定义组分 B 的偏摩尔量的目的是确定其与纯组分 B 的摩尔量之间的关系。

（1）偏摩尔体积

由 $\mathrm{d}\mu_B = \mathrm{d}G_B = -S_B \mathrm{d}T + V_B \mathrm{d}P$ 可得：

$$V_B = \left(\frac{\partial \mu_B}{\partial P}\right)_T$$

由式（4.51）可得：

$$\left(\frac{\partial \mu_B}{\partial P}\right)_{T,X} = \left[\frac{\partial(\mu_B^{\ominus} + RT \ln X_B)}{\partial P}\right]_{T,X} = \left(\frac{\partial \mu_B^{\ominus}}{\partial P}\right)_{T,X} \tag{4.53}$$

因此 $V_B = V_{m,B}^*$。

（2）偏摩尔焓

用 T 除以 $\mu_B = \mu_B^{\ominus} + RT \ln X_B$，得：$\dfrac{\mu_B}{T} = \dfrac{\mu_B^{\ominus}}{T} + R \ln X_B$

恒 P、恒组成时，上式对 T 求偏导得：$\left[\dfrac{\partial\left(\dfrac{\mu_B}{T}\right)}{\partial T}\right]_{P,X} = \left[\dfrac{\partial\left(\dfrac{\mu_B^{\ominus}}{T}\right)}{\partial T}\right]_{P,X} + 0$

根据吉布斯-亥姆霍兹公式，得：

$$\left[\frac{\partial\left(\dfrac{\mu_B}{T}\right)}{\partial T}\right]_{P,X} = -\frac{H_B}{T^2} \quad \text{或} \quad \left[\frac{\partial\left(\dfrac{\mu_B^{\ominus}}{T}\right)}{\partial T}\right]_{P,X} = -\frac{H_{B,m}^*}{T^2} \tag{4.54}$$

因此 $H_B = H_{m,B}^*$。

（3）偏摩尔熵

由 $\mathrm{d}\mu_B = \mathrm{d}G_B = -S_B \mathrm{d}T + V_B \mathrm{d}P$ 可得：

$$\left(\frac{\partial \mu_B}{\partial T}\right)_{P,X} = -S_B$$

由式（4.50）可得：

$$\left(\frac{\partial \mu_B}{\partial T}\right)_{P,X} = \left(\frac{\partial \mu_B^{\ominus}}{\partial T}\right)_{P,X} + R \ln X_B \tag{4.55}$$

因此 $S_B = S_{m,B}^* - R \ln X_B$。

2）混合热力学性质

在一定的 T,P 条件下，由纯液体混合形成理想液态混合物时，系统热力学性质 $V,H,$

S,G,U 的差值称为理想液态混合物的混合热力学性质。

T,P 一定时：

$$\Delta_{mix}X = X_{混合后} - X_{混合前} = \sum_B n_B X_B - \sum_B n_B X_{m,B}^*$$
$$= \sum_B n_B(X_B - X_{m,B}^*) \tag{4.56}$$

（1）混合体积 $\Delta_{mix}V$

由式（4.53）得：

$$\Delta_{mix}V = \sum_B n_B(V_B - V_{m,B}^*) = 0 \tag{4.57}$$

（2）混合焓 $\Delta_{mix}H$

由式（4.54）得：

$$\Delta_{mix}H = \sum_B n_B(H_B - H_{m,B}^*) = 0 \tag{4.58}$$

（3）混合热力学能 $\Delta_{mix}U$

$$\Delta_{mix}U = \Delta_{mix}H - p\Delta_{mix}V = 0 \tag{4.59}$$

（4）混合熵 $\Delta_{mix}S$

由式（4.55）得：

$$\Delta_{mix}S = \sum_B n_B(S_B - S_{m,B}^*) = -R\sum_B n_B \ln x_B > 0 \tag{4.60}$$

（5）混合吉布斯自由能 $\Delta_{mix}G$

由式（4.54）和式（4.55）可得：

$$\Delta_{mix}G = \sum_B n_B(G_B - G_{m,B}^*) = \sum_B n_B(\mu_B - \mu_B^*) = RT\sum_B n_B \ln x_B < 0 \tag{4.61}$$

故恒温、恒压、$W'=0$ 的条件下，理想液态混合物的形成是一个可以进行且不可逆的过程。$\Delta_{mix}G$ 可作为热力学判据。

（6）混合吉布斯自由能 $\Delta_{mix}A$

$$\Delta_{mix}A = \Delta_{mix}U - T\Delta_{mix}S = \Delta_{mix}G < 0 \tag{4.62}$$

故恒温、$W'=0$ 的条件下，$\Delta_{mix}A$ 可作为热力学判据。

4.3.10 稀溶液及各组分的化学势

1）稀溶液

在一定的温度、压力和浓度范围内，溶剂服从拉乌尔定律、溶质服从亨利定律的溶液，称为理想稀溶液，简称稀溶液。

对于由溶剂 A 和溶质 B 组成的二元稀溶液有：

$$P_A = P_A^* x_A, P_B = k_{B,x} x_B \tag{4.63}$$

应当注意的是，稀溶液并不只是指浓度很小的溶液。如果某溶液尽管浓度很小，但是溶剂不服从拉乌尔定律，溶质也不服从亨利定律，那么该溶液仍不能称为稀溶液。

2）稀溶液中组分的化学势

对于任何溶液，溶液中任意组分 B 的化学势表示为：

$$\mu_B(l) = \mu_B^*(T, P^\ominus, g) + RT \ln \frac{P_B}{P^\ominus} \tag{4.64}$$

式(4.64)也适用于稀溶液中溶剂 A 和溶质 B。由于稀溶液中溶剂服从拉乌尔定律,溶质服从亨利定律。因此,对于稀溶液来说,溶剂与溶质的化学势的表示式不相同。

(1)溶剂 A 的化学势

由于溶剂服从拉乌尔定律,它与理想溶液中的任一组分遵循同一规律。因此,溶剂 A 的化学势可用式(4.65)表示,即

$$\mu_A(T, P, x_A, l) = \mu_A^\ominus(T, P^\ominus, l) + RT \ln x_A \tag{4.65}$$

其中,

$$\mu_A^\ominus(T, P, l) \approx \mu_A^\ominus(T, P^\ominus, l) = \mu_A^\ominus(T, P^\ominus, g) + RT \ln \frac{P_A^*}{P^\ominus} + \int_{P_B^*}^{P^\ominus} V_{m,B}^\ominus dP$$
$$\approx \mu_A^\ominus(T, P^\ominus, g) + RT \ln \frac{P_A^*}{P^\ominus} \tag{4.66}$$

溶剂 A 的化学势 $\mu_A(T, P, x_A, l)$:溶液在恒 T, P 条件下,溶剂 A 的摩尔分数为 x_A 的化学势。

纯 A 的化学势 $\mu_A^*(T, P, l)$:溶液在恒 T, P 条件下,$x_A = 1$ 时纯溶剂 A 的化学势。

溶剂的标准态:溶液在恒 $T, P^\ominus$,$x_A = 1$ 时的纯溶剂 A。

(2)溶质 B 的化学势

由于稀溶液中溶质 B 服从亨利定律,将 $P_B = k_{B,x} x_B$、$P_B = k_{B,C} \cdot C_B / C^\ominus$、$P_B = k_{B,b} \cdot b_B / b^\ominus$ 代入 $\mu_B(g) = \mu_B^*(T, P^\ominus, g) + RT \ln \frac{P_B}{P^\ominus}$,即可得到不同浓度表示的溶质 B 的化学势的表达式。

①$P_B = k_{B,x} x_B$。

$$\mu_B(l) = \mu_B^\ominus(T, P^\ominus, g) + RT \ln \frac{k_{B,x}}{P^\ominus} + RT \ln x_B \tag{4.67}$$

因亨利常数 $k_{B,x}$ 决定于溶液上空的蒸气压 P,故 $k_{B,x}$ 与溶液的 T, P 二者均相关。

令

$$\mu_{B,x}^\ominus(T, P, l) = \mu_B^\ominus(T, P^\ominus, g) + RT \ln \frac{k_{B,x}}{P^\ominus}$$

故

$$\mu_B(T, P, x_B, l) = \mu_{B,x}^\ominus(T, P, l) + RT \ln x_B \tag{4.68}$$

式中 $\mu_B(T, P, x_B, l)$——溶液在恒 T, P 条件下,溶质的摩尔分数为 x_B 时,溶质 B 的化学势。

$\mu_{B,x}^\ominus(T, P, l)$——溶液在恒 T, P 条件下,看作 $x_B = 1$ 且又符合亨利定律的那个状态的溶质的化学势。作为标准态的化学势,由于 $x_B = 1$ 表示为纯溶质且溶质又需满足亨利定律,这是假想的溶质存在状态。

溶质 B 的标准态:符合亨利定律的假想纯溶质($x_B = 1$)在恒定 T,溶质蒸气压为 k_x

（溶液总压为 P）时的状态。如图 4.1 中的点 D 所示。

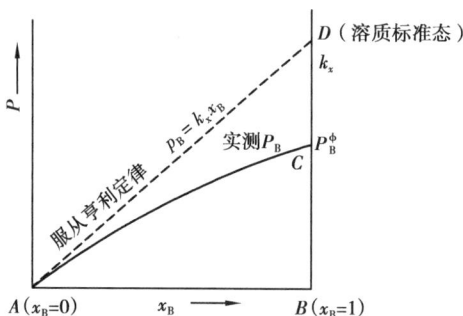

图 4.1　稀溶液中溶质 B 的标准态 D 点
（浓度用 m_B 表示）

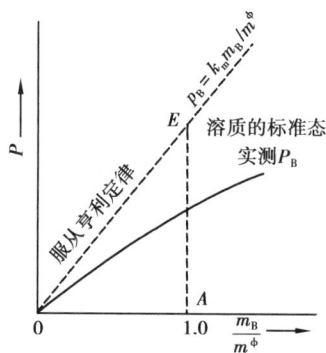

图 4.2　稀溶液中溶质 B 标准态 E 点
（浓度用 x_B 表示）

② $P_B = k_{B,b} \cdot b_B / b^{\ominus}$。

$$\mu_B(T,P,b_B,l) = \mu_B^{\ominus}(T,P^{\ominus},g) + RT\ln\frac{k_b}{P^{\ominus}} + RT\ln\frac{b_B}{b^{\ominus}}$$

$$= \mu_{B,b}^{\ominus}(T,P,l) + RT\ln\frac{b_B}{b^{\ominus}} \tag{4.69}$$

其中，$\mu_{B,b}^{\ominus}(T,P,l) = \mu_B^{\ominus}(T,P^{\ominus},g) + RT\ln\dfrac{k_b}{P^{\ominus}}$。

$\mu_B(T,P,b_B,l)$ 是溶液在恒 T,P 条件下，溶质 B 的浓度为 b_B 时溶质的化学势。

标准态化学势 $\mu_{B,b}^{\ominus}(T,P,l)$ 是指在溶液处于恒 T,P 条件下，溶质浓度 $b_B = 1$ mol/kg，溶质蒸气分压为 k_b，仍符合亨利定律的那个假想状态的化学势。其标准态相当于图 4.2 中的 E 点。

③ $P_B = k_{B,C} \cdot C_B / C^{\ominus}$。

$$\mu_B(T,P,C_B,l) = \mu_B^{\ominus}(T,P^{\ominus},g) + RT\ln\frac{k_C}{P^{\ominus}} + RT\ln\frac{C_B}{C^{\ominus}}$$

$$= \mu_{B,C}^{\ominus}(T,P,l) + RT\ln\frac{C_B}{C^{\ominus}} \tag{4.70}$$

其中，$\mu_{B,C}^{\ominus}(T,P,l) = \mu_B^{\ominus}(T,P^{\ominus},g) + RT\ln\dfrac{k_C}{P^{\ominus}}$。

标准态化学势 $\mu_{B,C}^{\ominus}(T,P,l)$ 是指在溶液处于 T,P 条件下，溶质浓度 $C_B = 1$ mol/m^3，溶质蒸气分压为 k_C 且符合亨利定律的那个假想状态的化学势。

在式（4.69）和式（4.70）中，$b^{\ominus} = 1$ mol/kg，$C^{\ominus} = 1$ mol/m^3 均为单位浓度。

4.3.11　稀溶液的依数性

稀溶液的某些性质仅与一定量溶液中溶质的质点数有关，而与溶质的本质无关，称这些性质为稀溶液的依数性。

稀溶液的 4 种依数性包括溶剂的蒸气压下降、凝固点下降、沸点升高和渗透压。

这 4 种性质的数值只取决于所含溶质粒子(分子或离子)的数目,而与溶质的本性无关。溶液越稀,依数性就越正确。

1)溶剂的蒸气压下降

根据拉乌尔定律 $P_A = P_A^* x_A$。即往纯溶剂 A 中加入溶质 B,则稀溶液中溶剂 A 的蒸气压 P_A 要比同温度时纯溶剂的蒸气压 P_A^* 低(因为 $x_A < 1$,所以 $P_A < P_A^*$)。若加入的溶质 B 是不挥发的,则溶剂 A 的蒸气压就等于溶液的蒸气压,可以说,加入不挥发溶质后引起溶液的蒸气压降低。

设蒸气压降低值为 ΔP,则:

$$\Delta P = P_A^* - P_A = P_A^* - P_A^* x_A = P_A^*(1 - x_A)$$

如果只有一种溶质 B,那么有 $1 - x_A = x_B$,代入上式得:

$$\Delta P = P_A^* x_B \tag{4.71}$$

式(4.71)表明,稀溶液中溶剂的蒸气压降低值与溶质的物质量分数成正比。x_B 越大,溶质的粒子数目越多,蒸气压降低越大。

2)凝固点下降

在某个压力下,纯物质液固两相平衡时的温度,称为该物质在该压力下的凝固点。如纯液体 A 纯固体 A,在压力 P 时的温度称为 A 的凝固点,用 T_f^* 表示。如果在纯液体 A 中加入物质 B 后,则形成稀溶液,此溶液的凝固点(用 T_f 表示)要低于同压力下纯液体 A(溶剂 A)的凝固点 T_f^*。

溶液的凝固点定义:在一定压力下,某浓度的溶液中溶剂与固态纯溶剂呈平衡时的温度,用 T_f 表示。在此处溶液析出的固相只有固态纯溶剂,而不是固溶体,溶质不凝固。$\Delta T_f = T_f^* - T_f$ 就是溶液凝固点比同压下纯溶剂凝固点的降低值。

在恒定压力 P、温度 T 时,固态纯溶剂与溶液中的溶剂呈平衡态,溶液中溶剂 A 纯固体 A,此时固态纯溶剂的化学势与溶液中溶剂的化学势必然相等,即

$$
\begin{array}{llll}
\text{稀溶液} & & & A(l) \rightarrow A^*(S) \\
P & T & X_A & \mu_A^l = \mu_A^{*,S} \\
P & T+\mathrm{d}T & X_A + \mathrm{d}X_A & \mu_A^l + \mathrm{d}\mu_A^l = \mu_A^{*S} + \mathrm{d}\mu_A^{*S} \\
& & & \mathrm{d}\mu_A^l = \mathrm{d}\mu_A^{*S}
\end{array}
\tag{4.72}
$$

当 $\mathrm{d}P = 0$ 时,$\begin{cases} \mu_A^{*S} = f(T) \\ \mu_A^l = f(T, X_A) \end{cases}$,故

$$\mathrm{d}\mu_A^{*S} = \left(\frac{\partial \mu_A^{*S}}{\partial T}\right)_P \mathrm{d}T = -S_{m,A}^{*S} \mathrm{d}T \tag{4.73}$$

$$\mathrm{d}\mu_A^l = \left(\frac{\partial \mu_A^l}{\partial T}\right)_{P, X_A} \mathrm{d}T + \left(\frac{\partial \mu_A^l}{\partial X_A}\right)_{P,T} \mathrm{d}X_A = -S_A^l \mathrm{d}T + \left(\frac{\partial \mu_A^l}{\partial X_A}\right)_{P,T} \mathrm{d}X_A \tag{4.74}$$

由 $\mu_A^l = \mu_A^\ominus + RT \ln X_A$，得 $\left(\dfrac{\partial \mu_A^l}{\partial X_A}\right)_{T,P} = RT \cdot \dfrac{1}{X_A}$ 代入得：

$$\mathrm{d}\mu_A^l = -S_A^l \mathrm{d}T + RT\mathrm{d}\ln X_A \tag{4.75}$$

$$-S_{m,A}^{*\,S}\mathrm{d}T = -S_A^l \mathrm{d}T + RT\mathrm{d}\ln X_A \tag{4.76}$$

$$(S_A^l - S_{m,A}^{*\,S})\mathrm{d}T = RT\mathrm{d}\ln X_A \tag{4.77}$$

$$S_A^l - S_{m,A}^{*\,S} = \Delta_{fus}S_{m,A} = \frac{\Delta_{fus}H_{m,A}^*}{T} \tag{4.78}$$

$$\frac{\Delta_{fus}H_{m,A}^*}{T}\mathrm{d}T = RT\mathrm{d}\ln X_A \tag{4.79}$$

即

$$\frac{\mathrm{d}\ln X_A}{\mathrm{d}T} = \frac{\Delta_{fus}H_{m,A}^*}{RT^2} \tag{4.80}$$

作定积分：

$$\int_1^{X_A} \mathrm{d}\ln X_A = \int_{T_f^*}^{T_f} \frac{\Delta_{fus}H_{m,A}^*}{RT^2}\mathrm{d}T \,(\text{视 } \Delta_{fus}H_{m,A}^* \text{ 为常数})$$

将上式积分，以纯 A 为积分起始点，即 $x_A = 1$，$\ln x_A = 0$，对应 $T = T_f^*$。以稀溶液中组成 x_A 为积分终点，即 $\ln x_A$，对应 $T = T_f$。因此，变量 $\ln x_A$ 的积分区间为 $0 \to \ln x_A$，变量 T 的积分区间为 $T_f^* \to T_f$。因为 T_f^* 与 T_f 温度区间不大，所以可将 $\Delta_{fus}H_{m,A}$ 看作与温度无关的常数。

其中，$\Delta H_{m,A}$ 为 1 mol 溶剂 A 的凝固热。它与 1 mol 纯溶剂的熔化热 $\Delta_{fus}H_{m,A}^*$ 的关系为：$\Delta_{fus}H_{m,A}^* = -\Delta H_{m,A}$，代入上式，得：

当 $X_B \ll 1$ 时，忽略 X_B 高次项得：$\ln X_A \approx -X_B$

$$\ln x_A = \ln(1 - x_B) = -\left(x_B + \frac{1}{2}x_B^2 + \frac{1}{3}x_B^3 + \frac{1}{4}x_B^4\right) \approx -x_B \tag{4.81}$$

式(4.81)是将函数 $\ln(1-x_B)$ 展成级数，当 x_B 很小时，可作近似处理，于是可得：

$$x_B = \frac{\Delta_{fus}H_{m,A}\Delta T_f}{RT_f^* T_f} \tag{4.82}$$

在温度变化不大时，可以认为 $T_f^* \cdot T_f \approx (T_f^*)^2$。

式中，$T_f - T_f^* = -(T_f^* - T_f) = -\Delta T_f$。

将上式积分，得：

$$\ln X_A = -\frac{\Delta_{fus}H_{m,A}^*}{R}\left(\frac{1}{T_f} - \frac{1}{T_f^o}\right) = -\frac{\Delta_{fus}H_{m,A}^*}{R} \cdot \frac{T_f^o - T_f}{T_f T_f^o} \approx -\frac{\Delta_{fus}H_{m,A}^*\Delta T_f}{R(T_f^o)^2} \tag{4.83}$$

所以：

$$\Delta T_f = \frac{R(T_f^o)^2}{\Delta_{fus}H_{m,A}^*}x_B \tag{4.84}$$

对指定的溶剂 A，T_f^* 及 $\Delta_{fus}H_{m,A}$ 均为常数，又因 R 也是一常数，故式(4.84)说明在稀溶液时，溶液凝固点降低值(ΔT_f)与溶质在溶液中的物质的量分数 x_B 成正比。

对稀溶液 $x_B \approx M_A m_B$，其中 M_A 是以 kg/mol 为单位的溶剂的摩尔质量，m_B 是溶液中溶质的质量摩尔浓度。将此代入式(4.84)，得

$$\Delta T_f = \frac{R(T_f^*)^2}{\Delta_{fus} H_{m,A}} M_A m_B = k_f \cdot m_B \tag{4.85}$$

其中，

$$k_f = \frac{R(T_f^*)^2 M_A}{\Delta_{fus} H_{m,A}} \tag{4.86}$$

式(4.86)中的 k_f 称为"凝固点降低常数"。从式中可以看出，k_f 值只与溶剂的性质有关，而与溶质的性质无关。

式(4.85)为稀溶液凝固点降低公式的常用形式。

需要说明的是：

①k_f 的求法及应用。

通过实验测得质量摩尔浓度为 m_B 的溶液的 ΔT_f，代入 $k_f = \dfrac{\Delta T_f}{m_B}$，可求得 k_f。由 k_f 结合式(4.86)，可用于求溶剂 A 的摩尔熔化热 $\Delta_{fus} H_{m,A}$。

$$H_{m,A} = \frac{R(T_f^*)^2 M_A}{k_f} \tag{4.87}$$

②式(4.86)的重要应用之一就是用于求溶质 B 的摩尔质量 M_B。

将 $M_B = \dfrac{W_B}{W_A \cdot W_B}$ 代入式(4.85)中，得

$$\Delta T_f = k_f \cdot \frac{W_B}{W_A \cdot M_B}$$
$$M_B = k_f \cdot \frac{W_B}{W_A \cdot \Delta T_f} \tag{4.88}$$

式中　W_A,W_B——溶液中溶剂和溶质的质量，kg；

　　　M_B——溶质的摩尔质量，kg/mol。

利用 k_f 及实验测得的 ΔT_f，即可求得 M_B。

3)沸点升高

一个纯液体或溶液(溶质不挥发)，当其蒸气压等于外界压力时就沸腾，此时的蒸气压温度称为沸点。对稀溶液，在恒定压力下的沸点时，表明此时稀溶液中溶剂 A 与气相纯溶剂 A(因溶质不挥发)两相达到平衡，化学势必然相等，即

$$\mu_A(T,P,x_A,l) = \mu_A^*(T,P,g)$$

根据凝固点降低公式的推导方法，可导出稀溶液的沸点升高式为：

$$\Delta T_b = k_b \cdot m_B \tag{4.89}$$

其中，$k_b = \dfrac{R(T_b^*)^2 M_A}{\Delta_{vap} H_{m,A}}$，$T_b^*$ 为纯溶剂 A 的沸点，T_b 为稀溶液的沸点，$\Delta T_b = T_b - T_b^*$ 为溶液沸点升高值。M_A 为溶剂 A 的摩尔质量 kg/mol，$\Delta_{vap} H_{m,A}$ 为溶剂 A 的摩尔蒸发热。k_b 称沸点

升高常数,它只与溶剂的性质有关,而与溶质的性质无关。

4)渗透压

在指定的温度下渗透达到平衡,溶液和纯溶剂所受的压力分别为 P_2 和 P_1,则两相平衡。

$$A(纯溶剂, T, P_1) = A(溶液中的溶剂, T, P_2)$$

溶剂 A 在半透膜两侧的化学势必然相等,因此有:

$$\mu_A(T, P_1, l) = \mu_A(T, P_2, x_A, l) = \mu_A^{\ominus}(T, P_2, l) + RT \ln x_A$$

$$\frac{1}{\ln x_A} = \frac{1}{RT}[\mu_A(T, P_1, l) - \mu_A^{\ominus}(T, P_2, l)]$$

式中　$\mu_A(T, P_1, l)$——在 T, P_1 条件下,纯溶剂 A(液态)的化学势;

$\mu_A^{\ominus}(T, P_2, l)$——在 T, P_2 条件下,纯溶剂 A(液态)的化学势,溶液中溶剂的标准态化学势。

又因为纯物质 $\mu = G_m$。于是有:

$$\mu_A(T, P_1, l) = G_{m,A}(T, P_1, l)$$

$$\mu_A^{\ominus}(T, P_2, l) = G_{m,A}(T, P_2, l)$$

所以,

$$RT \ln x_A = G_{m,A}(T, P_1, l) - G_{m,A}(T, P_2, l) \tag{4.90}$$

对液态纯溶剂 A,因为 $\left(\dfrac{\partial G_m}{\partial P}\right) = V_m$,所以恒定温度 T 时有:

$$\int_{G_{m,A}(T, P_1, l)}^{G_{m,A}(T, P_2, l)} dG_{m,A}(T, l) = \int_{P_1}^{P_2} V_{m,A}(l) \, dP$$

其中,$V_{m,A}(l)$ 为纯溶剂的摩尔体积,设其为常数。则积分后,将式(4.88)代入式(4.90)有:

$$G_{m,A}(T, P_2, l) - G_{m,A}(T, P_1, l) = V_{m,A}(l)(P_2 - P_1) = \pi V_{m,A}(l)$$

与式(4.90)比较可得:

$$-RT \ln x_A = \pi V_{m,A}(l) \tag{4.91}$$

对很稀的溶液,由于 x_B 很小,因此可作如下近似:

$$-\ln x_A = -\ln(1 - x_B) \approx x_B = \frac{n_B}{n_A + n_B} \approx \frac{n_B}{n_A}$$

代入式(4.91),得:

$$\pi V_{m,A}(l) \approx \frac{n_B}{n_A} RT$$

$$\pi V_{m,A}(l) n_A \approx n_B RT$$

$$\pi V_A(l) \approx n_B RT$$

由于溶液很稀,$V_A(l) \approx V$,V 为溶液的体积,$V_A(l)$ 为溶剂的体积。因此

$$\pi V \approx n_B RT$$

$$\pi \approx \frac{n_B}{V} RT = C_B RT \tag{4.92}$$

式(4.92)为范特霍夫的稀溶液渗透压公式。由式(4.92)可以看出,溶液渗透压的大小只由溶液中溶质的分子数目决定,而与溶质本身无关。因此,渗透压也是溶液的依数性质。从形式上看,渗透压公式与理想气体状态方程非常相似。

测定稀溶液的渗透压最重要的用途是用来测定大分子化合物的摩尔质量。

在式(4.92)中,$n_B = \dfrac{W_B}{M_B}$,于是有:$\pi = \dfrac{W_B RT}{V M_B}$。

故

$$M_B = \frac{W_B RT}{\pi V} \tag{4.93}$$

4.3.12　实际溶液的化学势

理想溶液中,溶剂和溶质均遵守拉乌尔定律;稀溶液中,溶剂遵守拉乌尔定律,而溶质遵守亨利定律。这使理想溶液或稀溶液中任一组分的化学势表示式都比较简明。而通常会遇到一些既不是理想溶液,也不是稀溶液的实际溶液。由于实际溶液中的组分不遵守上述两种溶液的规律,因此使得要表示其任一组分的化学势显得比较复杂。为了使问题得以简化,我们常用的是以理想溶液或稀溶液为基准进行浓度修正的方法,使得实际溶液中任一组分的化学势也具有类似于理想溶液或稀溶液的简明表示形式。

1)以理想溶液为基准进行校正

(1)实际溶液中组分 i 的化学势

理想溶液中组分 i 在全部浓度范围内都有下列关系:
$$\mu_i(T, P, x_i) = \mu_i^{\ominus}(T, P, l) + RT \ln x_i$$
$\mu_i^{\ominus}(T, P, l)$ 为理想溶液在 T, P 条件下,纯态的组分 i 的化学势作为标准态化学势。

对实际溶液中任一组分的 μ_i 与 x_i 之间不存在上述简单的关系。因此,路易斯提出活度的概念。对理想溶液中任一组分化学势中的浓度 x_i 进行修正。
$$\alpha_i = x_i \gamma_i \tag{4.94}$$
其中,γ_i 为活度系数,α_i 为活度。

修正后得到的活度 α_i 就可代替理想溶液中的浓度 x_i,适用于实际溶液中任一组分的化学势等温式。也就是说,实际溶液中任一组分 i 的化学势可表示为:
$$\mu_i(T, P, \alpha_i) = \mu_i^{\ominus}(T, P, l) + RT \ln \alpha_i \tag{4.95}$$
其中,$\mu_i^{\ominus}(T, P, l)$ 是纯态的组分 i 在温度为 T、压力为 P 时的化学势,作为标准态的化学势。它与理想溶液中组分 i 的标准态化学势相同。

(2)活度和活度系数

从活度的定义可以看出,活度就是有效浓度,可以理解为:浓度为 x_i 的实际溶液,组分 i 的化学势与浓度为 α_i 的该溶液呈现理想溶液行为时的化学势相同,α_i 就是实际溶液中组分 i 的活度。

把实际溶液对理想溶液的偏差,集中归结到对浓度的校正上。而活度与浓度之比,即活度系数体现了实际溶液与理想溶液之间的偏差程度。

$$\gamma_i = \frac{\alpha_i}{x_i} \tag{4.96}$$

对理想溶液，组分 i 遵守拉乌尔定律，则 $P_i = P_i^* x_i$。因而对实际溶液可得：

$$P_i = P_i^* x_i \gamma_i = P_i^* \alpha_i \tag{4.97}$$

γ_i 可以小于 1，也可以大于 1。由式（4.97）可知，γ_i 实际上是拉乌尔定律中的校正系数。

①如果 $P_i > P_i^* x_i$，即 $\gamma_i > 1$，组分 i 的蒸气压比拉乌尔定律计算值大时，称组分 i 对拉乌尔定律发生正偏差。

②如果 $P_i < P_i^* x_i$，即 $\gamma_i < 1$，组分 i 的蒸气压比拉乌尔定律计算值小时，则称组分 i 对拉乌尔定律发生负偏差。

③对理想溶液，可看作 $\gamma_i = 1$。

2）以稀溶液为基准进行校正

（1）实际溶液中溶剂 A 的化学势

因为稀溶液中溶剂 A 遵守拉乌尔定律。所以以稀溶液为基准进行浓度校正，实质上就是将实际溶液中的溶剂 A 相对于遵守拉乌尔律进行校正。所以说，溶液 A 的化学势也可写成：

$$\mu_A(T,P,\alpha_A) = \mu_A^{\ominus}(T,P,l) + RT \ln \alpha_A \tag{4.98}$$

式中 $\alpha_A = x_A \gamma_A$ 称为溶剂 A 的活度，可理解为"有效浓度"。γ_A 为溶剂 A 的活度系数。

$\mu_A^{\ominus}(T,P,l)$ 是溶剂 A 的标准态化学势，该标准态是指温度 T 及压力 P 的纯溶剂 A。在该标准态时，$x_A = 1$，$\gamma_A = 1$，$\alpha_A = 1$。

（2）实际溶液中溶质 B 的化学势

由于稀溶液中溶质 B 遵守亨利定律。因此，以稀溶液为基准进行浓度校正，实质上就是在实际溶液中的溶质相对遵守亨利定律进行浓度校正，以建立其化学势等温式。由于亨利定律中溶质浓度有 3 种表示方式，因此在稀溶液中溶质 B 的化学势分别为：

$$\mu_B(T,P,x_B,l) = \mu_{B,x}^{\ominus}(T,P,l) + RT \ln x_B$$

$$\mu_B(T,P,b_B,l) = \mu_{B,b}^{\ominus}(T,P,l) + RT \ln \frac{b_B}{b^{\ominus}}$$

$$\mu_B(T,P,C_B,l) = \mu_{B,C}^{\ominus}(T,P,l) + RT \ln \frac{C_B}{C^{\ominus}}$$

对以上 3 式中的浓度分别进行校正，即得实际溶液中溶质 B 的化学势的表达式：

$$\mu_B(T,P,x_B,l) = \mu_{B,x}^{\ominus}(T,P,l) + RT \ln x_B \gamma_{B,x}$$

$$\mu_B(T,P,b_B,l) = \mu_{B,b}^{\ominus}(T,P,l) + RT \ln \frac{b_B \gamma_{B,b}}{b^{\ominus}}$$

$$\mu_B(T,P,C_B,l) = \mu_{B,C}^{\ominus}(T,P,l) + RT \ln \frac{C_B \gamma_{B,C}}{C^{\ominus}}$$

即

$$\mu_B(T,P,x_B,l) = \mu_{B,x}^{\ominus}(T,P,l) + RT\ln\alpha_{B,x}$$

$$\mu_B(T,P,b_B,l) = \mu_{B,b}^{\ominus}(T,P,l) + RT\ln\alpha_{B,b}$$

$$\mu_B(T,P,C_B,l) = \mu_{B,C}^{\ominus}(T,P,l) + RT\ln\alpha_{B,C} \tag{4.99}$$

式中，$\gamma_x,\gamma_b,\gamma_C$ 是采用不同浓度单位时浓度的校正因子，称为"活度系数"。校正后的浓度可理解为"有效浓度"，称为"活度"，用 α 表示。

$$\alpha_{B,X} \equiv \gamma_{B,x}x_B$$

$$\alpha_{B,b} \equiv \frac{\gamma_{B,b}b_B}{b_B^{\ominus}} \tag{4.100}$$

$$\alpha_{B,C} \equiv \frac{\gamma_{B,C}C_B}{C_B^{\ominus}}$$

式中，当溶液无限稀释即 x_B,b_B,C_B 趋于零时，各 γ 值趋近于1。

式(4.99)中，$\mu_{B,x}^{\ominus}(T,P,l)$、$\mu_{B,b}^{\ominus}(T,P,l)$、$\mu_{B,C}^{\ominus}(T,P,l)$ 分别采用不同浓度单位时，溶质标准态的化学势。

溶质的标准态分别指：在指定温度 T 和压力 P 下，溶质浓度 x_B,b_B,C_B 分别等于1，但仍遵循亨利定律的假想状态。

3）活度的标准态

①以拉乌尔定律为基准，以纯物质为真实标准态。

$$\lim_{x_A\to 1}\gamma_A = 1 \text{ 或 } \lim_{x_A\to 1}\frac{a_A}{x_A} = 1 \tag{4.101}$$

适用于稀溶液中的溶剂或浓溶液中的各组元。

②以亨利定律为基准。

a.以纯物质为标准且服从亨利定律的假想态。

$$\lim_{x_B\to 1}\gamma_B = 1 \text{ 或 } \lim_{x_B\to 1}\frac{a_B}{x_B} = 1 \tag{4.102}$$

b.以1%为标准且服从亨利定律的假想态。

$$\lim_{\%B\to 100}\gamma_B = 1 \text{ 或 } \lim_{\%B\to 100}\frac{a_B}{\%B} = 1 \tag{4.103}$$

4）活度的测定与计算

（1）蒸气压法

由 $P_A = P_A^* a_A$ 和 $P_B = ka_B$ 得：

$$a_A = \frac{P_A}{P_A^*}, a_B = \frac{P_B}{k} \tag{4.104}$$

式中，P_A,P_A^*,P_B 和 k 均由蒸气压测定而得。

此方法只适用于求溶剂和挥发性溶质的活度和适用于蒸气压较大的系统。

（2）依数性法

理想溶液：

$$\ln a_A = \frac{\Delta_s^l H_{m,A}}{R}\left(\frac{1}{T_f^*} - \frac{1}{T_f}\right) \qquad (4.105)$$

非理想溶液：

$$\ln a_A = \frac{\Delta_s^l H_{m,A}}{R}\left(\frac{1}{T_f^*} - \frac{1}{T_f}\right) \qquad (4.106)$$

此方法只适用于测定溶剂的活度。

（3）Gibbs-Duhem 公式法

若溶质不挥发，以上两种方法不可用，可由 a_A 计算 a_B。

4.4　思考题

1.设水的化学势为 $\mu^*(l)$，冰的化学势为 $\mu^*(s)$，在 101. 325 kPa 及 −5 ℃ 条件下，$\mu^*(l)$ 是大于、小于还是等于 $\mu^*(s)$？

2.将少量挥发性液体加入溶剂中形成稀溶液，则溶液的沸点一定高于相同压力下纯溶剂的沸点，溶液的凝固点也一定低于相同压力下纯溶剂的凝固点，对吗？

3.吉布斯自由能与化学势有什么区别？化学势有何意义？

4.理想液态混合物各组分分子之间没有作用力吗？

5.理想稀溶液就是理想溶液吗？

6.两种组分混合成溶液时没有热效应产生，此溶液就是理想溶液吗？

7."溶液的化学势等于溶剂的化学势与溶质的化学势之和"。这种说法对吗？请说明理由。

8.理想溶液同理想气体一样，分子之间没有作用力，所以 $\Delta_{max} U = 0$，对吗？

9.如何从分子观点来解释理想液态混合物中各组分在全部组成范围内符合拉乌尔定律的 $P_B = P_B^* x_B$？

10.化学势的定义是什么？它和偏摩尔吉布斯函数、偏摩尔亥姆霍兹函数、偏摩尔焓、偏摩尔热力学能是否一回事。

4.5　典型例题

1.液体 A 与液体 B 能形成理想液态混合物，在 343 K 时，1 mol 纯 A 与 2 mol 纯 B 形成的理想液态混合物的总蒸气压为 50.66 kPa，若在液态混合物中再加入 3 mol 纯 A，则液态混合物的总蒸气压为 70.93 kPa。试求：

（1）纯 A 与纯 B 的饱和蒸气压；

（2）对第一种理想液体混合物，在对应的气相中纯 A 与纯 B 各自的摩尔分数。

解　（1）因为是理想液态混合物，所以 $P_A = P_A^* x_A$

$$P = P_A^* x_A + P_B^* x_B$$

$$50.66 = P_A^* \frac{1}{3} + P_B^* \frac{2}{3} \tag{1}$$

$$70.93 = P_A^* \frac{2}{3} + P_B^* \frac{1}{3} \tag{2}$$

联立方程(1)和(2)得 $P_A^* = 91.20$ kPa, $P_B^* = 30.39$ kPa。

$$(2) y_A = \frac{P_A}{P} = \frac{P_A^* x_A}{P} = \frac{91.20 \times \frac{1}{3}}{50.66} = 0.6$$

$$y_B = 1 - y_A = 0.4$$

2.323 K 时, CCl_4 和 $SiCl_4$ 的饱和蒸气压分别是 42.34 kPa 和 80.03 kPa。设 CCl_4 与 $SiCl_4$ 的溶液是理想溶液,求:

(1)外压 53.28 kPa,沸点为 323 K 的溶液组成;

(2)蒸馏此溶液时开始冷凝物中 $SiCl_4$ 的摩尔分数。

解　(1)设混合溶液中 CCl_4 的摩尔分数为 x_1,饱和蒸气压为 $P_1^* = 42.34$ kPa;$SiCl_4$ 的摩尔分数为 x_2,饱和蒸气压为 $P_2^* = 80.03$ kPa。

由题意可知 $\begin{cases} x_1 + x_2 = 1 \\ P_1^* \cdot x_1 + P_2^* \cdot x_2 = P = 53.28 \end{cases}$,代入数据联立求解得:

$$x_2 = 0.290\ 3; \quad x_1 = 1 - x_2 = 1 - 0.290\ 3 = 0.709\ 7$$

(2)开始冷凝物的成分就是与溶液相平衡时气相的成分。

$$y_2 = \frac{P_2^* \cdot x_2}{P} = \frac{80.03 \times 0.290\ 3}{53.28} = 0.436\ 0$$

3.T 温度时甲醇(CH_3OH)的饱和蒸气压是 83.4 kPa,乙醇(C_2H_5OH)的饱和蒸气压是 40.7 kPa。假设甲醇和乙醇混合可形成理想溶液,若乙醇占混合物组成质量分数的 30%,求 60 ℃时,此混合物的平衡蒸气组成,以摩尔分数表示,并计算总蒸气压。

解　设有 1 kg 液态混合物,则其组成为:

$$x(CH_3OH) = \frac{\dfrac{700}{32.042}}{\dfrac{700}{32.042} + \dfrac{300}{46.069}} = 0.770\ 4$$

$$x(C_2H_5OH) = 1 - 0.770\ 4 = 0.229\ 6$$

蒸气总压为:

$$P = P(CH_3OH) + P(C_2H_5OH)$$

$$= x(CH_3OH)P^*(CH_3OH) + x(C_2H_5OH)P^*(C_2H_5OH)$$

$$= (0.770\ 4 \times 83.4 + 0.229\ 6 \times 40.7)\text{kPa} = 73.596\ 1 \text{ kPa}$$

其气相组成为:

$$y(CH_3OH) = \frac{P(CH_3OH)}{P} = \frac{0.770\ 4 \times 83.4}{73.596\ 1} = 0.873$$

$$y(C_2H_5OH) = 1 - 0.873 = 0.127$$

第5章
化学平衡

5.1 知识导图

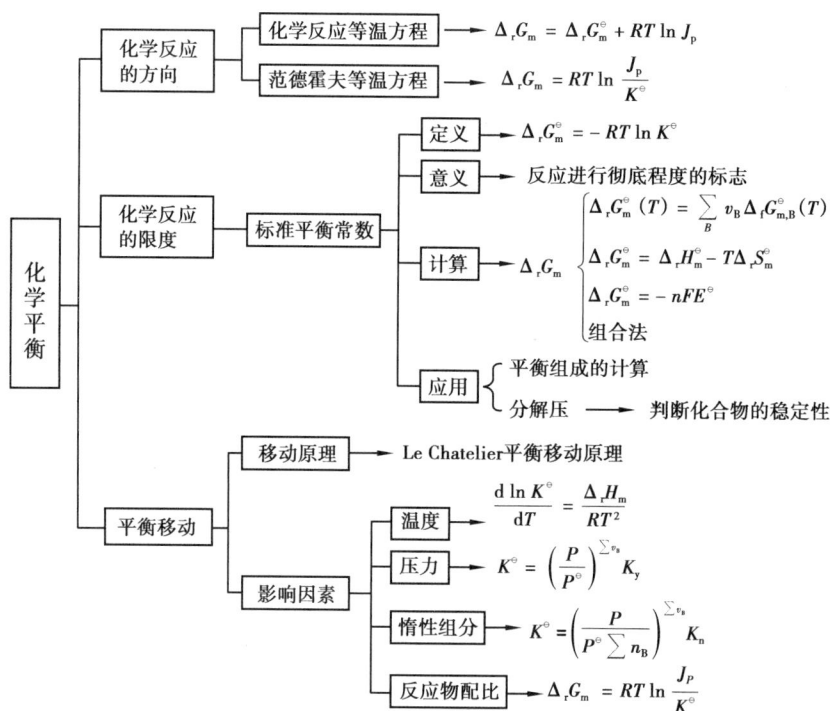

5.2 基本要求

①理解化学反应的方向判据及平衡条件,掌握标准平衡常数的定义及其不同的表达式。

②掌握复相反应中的分解压的概念和有关平衡的计算。

③掌握范德霍夫化学反应等温方程,会用 $\Delta_r G_m$ 判断反应进行的方向。

④了解标准平衡常数的热力学计算,掌握标准平衡常数与温度的关系及范德霍夫等压方程的运用。

⑤会分析温度、浓度、压力和惰性气体对化学平衡的影响,会计算有关平衡组成。

5.3　内容要点

5.3.1　化学反应的方向及限度——吉布斯函数变化

1）摩尔反应吉布斯函数变化

对 T,P 一定，$W'=0$ 的反应 $\sum v_B B = 0$，有：

$$\mathrm{d}G = \mu_1 \mathrm{d}n_1 + \mu_2 \mathrm{d}n_2 + \cdots = \sum_B \mu_B \mathrm{d}n_B = \sum_B \mu_B v_B \mathrm{d}\xi = \left(\sum_B \mu_B v_B \right) \mathrm{d}\xi$$

$$\left(\frac{\partial G}{\partial \xi} \right)_{T,P} = \sum_B v_B \mu_B = \Delta_r G_m \tag{5.1}$$

式中　$\Delta_r G_m$——$\xi = 1 \text{ mol}$ 时反应的吉布斯函数变化。

物理意义：在恒温、恒压、各组分浓度不变的条件下，在无穷大的反应体系中进行 1 mol 化学反应的体系吉布斯自由能改变值。

2）化学反应平衡条件

对一个化学反应系统 $G = f(T,P,\xi)$。

T,P 一定时，$G = f(\xi)$

$$\left(\frac{\partial G}{\partial \xi} \right)_{T,P} = \Delta_r G_m = \sum_B v_B \mu_B = 0 \tag{5.2}$$

5.3.2　化学反应等温方程式及标准平衡常数

1）化学平衡

系统内的各物质组成不随时间而改变。化学平衡是一个动态平衡，正、逆反应仍在进行，只是反应的速率相等。

> **注意：**
>
> 正、逆反应仍在进行，并不是不反应。

2）化学反应等温方程式

设任一理想气体间的反应 $aA + bB \Longleftrightarrow dD + hH$ 在温度 T、压力 P 下达到平衡时，参加反应的各物质的分压分别用 P_A，P_B，P_D，P_H 表示。

理想气体的化学势与压力的关系式为：$\mu_B = \mu_B^{\ominus}(T) + RT \ln(P_B/P^{\ominus})$，式中 B 表示第 B 种理想气体，$\mu_B^{\ominus}(T)$ 表示其标准化学势，是由气体性质和温度决定的常数。

$$\Delta_r G_m = \sum \upsilon_B \mu_B = \sum \upsilon_B \left(\mu_B^{\ominus} + RT \ln \frac{P_B}{P^{\ominus}} \right)$$

$$= \sum \upsilon_B \mu_B^{\ominus} + \sum \upsilon_B RT \ln \frac{P_B}{P^{\ominus}} \qquad (5.3)$$

$$= \Delta_r G_m^{\ominus} + RT \ln \left[\prod \left(\frac{P_B}{P_B^{\ominus}} \right)^{\upsilon_B} \right]$$

令

$$\prod \left(\frac{P_B}{P_B^{\ominus}} \right)^{\upsilon_B} \equiv J_p \quad （压力商）$$

即

$$\Delta_r G_m = \Delta_r G_m^{\ominus} + RT \ln J_p \text{——化学反应等温方程} \qquad (5.4)$$

3）化学反应的标准平衡常数（质量作用定律）

（1）吉布斯函数判据

T,P 一定，$W' = 0$，化学反应达平衡时 $\Delta_r G_m = 0$。

（2）理想气体反应

平衡时：

$$\Delta_r G_m = \Delta_r G_m^{\ominus} + RT \ln J_p = 0$$

$$\Delta_r G_m^{\ominus} = - RT \ln J_p$$

定义：J_p（平衡）$\equiv K^{\ominus}$（标准平衡常数）

$$\Delta_r G_m^{\ominus} = - RT \ln K^{\ominus} \qquad (5.5)$$

$$K^{\ominus} = \frac{\left(\dfrac{P_D}{P^{\ominus}} \right)^d \cdot \left(\dfrac{P_H}{P^{\ominus}} \right)^h}{\left(\dfrac{P_A}{P^{\ominus}} \right)^a \cdot \left(\dfrac{P_B}{P^{\ominus}} \right)^b} = \prod_B \left(\frac{P_B}{P^{\ominus}} \right)^{\upsilon_B} \qquad (5.6)$$

*注意：

①只是温度 T 的函数，$K^{\ominus} = f(T)$ 与系统压力及起始组成无关；不同反应有不同的平衡常数，同一反应在不同条件下平衡常数也不同。

②平衡常数不仅表明了化学反应变化的方向，还表明了反应的限度。

③其值的大小是反应进行程度的标志。一般情况下，平衡常数越大则理论产量越高，生产效益就越好。

④与计量方程写法有关。

4）范德霍夫等温方程

将式(5.5)代入式(5.4)得：

$$\Delta_r G_m = \Delta_r G_m^{\ominus} + RT \ln J = - RT \ln K^{\ominus} + RT \ln J$$

$$= RT \ln \frac{J}{K^{\ominus}} \qquad (5.7)$$

讨论:

$\begin{cases} \text{a.} \ \text{当} \ J > K^{\ominus} \ \text{时}, \Delta_r G_m > 0, \text{反应逆向进行}; \\ \text{b.} \ \text{当} \ J < K^{\ominus} \ \text{时}, \Delta_r G_m < 0, \text{反应正向进行}; \\ \text{c.} \ \text{当} \ J = K^{\ominus} \ \text{时}, \Delta_r G_m = 0, \text{反应达到平衡}. \end{cases}$

* 注意:

化学反应等温方程式的意义。利用化学反应等温方程式可以判断在恒温恒压下反应在任一指定条件下进行的方向和限度。

5)平衡常数的其他表示方法

(1)用压力表示——压力平衡常数 K_P

$$K_P = \frac{P_D^d \cdot P_H^h}{P_A^a \cdot P_B^b} = K^{\ominus} \cdot (P^{\ominus})^{-\sum\limits_B \nu_B} \tag{5.8}$$

当 $\sum \nu_B \neq 0$ 时，K_P 有量纲，Pa。

$K_P = f(T)$，与 P 无关。

当一定 T 时，$K^{\ominus}$ 还与标准态的选择有关。

(2)用体积摩尔浓度表示——浓度平衡常数 K_C

$$K_C = \frac{C_D^d \cdot C_H^h}{C_A^a \cdot C_B^b} \tag{5.9}$$

$$K^{\ominus} = \left(\frac{C^{\ominus}}{P^{\ominus}}RT\right)^{\sum \nu_B} K_C^{\ominus} \tag{5.10}$$

$$K_C^{\ominus} = f(T)$$

(3)用摩尔分数表示——摩尔分数平衡常数 K_x

$$K_x = \frac{x_D^d \cdot x_H^h}{x_A^a \cdot x_B^b} \tag{5.11}$$

$$K^{\ominus} = \prod_B \left(\frac{P_B}{P^{\ominus}}\right)^{\nu_B} = \left(\frac{P}{P^{\ominus}}\right)^{\sum \nu_B} K_x \tag{5.12}$$

$$K_x = f(T, P)$$

(4)用摩尔量表示——摩尔量平衡常数 K_n

$$K_n = \frac{n_D^d \cdot n_H^h}{n_A^a \cdot n_B^b} \tag{5.13}$$

$$K^{\ominus} = \prod_B \left(\frac{P_B}{P^{\ominus}}\right)^{\nu_B} = \prod_B n_B^{\nu_B} \cdot \left(\frac{P}{P^{\ominus} \sum n_B}\right)^{\sum \nu_B} = \left(\frac{P}{P^{\ominus} \sum n_B}\right)^{\sum \nu_B} K_n \tag{5.14}$$

$$K_n = f(T, P, \sum n_B)$$

*注意：

不同方法表示的平衡常数是可以相互转化的。

5.3.3 分解反应

（1）多相体系

系统中同时存在两个或两个以上的相，这样的系统称为多相体系。

（2）多相反应

参加反应的各个物质不在同一相中，称为多相反应。

（3）均相反应

参加反应的各个组分处于同一相中，称为均相反应。

（4）分解反应的特点

①纯凝聚相分解只产生一种气体。

②此时反应的平衡常数 $K^{\ominus}$ 就是生成物气体的相对分压。

③生成物气体的分压就是系统的总压。

④ $K^{\ominus}$ 是温度函数，当温度一定，达到平衡时，$K^{\ominus}$ 也一定。

（5）分解压

在一定温度下，某化合物纯凝聚相分解只产生一种气体，当反应达到平衡时，此气体的分压称为该化合物的分解压。

例如，$CaCO_3(s) \rightleftharpoons CaO(s) + CO_2(g)$

$$K_P^{\ominus} = \frac{P_{CO_2}}{P^{\ominus}} \tag{5.15}$$

所以，$P(CO_2)$ 称为 $CaCO_3(s)$ 的分解压。

*注意：

①化合物的分解压是平衡压。

②如果产生的气体不只一种，则分解压等于所有气体压力的总和。

③化合物的分解压可用来判断化合物的热稳定性。

（6）分解温度

①开始分解温度：化合物的分解压等于气相中对应组分的压力时的温度。

②开始沸腾温度：化合物的分解压等于系统总外压力时的温度。

（7）分解压与化合物相对稳定性的关系

分解压越大，反应达到平衡后产生的气体越多，化合物分解得越多，则化合物越不稳定；反之，分解压越小，反应达到平衡后产生的气体越少，化合物分解得越少，则化合物越稳定。

根据分解压的大小，可比较同一类化合物的相对稳定性。

5.3.4 平衡常数的计算及标准吉布斯自由能

由定义式 $\Delta_r G_m^{\ominus} = -RT \ln K^{\ominus}$ 计算 $K^{\ominus}$。

$$\ln K^{\ominus} = \frac{-\Delta_r G_m^{\ominus}}{RT} \tag{5.16}$$

1)由标准摩尔生成吉布斯自由能计算 $\Delta_r G_m^{\ominus}$

(1)标准摩尔生成吉布斯自由能

在标准状态下,由稳定的单质生成 1 mol 指定相态化合物时反应的吉布斯自由能变化称为标准摩尔生成吉布斯自由能,记为 $\Delta_f G_m^{\ominus}$。

根据定义,稳定单质的 $\Delta_f G_m^{\ominus} = 0$。

(2)标准摩尔反应吉布斯自由能的计算

$$\Delta_r G_m^{\ominus} = \sum_B \nu_B \cdot \Delta_f G_m^{\ominus} \tag{5.17}$$

2)利用 $\Delta_f H_m^{\ominus}$ 和 $S_m^{\ominus}$ 计算 T 温度时的 $\Delta_r G_m^{\ominus}$

利用热力学数据标准生成热 $\Delta_f H_m^{\ominus}(T)$ 或标准燃烧热 $\Delta_c H_m^{\ominus}(T)$ 及标准熵 $S_m^{\ominus}(T)$ 等,求出反应的 $\Delta_r S_m^{\ominus}(T)$ 和 $\Delta_r H_m^{\ominus}(T)$。

$$\Delta_r G_m^{\ominus}(T) = \Delta_r H_m^{\ominus}(T) - T \cdot \Delta_r S_m^{\ominus}(T) \tag{5.18}$$

3)熵法近似式法求 T 温度时的 $\Delta_r G_m^{\ominus}(T)$

$$\Delta_r H_m^{\ominus}(T) = \Delta_r H_m^{\ominus}(298 \text{ K}) + \int_{298}^{T} \Delta C_P dT \tag{5.19}$$

$$\Delta_r S_m^{\ominus}(T) = \Delta_r S_m^{\ominus}(298 \text{ K}) + \int_{298}^{T} \frac{\Delta C_P}{T} dT \tag{5.20}$$

$$\Delta_r G_m^{\ominus}(T) = \Delta_r H_m^{\ominus}(T) - T \cdot \Delta_r S_m^{\ominus}(T) \tag{5.21}$$

所以

$$\Delta_r G_m^{\ominus}(T) = \Delta_r H_m^{\ominus}(298 \text{ K}) - T \cdot \Delta_r S_m^{\ominus}(298 \text{ K}) + \int_{298}^{T} \Delta C_P dT - T \cdot \int_{298}^{T} \frac{\Delta C_P}{T} dT$$

若 $\Delta_r H_m^{\ominus}(T)$、$\Delta_r S_m^{\ominus}(T)$ 都不随温度改变,等于 298 K 时的值,即令 $\Delta C_P = 0$,则:

$$\Delta_r G_m^{\ominus}(T) \approx \Delta_r H_m^{\ominus}(298 \text{ K}) - T \cdot \Delta_r S_m^{\ominus}(298 \text{ K}) \tag{5.22}$$

4)相关反应计算

例如,已知 1 000 K 时反应
①C(石墨)+O_2(g)══CO_2(g) $\Delta_r G_{m,1}^{\ominus}$;
②CO(g)+$1/2O_2$(g)══CO_2(g)══$\Delta_r G_{m,2}^{\ominus}$;
求 1 000 K 时,下列二反应的
③C(石墨)+$\frac{1}{2}O_2$(g)══CO(g) $\Delta_r G_{m,3}^{\ominus}$ = ?;

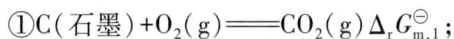

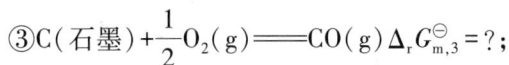

④C（石墨）+CO_2（g）$\Longrightarrow$2CO（g） $\Delta_r G_{m,4}^{\ominus}$ = ？。

解：因为反应③=①-②，所以 $\Delta_r G_{m,3}^{\ominus} = \Delta_r G_{m,1}^{\ominus} - \Delta_r G_{m,2}^{\ominus}$

因为反应④=①-2×②，所以 $\Delta_r G_{m,4}^{\ominus} = \Delta_r G_{m,1}^{\ominus} - 2\Delta_r G_{m,2}^{\ominus}$

说明：以上求法，形式上是代数运算，实际上是利用了 G 的状态函数性质。

图示如下：

$$C（石墨）+\frac{1}{2}O_2（g）+\frac{1}{2}O_2（g） \xrightarrow[①]{\Delta_r G_{m,1}^{\ominus}} CO_2（g）$$

$$③\downarrow \Delta_r G_{m,3}^{\ominus} \qquad ② \quad \Delta_r G_{m,2}^{\ominus}$$

$$CO（g）+\frac{1}{2}O_2（g）$$

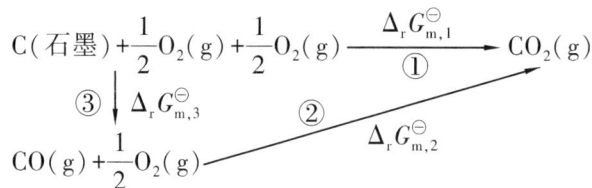

根据 G 的状态函数性质

$\Delta_r G_{m,3}^{\ominus} + \Delta_r G_{m,2}^{\ominus} = \Delta_r G_{m,1}^{\ominus}$ ③+②=①

$\Delta_r G_{m,3}^{\ominus} = \Delta_r G_{m,1}^{\ominus} - \Delta_r G_{m,2}^{\ominus}$ ③=①-②

$$C（石墨）+O_2（g）+CO_2（g） \xrightarrow[①]{\Delta_r G_{m,1}^{\ominus}} 2CO_2（g）$$

$$④\downarrow \Delta_r G_{m,4}^{\ominus} \qquad 2×② \quad 2\Delta_r G_{m,2}^{\ominus}$$

$$2CO（g）+O_2（g）$$

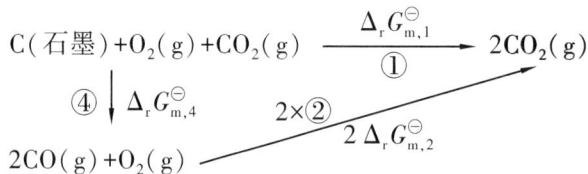

$\Delta_r G_{m,4}^{\ominus} + 2\Delta_r G_{m,2}^{\ominus} = \Delta_r G_{m,1}^{\ominus}$ ④+2×②=①

$\Delta_r G_{m,4}^{\ominus} = \Delta_r G_{m,1}^{\ominus} - 2\Delta_r G_{m,2}^{\ominus}$ ④=①-2×②

5）电化学法

$$\Delta_r G_m^{\ominus} = -ZFE^{\ominus} \tag{5.23}$$

5.3.5 吉布斯自由能变化与温度的关系

1）微分关系式

$$\left[\frac{\partial\left(\dfrac{-\Delta G_m}{T} \right)}{\partial T} \right]_P = \frac{\Delta H_m}{T^2} \tag{5.24}$$

2）积分关系式

①当近似认为 ΔH_m 为常数时 $\Delta G_m^{\ominus} = \Delta H_m^{\ominus} - IT$，形如 $\Delta G_m^{\ominus} = A + BT$（重点）。

②当 ΔH_m 与温度有关时，利用积分求解。

5.3.6 平衡移动(影响平衡的因素)

1)温度的影响

(1)范德霍夫等压方程式

由前可知,吉布斯-亥姆霍兹公式 $\left[\dfrac{\partial\left(\dfrac{-\Delta G_{\mathrm{m}}^{\ominus}}{T}\right)}{\partial T}\right]_{\mathrm{P}}=\dfrac{\Delta H_{\mathrm{m}}^{\ominus}}{T^2}$。

由于压力对焓的影响不大,可近似认为 $\Delta H_{\mathrm{m}}=\Delta H_{\mathrm{m}}^{\ominus}$。$\Delta G_{\mathrm{m}}=-RT\ln K^{\ominus}$,则:

$$\frac{\mathrm{d}\ln K^{\ominus}}{\mathrm{d}T}=\frac{\Delta H_{\mathrm{m}}^{\ominus}}{T^2}\rightarrow 范德霍夫等压方程式 \tag{5.25}$$

①吸热反应,$\Delta H_{\mathrm{m}}>0$,则$\dfrac{\mathrm{d}\ln K^{\ominus}}{\mathrm{d}T}>0$,说明平衡常数随温度的升高而增大,平衡向吸热方向进行。

②放热反应,$\Delta H_{\mathrm{m}}<0$,则$\dfrac{\mathrm{d}\ln K^{\ominus}}{\mathrm{d}T}<0$,说明平衡常数随温度的升高而减小,平衡向放热方向进行。

(2)范德霍夫等压方程式的积分式

①ΔH_{m} 近似看作常数(不随温度而变化)。

$\mathrm{d}\ln K^{\ominus}=\dfrac{\Delta H_{\mathrm{m}}^{\ominus}}{T^2}\mathrm{d}T$,分别进行定积分和不定积分。

$$\ln\left[\frac{K_2}{K_1}\right]=-\frac{\Delta H_{\mathrm{m}}}{R}\left(\frac{1}{T_2}-\frac{1}{T_1}\right) \tag{5.26}$$

$$\ln K=-\frac{\Delta H_{\mathrm{m}}}{RT}+\mathrm{Cons} \tag{5.27}$$

②当 ΔH_{m} 是温度的函数时,可利用积分求解。

2)浓度的影响

根据化学反应等温方程:

$$\Delta_{\mathrm{r}}G_{\mathrm{m}}=\Delta_{\mathrm{r}}G_{\mathrm{m}}^{\ominus}+RT\ln J=-RT\ln K^{\ominus}+RT\ln J \tag{5.28}$$

当反应物浓度增大,J减小,在温度不变时$K^{\ominus}$不变,则 $\Delta_{\mathrm{r}}G_{\mathrm{m}}<0$,平衡向正方向移动;当产物浓度增大,$J$增大,在温度不变时$K^{\ominus}$不变,则$\Delta_{\mathrm{r}}G_{\mathrm{m}}>0$,平衡向逆方向移动。

3)压力的影响

根据:$K_x=\dfrac{x_{\mathrm{D}}^{d}\cdot x_{\mathrm{H}}^{h}}{x_{\mathrm{A}}^{a}\cdot x_{\mathrm{B}}^{b}}$,则

$$K^{\ominus} = \frac{\left(\dfrac{x_D \cdot P}{P^{\ominus}}\right)^d \cdot \left(\dfrac{x_H \cdot P}{P^{\ominus}}\right)^h}{\left(\dfrac{x_A \cdot P}{P^{\ominus}}\right)^a \cdot \left(\dfrac{x_B \cdot P}{P^{\ominus}}\right)^b} = K_x \left(\frac{P}{P^{\ominus}}\right)^{\sum\limits_i \nu_i} \tag{5.29}$$

一定温度下，当总压力改变时，$K^{\ominus}$ 不变，则 K_x 要改变。

讨论：

①当 $\sum \nu_i > 0$ 时，总压增大，则 K_x 减小，不利于正反应；

②当 $\sum \nu_i < 0$ 时，总压增大，则 K_x 增大，有利于正反应；

③当 $\sum \nu_i = 0$ 时，总压增大，则 K_x 不变，即总压对 K_x 无影响，平衡不移动。

4)惰性气体的影响

当总压力一定的情况下，如引入惰性气体，则每个反应气体的分压和分压之和都降低，这种情况和总压降低一样，对化学平衡有同样的影响。

$$K^{\ominus} = \prod_B \left(\frac{P_B}{P^{\ominus}}\right)^{\nu_B} = \prod_B \left(\frac{\dfrac{n_B}{\sum\limits_B n_B}}{P^{\ominus}}\right)^{\nu_B} = \prod_B n_B^{\nu_B} \cdot \left(\frac{P}{\sum\limits_B n_B \cdot P^{\ominus}}\right)^{\sum\limits_B \nu_B} \tag{5.30}$$

令 $K_n = \prod_B n_B^{\nu_B}$，

$$K^{\ominus} = K_n \cdot \left(\frac{P}{\sum\limits_B n_B \cdot P^{\ominus}}\right)^{\sum\limits_B \nu_B} \tag{5.31}$$

讨论：

①当 $\sum \nu_i > 0$ 时，总压不变，加入惰性气体，$\sum n_B$ 增大，则 K_n 增大，有利于正反应进行；

②当 $\sum \nu_i < 0$ 时，总压不变，加入惰性气体，$\sum n_B$ 增大，则 K_n 减小，不利于正反应进行；

③当 $\sum \nu_i = 0$ 时，总压不变，加入惰性气体，对 K_n 无影响，平衡不移动。

5.3.7 同时平衡

①同时反应：在系统中有两个或两个以上的反应同时进行时，同一物质同时参加两个以上的反应，称为同时反应。

②同时平衡：当同时反应都达到平衡时称为同时平衡。

③独立反应：在同一个反应体系中并不一定所有的反应都是独立反应。

独立反应数：

$$i = n - m \text{ 或 } i = n - m' \tag{5.32}$$

独立元素数：

$$m' = m - r \tag{5.33}$$

式中　i——独立反应数；

　　　n——系统的物种数；

　　　r——元素间的独立关系数；

　　　m——组成系统各物种的元素数；

　　　m'——独立元素数。

5.4　思考题

1.平衡常数值改变了,平衡一定会移动。反之,平衡移动了,平衡常数值也一定改变。这种说法正确吗？为什么？

2.什么是化合物的分解压？能否用它来衡量化合物的相对稳定性？

3.同一种类反应,若计量系数不同,如：

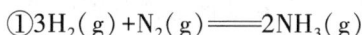

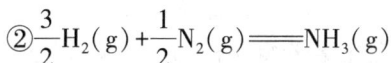

①$3H_2(g) + N_2(g) \rightleftharpoons 2NH_3(g)$

②$\dfrac{3}{2}H_2(g) + \dfrac{1}{2}N_2(g) \rightleftharpoons NH_3(g)$

标准平衡常数是否相同？标准摩尔反应吉布斯自由能是否相同？它们之间有何关系？

5.5　典型例题

1.以反应 $aA(g) + bB(s) \rightleftharpoons lL(g) + mM(g)$ 为例,写出 $\Delta_r G_m$ 与 $\Delta_r G_m^\ominus$ 的关系,即其范德霍夫等温方程,写出 $\Delta_r G_m^\ominus$ 与反应常数 $K^\ominus$ 的关系,并根据相对分压商与反应常数 $K^\ominus$ 的大小差异判定反应方向。

答　$\Delta_r G_m = \Delta_r G_m^\ominus + RT \ln J$

其中,
$$J = \dfrac{\left(\dfrac{P_L}{P^\ominus}\right)^l \cdot \left(\dfrac{P_M}{P^\ominus}\right)^m}{\left(\dfrac{P_A}{P^\ominus}\right)^a}$$

$$\Delta_r G_m^\ominus = -RT \ln K^\ominus$$

①当 $J > K^\ominus$ 时,反应逆向进行(向左)；

②当 $J < K^\ominus$ 时,反应正向进行(向右)；

③当 $J = K^\ominus$ 时,反应达到平衡。

2.如图 5.1 所示,曲线代表碳酸盐其分解压与温度的关系,对其进行分析。（画出辅助线）

（1）碳酸盐的分解压与温度、稳定性有何关系？

（2）以曲线为分界线将平面分成 I、II 两个区域,分析这两个区域各自代表的意义及发生的反应。

（3）在图中标出碳酸盐的开始分解温度及开始沸腾温度(示意说明)。

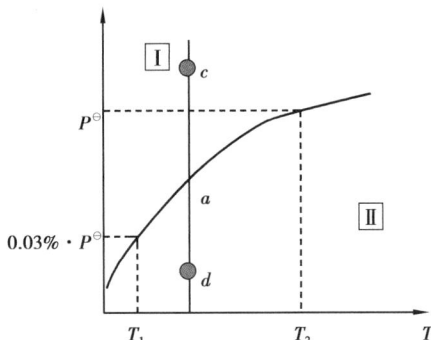

图 5.1　碳酸盐的分解压与温度的曲线图

答　（1）如图 5.1 所示,曲线代表碳酸盐其分解压与温度的关系,可知碳酸盐的分解压随着温度升高而增加,说明随着温度升高,碳酸盐的稳定性越来越差。

（2）以曲线为分界线,将平面分成 I 和 II 两个区域。在 I 和 II 区域内分别任意取 c,d 两点。由图可知,$P_c > P_d$。对于碳酸盐的分解而言,a 点才处于平衡状态($\Delta G = 0$),c,d 点对应的状态均不是平衡状态($\Delta G \neq 0$)。在 c,d 点必然化学平衡要移动。根据反应平衡移动原理,c,d 点分别都将沿着垂线向 a 点靠近,因此 I 区域为碳酸盐的稳定区,II 区域为碳酸盐的分解区(或氧化物的稳定区或二氧化碳气体的稳定区)。

（3）如图 5.1 中的虚线所示,T_1,T_2 是碳酸盐的开始分解温度和开始沸腾温度。

3.已知 Ag_2O 和 ZnO 在温度 1 000 K 的分解压分别为 240 kPa 和 15.7 kPa。问在此温度下：(1)哪种氧化物易于分解？(2)若把纯锌及纯银置于大气中哪一个易于被氧化？(3)反应 $ZnO(s) + 2Ag(s) = Zn(s) + Ag_2O(s)$ 的 $\Delta_r H_m = 242.09$ kJ/mol,增加温度时有利于哪种氧化物分解？

答　（1）在 1 000 K 时,分解压越低,化合物越稳定,越难分解。由于氧化银的分解压大于氧化锌的分解压,因此氧化锌比氧化银稳定,即氧化银易于分解。

（2）在同一氧化性气氛中,分解压越低的越稳定,则纯锌易于被氧化。

（3）该反应是吸热反应,增加温度有利于反应正向进行,所以有利于氧化锌分解。

4.已知各物质在 298.15 K 时的热力学函数数据如下：

物质	$C_2H_5OH(g)$	$C_2H_4(g)$	$H_2O(g)$
$\Delta_f H_m^{\ominus}/(kJ \cdot mol^{-1})$	235.30	52.283	241.80
$S_m^{\ominus}/(J \cdot mol^{-1} \cdot K^{-1})$	282.0	219.45	188.74

对反应：$C_2H_5OH(g) \rightleftharpoons C_2H_4(g) + H_2O(g)$,

（1）试求 25 ℃时的 $\Delta_r G_m^{\ominus}(298.15\ K)$ 及 $K^{\ominus}(298.15\ K)$;

（2）试估算 400 K 时的 $K^{\ominus}(400\ \text{K})$。（假定为 $\Delta_r H_m^{\ominus}$ 常数）

解 （1）
$$\Delta_r H_m^{\ominus}(298.15\ \text{K}) = \sum_B \nu_B \Delta_f H_m^{\ominus}(B,298.15\ \text{K})$$
$$= (52.283 + 241.8 - 235.3)\,\text{kJ/mol}$$
$$= 58.783\ \text{kJ/mol}$$

$$\Delta_r S_m^{\ominus}(298.15\ \text{K}) = \sum_B \nu_B S_m^{\ominus}(B,298.15\ \text{K})$$
$$= (219.45 + 188.74 - 282.0)\,\text{J/(mol·K)}$$
$$= 126.19\ \text{J/(mol·K)}$$

$$\Delta_r G_m^{\ominus}(298.15\ \text{K}) = \Delta_r H_m^{\ominus}(B,298.15\ \text{K}) - T\Delta_r S_m^{\ominus}(298.15\ \text{K})$$
$$= 58.783\times10^3\,\text{J/mol} - 298.15\ \text{K}\times126.19\,\text{J/(mol·K)}$$
$$= 21\,160\ \text{J/mol}$$

$$K^{\ominus}(298.15\ \text{K}) = \exp\{-(21\,160\,\text{J/mol})/[(8.314\,\text{J/(mol·K)})\times(298.15\ \text{K})]\}$$
$$= 1.962\times10^{-4}$$

（2）
$$\ln\frac{K^{\ominus}(T_2)}{K^{\ominus}(T_1)} = -\frac{\Delta_r H_m^{\ominus}}{R}\left(\frac{1}{T_2}-\frac{1}{T_1}\right)$$

$$\ln\frac{K^{\ominus}(400\ \text{K})}{3.724^{-2}} = -\frac{45.78\times10^3\,\text{J/mol}}{8.314\,\text{J/(mol·K)}}\left(\frac{1}{400\ \text{K}}-\frac{1}{298.15\ \text{K}}\right)$$

$$K^{\ominus}(400\ \text{K}) = 2.74\times10^{-2}$$

5. 含硫燃料燃烧产物中含 SO_2，放入大气成为一种大气污染物，SO_2 被大气中的氧气氧化成 SO_3，SO_3 和水蒸气结合形成酸雾，它可毁坏图书和建筑物，抑制植物生长，尤其对人体肺部有很大毒害。

（1）计算 25 ℃时，$SO_2+\frac{1}{2}O_2=SO_3$ 的 $K^{\ominus}$；

（2）若每立方米大气中含有 8 mol O_2、2×10^{-4} mol SO_2 和 2×10^{-6} mol SO_3 时，上述反应能否发生？

已知 $SO_2(g)$ 和 $SO_3(g)$ 的 $\Delta_f G_m^{\ominus}(298\ \text{K})$ 分别为 -300.37 kJ/mol 和 -370.42 kJ/mol。

解 （1）
$$\ln K^{\ominus} = \frac{-\Delta_r G_m^{\ominus}}{RT} = \frac{-[-370.42-(-300.37)]\times10^3\,\text{J/mol}}{8.314\,\text{J/(mol·K)}\times298\ \text{K}} = 28.27$$
$$K^{\ominus} = 1.9\times10^{12}$$

（2）
$$J_P^{\ominus} = \frac{p_{SO_3}}{P_{SO_2}\cdot P_{O_2}^{\frac{1}{2}}} = \frac{C_{SO_3}}{C_{SO_2}\cdot C_{O_2}^{\frac{1}{2}}}\times(RT)^{\sum \nu_B(g)}$$
$$= \frac{2\times10^{-6}\,\text{mol/m}^3\times(8.314\,\text{J/(mol·K)}\times298\ \text{K})^{-1/2}}{2\times10^{-4}\,\text{mol/m}^3\times(8\,\text{mol/m}^3)^{1/2}}$$
$$= 7.104\times10^{-5}\ \text{Pa}^{1/2}$$

由于 $J_P^{\ominus}<K_P^{\ominus}$，$\Delta G_m = \ln\dfrac{J_P^{\ominus}}{K_P^{\ominus}}<0$，因此上述反应在恒温恒压下能够发生。

6. PCl_5 的气相分解反应为 $PCl_5(g) \Longrightarrow PCl_3(g) + Cl_2(g)$，250 ℃，$P^{\ominus}=100$ kPa，反应

达平衡时的平衡常数为 0.312,试计算:

(1)反应压力 $P = 200$ kPa 时 PCl_5 的分解率;

(2)反应压力 $P = 101.325$ kPa,且原料气中 PCl_5 与 Cl_2 的配比为 $1:5$,求 PCl_5 的分解率。

解 (1) $\quad PCl_5 === PCl_3 + Cl_2$

开始量 $\quad 1 \qquad\qquad 0 \qquad\qquad 0$

平衡量 $\quad 1-\alpha \qquad\quad \alpha \qquad\quad \alpha \qquad$ 平衡总量 $\sum = 1+\alpha$

摩尔分数 $\dfrac{1-\alpha}{1+\alpha} \qquad \dfrac{\alpha}{1+\alpha} \qquad \dfrac{\alpha}{1+\alpha}$

$$K^{\ominus} = \frac{\dfrac{P_{PCl_3}}{P^{\ominus}} \cdot \dfrac{P_{Cl_2}}{P^{\ominus}}}{\dfrac{P_{PCl_5}}{P^{\ominus}}} = \frac{\left(\dfrac{\alpha}{1+\alpha} \cdot \dfrac{P}{P^{\ominus}}\right)^2}{\dfrac{1-\alpha}{1+\alpha} \cdot \dfrac{P}{P^{\ominus}}} = 0.312$$

代入 $P = 200$ kPa,$P^{\ominus} = 100$ kPa,得 $\alpha = 0.367$

(2) $\quad PCl_5 === PCl_3 + Cl_2$

开始量 $\quad 1 \qquad\qquad 0 \qquad\qquad 5$

平衡量 $\quad 1-\alpha \qquad\quad \alpha \qquad\quad 5+\alpha \qquad$ 平衡总量 $\sum = 6+\alpha$

摩尔分数 $\dfrac{1-\alpha}{6+\alpha} \qquad \dfrac{\alpha}{6+\alpha} \qquad \dfrac{5+\alpha}{6+\alpha}$

$$K^{\ominus} = \frac{\dfrac{P_{PCl_3}}{P^{\ominus}} \cdot \dfrac{P_{Cl_2}}{P^{\ominus}}}{\dfrac{P_{PCl_5}}{P^{\ominus}}} = \frac{\left(\dfrac{\alpha}{6+\alpha} \cdot \dfrac{P}{P^{\ominus}}\right)\left(\dfrac{5+\alpha}{6+\alpha} \cdot \dfrac{P}{P^{\ominus}}\right)}{\dfrac{1-\alpha}{6+\alpha} \cdot \dfrac{P}{P^{\ominus}}} = 0.312$$

代入 $P = 101.325$ kPa,$P^{\ominus} = 100$ kPa,得 $\alpha = 0.268$。

7. 1 500 ℃,钢中碳含量 $[\%C]$ 在 0.216 以下时,可按理想稀溶液处理,现测得在此浓度下,反应:$CO_2 + [C] === 2CO$,平衡时 $\dfrac{P_{CO}^2}{P_{CO_2}} = 9\,421$ kPa。

(1)求标准平衡常数 $K^{\ominus}$;

(2)已知在 $[\%C] = 0.425$ 时,$\dfrac{P_{CO}^2}{P_{CO_2}} = 19\,348$ kPa,求 $\alpha_{[C]}$ 和 $f_{[C]}$;

(3)石墨在钢液中达饱和后测得,$\dfrac{P_{CO}^2}{P_{CO_2}} = 1.55 \times 10^6$ kPa,若以石墨为标准态,求 $[\%C] = 0.425$ 时的钢液中 $a_{[C]}$。

解 (1)由题意知,以 $[\%C] = 1$,且服从亨利定律的假想状态为标准态的标准平衡常数 $K_\%^{\ominus}$,根据质量作用定律得:

$$K_\%^{\ominus} = \frac{P_{CO}^2}{P_{CO_2} \cdot P^{\ominus} \cdot [\%C]} = \frac{9\,421}{101.325 \times 0.216} = 430.45$$

（2）
$$\alpha_{[\%C]} = \frac{P_{CO}^2}{P_{CO_2} \cdot P^\ominus \cdot K_{[\%C]}^\ominus} = \frac{19\ 348}{101.325 \times 430.45} = 0.444$$

$$f_C = \frac{\alpha_{[\%C]}}{[\%C]} = \frac{0.444}{0.425} = 1.045$$

（3）由题意知，以石墨为标准态标准平衡常数为 $K_C^\ominus$，由于 $a_{[C]饱} = x_{[C]} = 1$，根据质量作用定律得：

$$K_C^\ominus = \frac{P_{CO}^2}{P_{CO_2} \cdot P^\ominus \cdot a_{[C]饱}} = \frac{1.55 \times 10^6}{101.325 \times 1} = 15\ 297.31$$

$$a_C = \frac{P_{CO}^2}{P_{CO_2} \cdot P^\ominus \cdot K_C^\ominus} = \frac{19\ 348}{101.325 \times 15\ 297.31} = 0.012\ 5$$

8.钢液中碳氧平衡的反应式为：

$$[O] + [C] \rightleftharpoons CO$$

已知：$CO_2 + [C] \rightleftharpoons 2CO$，$\Delta_r G_{m,T}^\ominus = 139\ 330 - 127.2T\ J/mol$

$CO + [O] \rightleftharpoons CO_2$，$\Delta_r G_{m,T}^\ominus = -161\ 920 + 87.4T\ J/mol$

（浓度 $[\%B] = 1$ 且服从亨利定律的假想状态为标准态）

求 1 600 ℃时，（1）平衡常数；（2）$P_{CO} = 101\ 325$ Pa，$[\%C] = 0.02$ 的钢液中氧的平衡含量。

解 由题意知

$$CO_2 + [C] \rightleftharpoons 2CO，\Delta_r G_{m,T}^\ominus = 139\ 330 - 127.2T\ J/mol$$

$$+)\quad CO + [O] \rightleftharpoons CO_2，\Delta_r G_{m,T}^\ominus = -161\ 920 + 87.4T\ J/mol$$

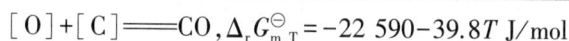
$$[O] + [C] \rightleftharpoons CO，\Delta_r G_{m,T}^\ominus = -22\ 590 - 39.8T\ J/mol$$

（1）求平衡常数。

$$K^\ominus = \exp\left(\frac{22\ 590 + 39.8T}{RT}\right) = \exp\left(\frac{22\ 590}{8.314 \times 1\ 873} + \frac{39.8}{8.314}\right) = 511.72$$

（2）当 $P_{CO} = 101\ 325$ Pa 时，$[\%C] = 0.02$ 的钢液中氧的平衡含量。

根据质量作用定律可得

$$K^\ominus = \frac{P_{CO}}{P^\ominus \cdot a_{[C]} \cdot a_{[O]}} = 511.72$$

由于钢液中碳和氧的浓度都很小，可以认为其活度就等于浓度，即

$$[\%O] = \frac{P_{CO}}{P^\ominus \cdot [\%C] \cdot K^\ominus} = \frac{101\ 325}{101\ 325 \times 0.02 \times 511.72} = 0.098$$

第6章
相平衡图 ···○

6.1 知识导图

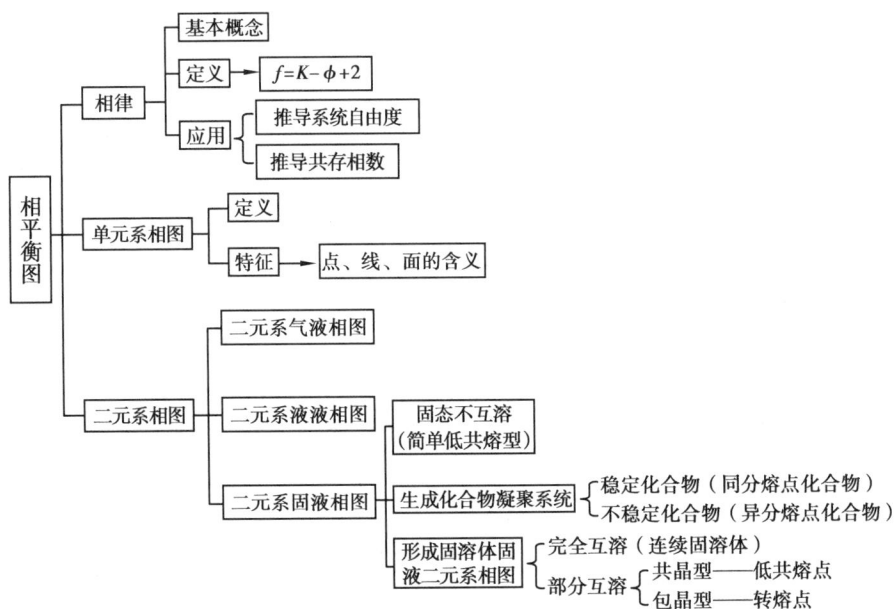

6.2 基本要求

①掌握相数、组分数和自由度数等相平衡中的基本概念,了解相律的推导,熟练掌握相律在相图上的应用。(重难点)

②掌握单组分系统相图,会用相律分析相图。(重难点)

③掌握双组分系统部分互溶相图,掌握杠杆规则的有关计算,会用相律分析相图。(重难点)

④学会用热分析法制作相图,掌握液态完全互溶,固态不互溶中的简单共晶系统相图。(重点)

⑤掌握生成稳定化合物的双组分系统相图,了解生成不稳定化合物的双组分系统相图。(重难点)

⑥了解生成固熔体的双组分系统相图。

6.3　内容要点

6.3.1　相律

1）相和相数

（1）相

系统内部物理和化学性质完全均一的部分。

相与相之间有一个明显的界面,越过界面时,界面两侧的性质(物理和化学性质)有突变。

（2）相数

系统中所具有的相的总数称为相数,用 ϕ 表示。

①在一个多相平衡系统中,各种气体可以任意比例均匀混合,系统只有一个气相;

②不同液体间互溶的程度不同,一个系统中可以出现一个、两个甚至三个液相共存;

③若不形成固溶体,一般是有一种固体就有一个固相,即固体自成一相;如形成固溶体就只有一固相。同种物质,若晶型不同,则有几种晶型就有几相。

2）独立组元数与物种数

构成平衡系统各相组分所需的最少数目的独立物质数(物种数)称为独立组元数,也称组元数,用 K 表示。

系统的独立组元数与物种数不一定相同。

①若系统中各物质之间没有发生化学变化,一般来说,组元数就等于物种数;

②若系统中各物质之间发生了化学变化,建立了化学平衡,则独立组元数减少,此时组元数与物种数有关系,组元数=物种数−独立化学反应个数。

对于反应:

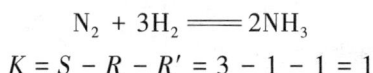

$$N_2 + 3H_2 \xrightarrow{\hspace{1.5cm}} 2NH_3$$
$$K = S - R - R' = 3 - 1 - 1 = 1$$

式中　S——物种数为3;

　　　R——独立化学反应数为1;

　　　R'——同一相内不同物质之间独立的浓度限制条件数,$H_2 : N_2 = 3 : 1$,因此为1。

对于浓度限制条件 R' 的进一步说明:

构成浓度限制条件,必须是在某一相中的几种物质的浓度之间存在着某种由一个方程式把它们联系起来的关系,除 $\sum_{B} x_B = 1$ 外,其他固定不变的浓度关系。

例如,

$CaCO_3(s)$ 的分解: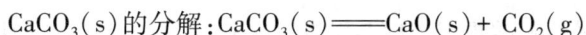$CaCO_3(s) \xrightarrow{\hspace{1cm}} CaO(s) + CO_2(g)$
$$K = S - R - R' = 3 - 1 - 0 = 2$$

$NH_4Cl(s)$ 的分解:$NH_4Cl(s) \xrightarrow{\hspace{1cm}} NH_3(g) + HCl(g)$

$$K = S - R - R' = 3 - 1 - 1 = 1$$

当组元数为 1 时称系统为单元系；当组元数为 2 时称系统为二元系。

3）自由度

自由度是描述平衡系统各相状态所需独立的强度变量数，用符号 f 表示，又称独立变量数。

例如，

①$H_2O(l) \Leftrightarrow H_2O(g)$ 达两相平衡，$f = 1$。

②对纯 $H_2O(l)$，$f = 2$。

> **说明：**
> ①在一定范围内，任意改变 f 不会使 ϕ 改变。
> ②f 确定了，体系的状态就确定了。
> ③若产生在新相或旧相消失，则 f 改变了。

4）相律

相律是在平衡系统中，联系系统内相数、组元数、自由度和影响物质的外界因素（如温度、压力、重力场、磁场等）之间关系的规律，又称为吉布斯相律。

$$f = K - \phi + 2 \quad 或 \quad f = k - \varphi + 2 \tag{6.1}$$

式中 f——自由度；

K 或 k——独立组元数；

ϕ 或 φ——相数；

2——外界条件，一般指温度和压力。

对于凝聚体系而言，压力影响很小，可以忽略。

> ***注意：**
> ①对于凝聚体系而言，相律可写成：
> $$f = K - \phi + 1 \tag{6.2}$$
> ②相律的适用条件，只适用于平衡系统。
> ③广言之，除了要考虑 T，P 外界条件外，还要考虑诸如电场、磁场、重力场因素等，则相律可广义写成：
> $$f^* = K - \phi + n \tag{6.3}$$

6.3.2 单元系相平衡图

用来表示多相平衡体系中，各平衡相的组成浓度与温度、压力的相互关系的几何图形称为相图或状态图。

以水为例，对单元系的相图进行讨论，了解其特点。（图 6.1）

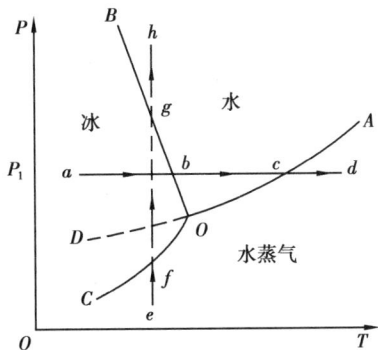

图 6.1 水的相图

单元系即为纯物质系统,根据相律,有:

$$f = K - \phi + 2 = 1 - \phi + 2 = 3 - \phi \tag{6.4}$$

①当 $\phi = 1$,$f = 3 - 1 = 2$,称为双变量系统;P,T 均独立,在 $P \sim T$ 图上是一个平面。

②当 $\phi = 2$,$f = 3 - 2 = 1$,称为单变量系统;P,T 中只有一个独立变量,在 $P \sim T$ 图上是一条线。

③当 $\phi = 3$,$f = 3 - 3 = 0$,称为无变量系统;P,T 都确定,不能改变,在 $P \sim T$ 图上是一个点。

因此,单元系最多有三相平衡共存,最多可有两个自由度,即可用平衡图来描述。

点、线、面的含义:

(1)点

3 条曲线相交于点 O,在该点气、固、液三相平衡共存,称为三相点($f = 0$)。水的三相点 $T = 273.16$ K(0.01 ℃)、$P = 610.6$ Pa。

---

* 注意:三相点与凝固点有何区别?

三相点不是冰点,三相点是指单元系中气、液、固三相平衡的状态点。

而冰点是指在 $P = 101.325$ kPa 下,固、液两相平衡共存时的温度。对冰-水平衡系统,其中的水已经被空气中的 CO_2,O_2,N_2 等所饱和,故此时已经不是单元系,空气的溶解使冰点下降了 $0.002\,3$ K,而压力也从 610.6 Pa 增加到 101.325 kPa,又使冰点下降 $0.007\,5$ K,这两种效应使水的冰点变为 0 ℃。

水冷至 0 ℃以下仍不结冰,这就是过冷现象。虚线 OD 是过冷水的饱和蒸气压曲线。OD 线在 OC 线上,说明过冷水的蒸气压比同温度下处于稳定状态的冰的蒸气压大,即过冷水的化学势大于冰的化学势,因此过冷水在热力学上是不稳定的,称为亚稳定状态。

---

(2)线

曲线 OA 是水和水蒸气的两相平衡曲线,即水的饱和蒸气压曲线,线上任意点表示液气两相平衡共存。此线向上可延伸到水的临界点($T_C = 647.2$ K,$P_C = 2.206 \times 10^7$ Pa),在临界点,液体的密度与气体的密度相等,液态和气态的界面消失,超过临界温度,无论加多大压力都不能使气体液化。

曲线 OC 是冰和水蒸气两相平衡线，即冰的饱和蒸气压曲线（冰的升华曲线），理论上这条线可以延伸到绝对零度附近。

曲线 OB 是水和冰两相平衡线，即冰的熔点曲线，冰融化时 $\Delta H_m>0$，$\Delta V_m = V_{m,l} - V_{m,s} < 0$，根据克拉佩龙方程，有：

$$\frac{\mathrm{d}P}{\mathrm{d}T} = \frac{\Delta H}{T \cdot \Delta V_m} \tag{6.5}$$

故曲线 OB 的斜率为负，即增大压力则熔点降低，OB 线也不能无限向上延长。实验发现，在 2.027×10^8 Pa 以上，冰会出现不同晶型，使相图变得更加复杂。在 OA，OB，OC 3 条曲线上均为两相共存（$f=1$），即 T，P 两个变量中如有一个确定，另一个则随之确定。

（3）面

3 条曲线将图面分成 3 个单相区，AOC 是水蒸气相区，AOB 是液相区，COB 是固相区，各单相区 $f=2$，在单相区内改变温度和压力不会出现新相。

6.3.3 二元系相图

1）二元系气—液相图

对于二元系，根据相律，有：

$$f = K - \phi + 2 = 2 - \phi + 2 = 4 - \phi \tag{6.6}$$

平衡系统中至少有一相，$\phi=1$，$f=4-1=3$，即系统的温度、压力、组成。

因此要完整地描述二组分系统的相平衡关系，需要 3 个坐标，即要用三维立体图来表示。但立体图无论在绘制上还是在使用上都不方便，所以通常把温度和压力两个变量中的一个固定下来，也有把组成固定下来的，这样就有了 3 种平面相图：

①P-x 图，即保持 T 不变；

②T-x 图，即保持 P 不变；

③P-T 图，即保持组成 x 不变。在这些图中自由度最多为 2，相数最大为 3，其中 T-x 图用得较多，P-T 图用得较少。

（1）理想溶液的蒸气压-组成图（液态完全互溶）（P-x 图）

以甲苯（A）-苯（B）溶液为例，对理想溶液的蒸气压-组成图进行讨论，了解其特点。

设组元 A 和组元 B 形成理想溶液，在一定温度下，气-液两相平衡，根据拉乌尔定律：

$$P_A = P_A^* \cdot x_A = P_A^* \cdot (1 - x_B)$$
$$P_B = P_B^* \cdot x_B$$

溶液的蒸气总压与溶液的组成关系为：

$$P = P_A + P_B = P_A^* \cdot x_A = P_A^* \cdot (1 - x_B) + P_B^* \cdot x_B$$
$$= P_A^* + (P_B^* - P_A^*) \cdot x_B \tag{6.7}$$

①液相线：一条连接 P_A^* 和 P_B^* 两点的直线，它表示系统的蒸气总压与液相组成的关系曲线，见式（6.7）。

如图 6.2 所示，甲苯（A）-苯（B）的二元系为理想溶液，故100 ℃时甲苯 $P_A^* = 74.14$

kPa、苯 $P_B^* = 180.1$ kPa 连接的直线即为液相线。

②气相线:蒸气总压与气相组成的关系曲线。

由道尔顿分压定律可得:

$$P_A = y_A \cdot P \qquad P_B = y_B \cdot P$$

$$y_A = \frac{P_A}{P} = \frac{P_A^* X_A^l}{P} \qquad P_A^* < P$$

$$y_A < X_A^l \tag{6.8}$$

$$y_B = \frac{P_B}{P} = \frac{P_B^* X_B^l}{P} \qquad P_B^* > P$$

$$y_B > X_B^l \tag{6.9}$$

由图可知,理想溶液的蒸气总压总是介于两纯液体的蒸气压之间,即

$$P_A^* < P < P_B^* \tag{6.10}$$

$$y_B > x_B, y_A < x_A \tag{6.11}$$

说明:

①饱和蒸气压不同的两种液体混合形成理想溶液,当达到气-液平衡时,易挥发组分在气相中的相对含量大于它在液相中的相对含量。

②P-x 图中气相线总在液相线的右下方。

③相变化状态分析。

相点:表示相状态的点,如 L,G 点。

结线:两个平衡相点的连线,如 LG 线。

图 6.2 可以说明系统的相态与压力、组成之间的关系。

图中 M 点可描述系统的组成称为系统点。此时系统为液相,随着压力降低,系统点 M 逐渐垂直下移,到达点 L_1 后,液相开始蒸发,最初形成的蒸气相的状态为图中 G_1 点所示,系统进入气-液平衡两相区,在两相区内随着压力继续降低,液相不断蒸发为蒸气,液相状态沿液相线向左下方移动,与之成平衡的气相状态则相应地沿气相线向左下方移动。

当系统点为 M_2 时,两相平衡的液相状态为 L_2 点,气相状态为 G_2 点。

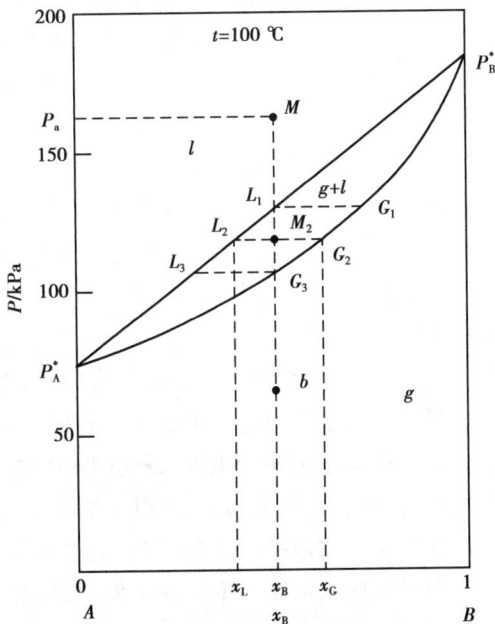

图 6.2 理想溶液的蒸气压-组成图

当压力降低,系统点达到 G_3 点时,液相全部蒸发为蒸气,最后消失的一滴液相的状态点为图中的 L_3 点,此后系统进入气相区。

当系统点由 L_1 点变化到 G_3 点的整个过程中,系统内部始终是气、液两相共存,但平衡

两相的组成和两相的相对数量均随压力而改变,平衡时两相的相对数量可用杠杆规则确定。

④杠杆规则。图6.2中系统点M_2在两相连接线L_2G_2上,设液相和气相的物质的量分别为n_L和n_G,组元B在液相和气相中的摩尔分数分别为x_L和x_G,若以x_B表示:

系统的组成,则系统物质的量n为:

$$n = n_L + n_G \tag{6.12}$$

对组元B做物料衡算:

$$n \cdot x_B = n_L \cdot x_L + n_G \cdot x_G \tag{6.13}$$

故:

$$n_L \cdot x_B + n_G \cdot x_L = n_L \cdot x_L + n_G \cdot x_G \tag{6.14}$$

$$n_L \cdot (x_B - x_L) = n_G \cdot (x_G - x_B) \tag{6.15}$$

可得:

$$\frac{n_L}{n_G} = \frac{x_G - x_B}{x_B - x_L} = \frac{\overrightarrow{M_2G_2}}{\overrightarrow{L_2M_2}} \tag{6.16}$$

式(6.16)为杠杆规则,即系统总组成的点到两相组成的线段长度与两相的量成反比。这里的连线L_2G_2好比一个杠杆,系统点$M(M_2)$为支点,两个相点L_2和G_2为力点,式(6.16)与力学的杠杆定理类似,故称为杠杆规则。

对于一定温度、压力下的两相平衡系统而言,因为连线的两个端点(相点)是固定的,故平衡时两相的组成固定不变。但当系统在不同位置时,两相的数量是不同的。

因为杠杆规则是由物质守恒原理得出的,所以杠杆规则适用于相图中的任意两相区。

严格地说,只要系统分两相,不管两相是否平衡共存,式(6.16)总是成立的。

当相图的横坐标用质量百分数时,杠杆规则仍然适用,只是式中的物质的量应用质量来代替。

(2)实际溶液的蒸气压-组成图

理想溶液的蒸气压与组成呈直线关系,但这种系统是极少的。通常遇到的大多数都是非理想溶液,它们会对拉乌尔定律发生偏差,因而蒸气压与组成并不呈直线关系。

根据偏差程度,实际溶液的蒸气压-组成图分为两大类:正偏差和负偏差,分别如图6.3、图6.4所示。

①对拉乌尔定律产生正偏差,即组分的蒸气压大于按拉乌尔定律的计算值。

当对拉乌尔定律有不大的正偏差时,如图6.3(a)所示。

当对拉乌尔定律产生很大的正偏差时,蒸气压曲线上出现最高点M,M点的液相组成与气相组成相等(两条线在M点相切),如图6.3(b)所示。

②对拉乌尔定律产生负偏差,即组分的蒸气压小于按拉乌尔定律的计算值。

当对拉乌尔定律有不大的负偏差时,如图6.4(a)所示。

当对拉乌尔定律产生很大的负偏差时,蒸气压曲线上出现最低点M,M点的液相组成与气相组成相等(居上的液相线与居下的气相线在M点相切),如图6.4(b)所示。

(3)二元系溶液的沸点-组成图

在恒压下表示二组分与系统气-液平衡时的温度与组成关系的相图称为沸点-组成图(T-x图),如图6.5所示。

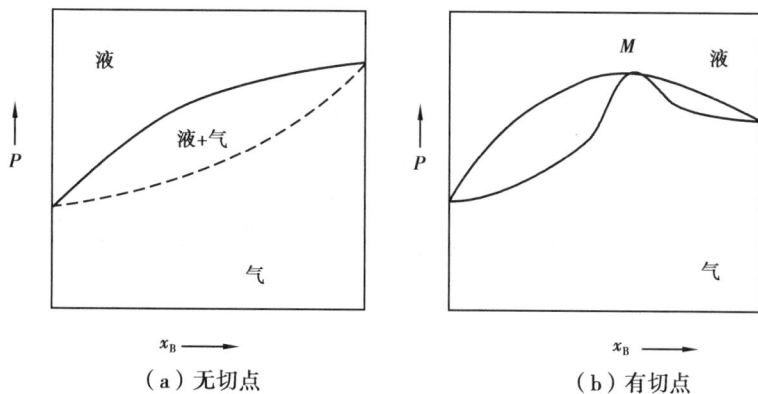

（a）无切点　　　　　　　（b）有切点

图 6.3　对拉乌尔定律产生正偏差的 $P\text{-}x$ 图

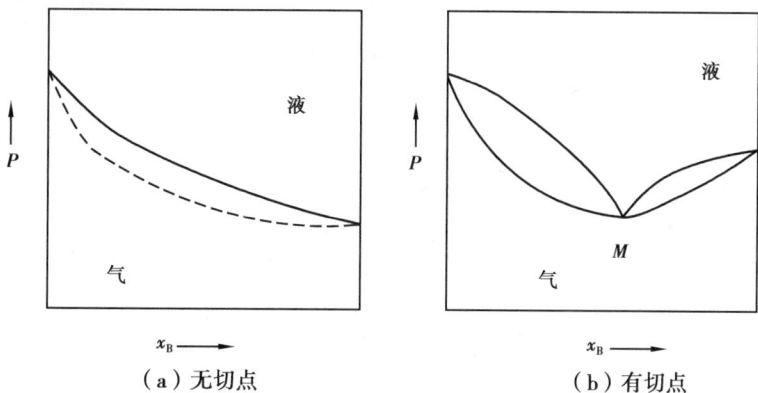

（a）无切点　　　　　　　（b）有切点

图 6.4　对拉乌尔定律产生负偏差的 $P\text{-}x$ 图

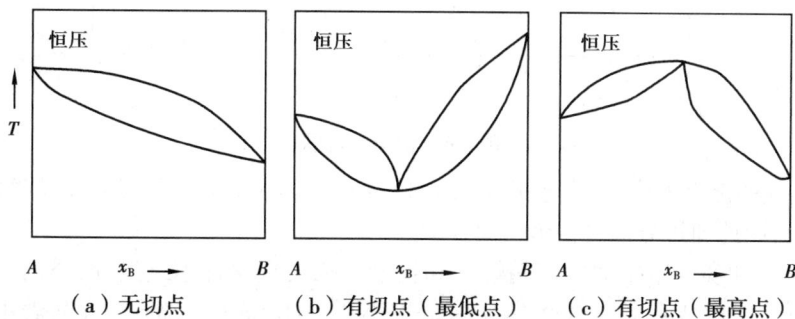

（a）无切点　　　　（b）有切点（最低点）　　　　（c）有切点（最高点）

图 6.5　实际溶液的沸点-组成图

　　图中液相线位于气相线之上,恰好与蒸气压-组成图中的位置相反,这是因为在一定外压下,蒸气压越高的液体其沸点越低。如图 6.5（a）所示的二元系,由于 $P_B^* > P_A^*$,故 B 的沸点较 A 低。当溶液沸腾时,气相中 B 的含量比液相高,即 $y_B > x_B$,所以气相点位于靠近低沸点组元 B 的一侧,即气相线位于液相线之上。

注意：

柯诺瓦洛夫规则一：

若在液态混合物中增加某组分后蒸气总压增加，则该组分在气相中的含量大于它在平衡液相中的含量，适用于一般正偏差的系统。

柯诺瓦洛夫规则二：

在 P-x 图或 T_b-x 图中的最高点或最低点，液相和气相的组成相同，适用于具有最大正偏差的系统。

（4）精馏原理

将液态混合物同时经过多次部分液化和部分冷凝而使之分离的操作称为精馏或分馏，如图6.6所示。

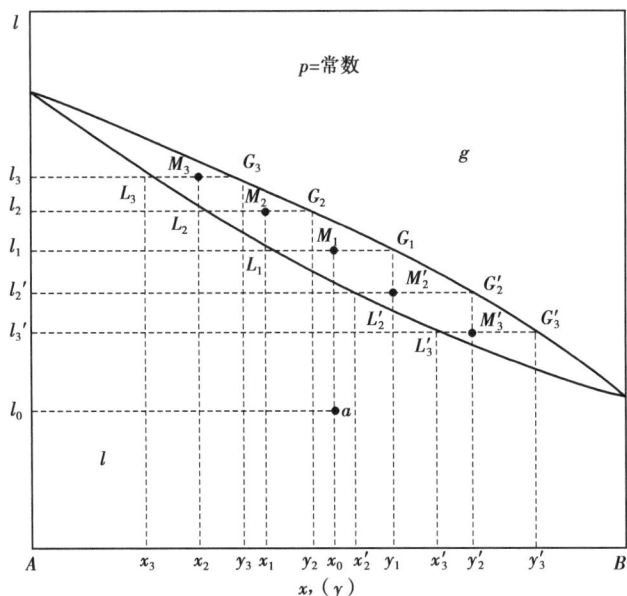

图6.6　精馏原理图

A-B 系统的沸点组成图，由于 B 的沸点比 A 的沸点低，在同温度下，B 的气相含量高于液相含量，因此通过分馏可使 B 与 A 分离。

在工业上和实验室中通常用精馏塔和精馏柱来实现这种连续过程，塔内温度由下到上逐渐降低。塔内装有多层隔板，板上有许多小孔，每层隔板上都同时发生着由下一层塔板上升的蒸气的部分冷凝和由上一层塔板下流的液体的部分蒸发过程，原料经预热从塔的中部加热，最终上升到塔顶的蒸气大都是低沸点组元，下降到塔底的液体大都是高沸点组元，在塔板上气体与液体充分接触，可使冷凝作用有效进行，在实验室中，常常向精馏柱内填充许多小瓷管或碎玻璃片代替塔板，这样每块小玻璃的表面上都附着一层液膜，以便于液相与气相充分接触，从而达到使各组元分离的目的。

（5）恒沸混合物

在蒸气压-组成图中具有最高点 M 或最低点 M 的系统，其沸点-组成图中就称为具有最低点 M 或最高点 M 的系统，如图6.5(b)、(c)所示。

在最低点或最高点 M 处,液相线与气相线相切,即 M 点溶液的液相组成与气相组成相同。因此,如果将 M 点溶液加热,由于组成不会改变,汽化温度始终不会改变,即 M 点溶液的沸点是恒定的。

①恒沸混合物或共沸混合物。在沸点-组成图中,液相线与气相线相切,即液相组成与气相组成相等。对切点处溶液加热,由于组成不会改变,因此其汽化温度始终不变。也就是说,此处溶液的沸点是恒定的。

②恒沸混合物的特点。因为对此类体系进行分馏时,得不到两种纯组元,只能得到一种纯组元和恒沸混合物,所以对恒沸混合物不能用分馏的方法使其分离成两种纯物质。

> ***注意:**
> 恒沸混合物不是化合物,而是混合物,因为它的组成随压力而改变。

2)液态部分互溶的气-液二元系相图

部分互溶是指两种液体不能以任意比例混合,它们之间有一定溶解程度。
根据两液体相互溶解情况的不同有下列 3 种类型:
①具有最高临界溶解温度型。
②具有最低临界溶解温度型。
③同时具有最高和最低临界溶解温度型。

3)液态完全不互溶的气-液二元系相图

完全不互溶是指两种液体相互溶解程度极小,可忽略不计。
(1)完全不互溶双液系的特点
①在一定温度 T 下,此类系统的总压 $P = P_A^* + P_B^*$。
②共沸点:在某外压下,两种液体共同沸腾的温度。
③在相同外压下,两种液体的共沸温度低于两纯液体的各自沸点。
(2)应用——水蒸气蒸馏
一种利用共沸点低于每一种纯液体沸点的原理进行的提纯方法。
馏出物中两组分的质量比计算如下:

$$P_B^* = Py_B = P \cdot \frac{n_B}{n_A + n_B} \tag{6.17}$$

$$P_A^* = Py_A = P \cdot \frac{n_A}{n_A + n_B} \tag{6.18}$$

$$\frac{P_B^*}{P_A^*} = \frac{n_B}{n_A} = \frac{\dfrac{m_B}{M_B}}{\dfrac{m_A}{M_A}} \tag{6.19}$$

$$\frac{m_B}{m_A} = \frac{P_B^*}{P_A^*} \cdot \frac{M_B}{M_A} \tag{6.20}$$

6.3.4 固-液二元系相图（凝聚体系二元相图）

相图又称为状态图或平衡图，用来描述体系的相关系，反映物质的相平衡规律。相图在冶金、化工、材料、地质、陶瓷等领域应用得极为广泛。

仅由液相和固相构成的系统称为凝聚系。冶金中的金属、炉渣、熔盐和水盐系蒸气压都很小，除了某些特殊情况，都可以不考虑气相，且空气在这类系统中的溶解度也很微小，因此即使在大气压下研究凝聚体系的相平衡也不把空气作为参与平衡的气相加以考虑，而大气不过是提供外压恒定的条件。这类相图都是温度-组成图。其相律为：

$$f = K - \phi + 1 \text{ 或 } f = k - \varphi + 1 \qquad (6.21)$$

几个基本概念：

（1）线

①曲线：是单相区与多相区的分界线，也是表示溶解度的曲线。

②垂直线：表示两组元生成的化合物。按其稳定性将其分为稳定化合物和不稳定化合物两种。

③横线：在横线的温度下表示有相变过程或有相变反应发生。

（2）相变过程

该过程是指同质异形的晶体转变，这种变化不会引起化学组成的变化，在相图上呈现出横线上下的两个相区其界线基本是连续的。

（3）相变反应

相变反应是指与相变过程不同，相变反应横线上下的两相区的界线是不连续的，有旧相的分解或化合反应的发生，产生新相。

相变反应的分类：（重点）

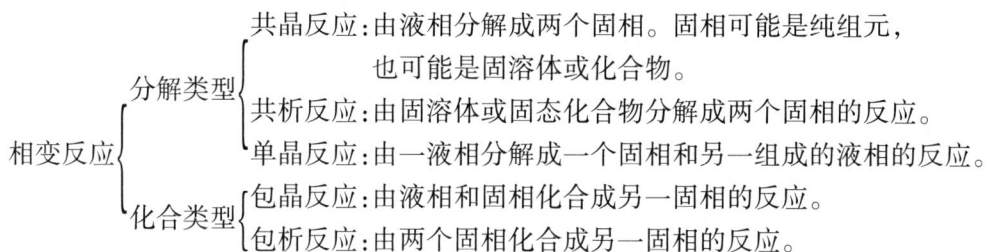

相变反应
- 分解类型
  - 共晶反应：由液相分解成两个固相。固相可能是纯组元，也可能是固溶体或化合物。
  - 共析反应：由固溶体或固态化合物分解成两个固相的反应。
  - 单晶反应：由一液相分解成一个固相和另一组成的液相的反应。
- 化合类型
  - 包晶反应：由液相和固相化合成另一固相的反应。
  - 包析反应：由两个固相化合成另一固相的反应。

*注意：

　　对于相变反应而言，其中共晶反应和包晶反应是最重要的。

1）简单低共熔型二元系

（1）相图的特点

①液态完全互溶。

②固态完全不互溶。

③两组分之间不发生任何反应。

（2）热分析法绘制相图

原理:配制组成不同的合金加热使其全部熔融,然后缓慢均匀冷却,记录冷却过程中系统温度随组成的变化,以温度 T 为纵坐标,时间 t 为横坐标作 T-t 曲线,此线为步冷曲线。

以 Bi(A)-Cd(B) 系统为例加以说明。

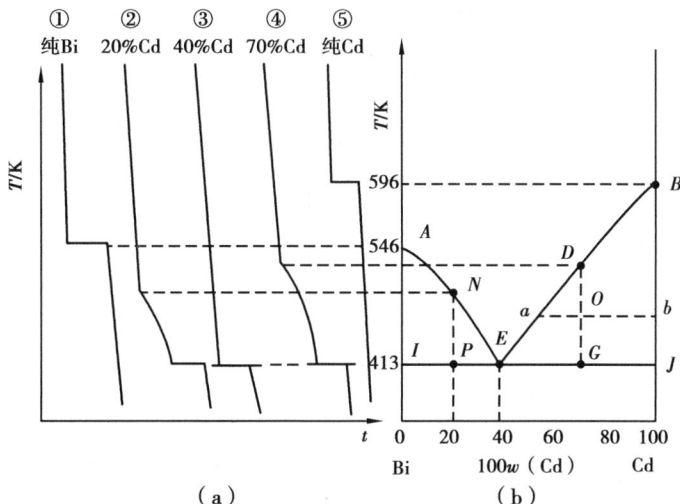

图 6.7　Bi-Cd 低共熔二元系

（3）相图中的点线面

以图 6.7 为例:

①4 个相区。AEB 线之上:熔液(l)单相区,$f^* =2$。

　　　　　　AEI 之内:Bi(s)+1 两相区,$f^* =1$。

　　　　　　BEJ 之内:Cd(s)+1 两相区,$f^* =1$。

　　　　　　IEJ 线以下:Bi(s)+Cd(s)两相区,$f^* =1$。

②4 条平衡曲线。AE:Bi 的凝固点降低曲线。

　　　　　　BE:Cd 的凝固点下降曲线。

　　　　　　AEB:液相线。

　　　　　　IEJ:三相线,即固相线。

③3 个特殊点。A 点表示纯 Bi 的凝固点/熔点。

　　　　　　B 点表示纯 Cd 的凝固点/熔点。

　　　　　　E 点表示共晶点即低共熔点。

共晶反应:$L=S_{Bi}+S_{Cd}$。

E 处组成的混合物称为低共熔混合物,不是化合物。

E 点温度会随着外压的改变而改变。

（4）冷却过程分析

在对体系的冷却过程进行分析时,体系单向降温,在冷却过程中的变化情况一般都采用步冷曲线进行分析,如图 6.7 所示。

（5）溶解度法

溶解度法是指测出不同温度与固相平衡的溶液组成绘制相图。

2）生成化合物的二元系相图

稳定化合物是指如果化合物在熔化时生成的液相的组成与化合物的组成相同，就称此化合物为稳定化合物。

此类相图可以看作由两个简单共晶二元系相图组合而成，如图 6.8 所示。

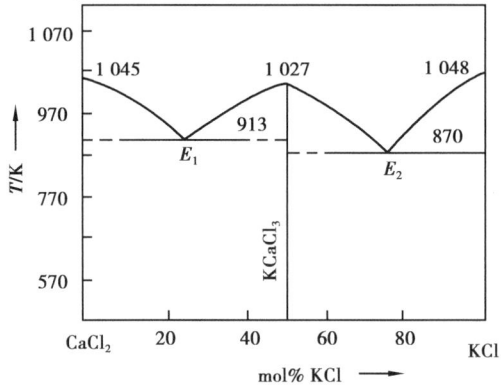

图 6.8　生成稳定化合物的二元系相图

E_1，E_2 点称为共晶点（低共熔点）。

共晶反应：$L_{E_1} = S_A + S_C$　　　$f^* = 2 - 3 + 1 = 0$

$L_{E_2} = S_C + S_B$　　　$f^* = 2 - 3 + 1 = 0$

不稳定化合物是指一种固体化合物，当它熔化时分解成一液体及另一固体物质。所生成的液体的组成与原来的固体化合物组成不同，如图 6.9 所示，即

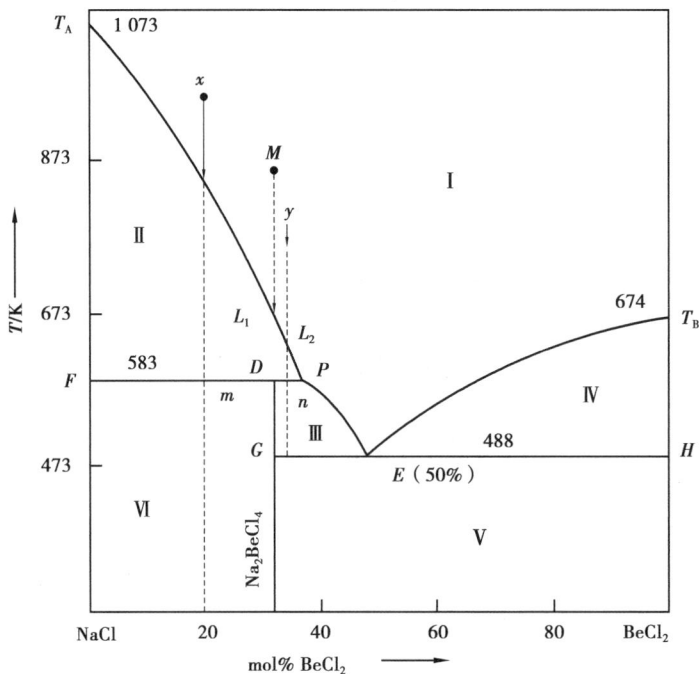

图 6.9　生成不稳定化合物的二元系相图

①没有自己的熔点；

②熔点温度以下，分解成与化合物组成不同的液相和固相。

（1）两个三相平衡线

GEH（共晶线）：共晶反应 $L_E = S_{BeCl_2} + S_{Na_2BeCl_4}$，$f^* = 2-3+1 = 0$。

PDF（包晶线）：包晶反应 $L_P + S_{NaCl} = S_{Na_2BeCl_4}$，$f^* = 2-3+1 = 0$。

（2）E 点和 P 点两个无变点

E 点称共晶点（低共熔点）：共晶反应 $L_E = S_{BeCl_2} + S_{Na_2BeCl_4}$，$f^* = 2-3+1 = 0$。

P 点称包晶点（转熔点）：包晶反应 $L_P + S_{NaCl} = S_{Na_2BeCl_4}$，$f^* = 2-3+1 = 0$。

3）含固溶体的二元系相图

固溶体是指两种物质形成的液态混合物以任意比互溶，冷却凝固后，形成以分子、原子或离子大小相互均匀混合的一种固相。

连续固溶体是指若这两组元的晶体结构相同，晶格参数的大小接近，原子结构相似，原子大小相近，熔点相差不远，即形成完全互溶的固溶体，这类系统在相图中没有低共熔点，也没有最高点。液相线和固相线都是连线的平滑曲线。

（1）固态完全互溶的连续固熔体

特征：两组分在液相和固相中均以任意比互溶。

应用：解释偏析现象。

偏析是在缓慢冷却过程中，固液平衡时，由于固体内部扩散很慢，内部均匀化速率低于结晶速率，造成固溶体表面组成与内部组成不同的现象，如图 6.10 所示。

采取的措施：长时间加热（退火）。

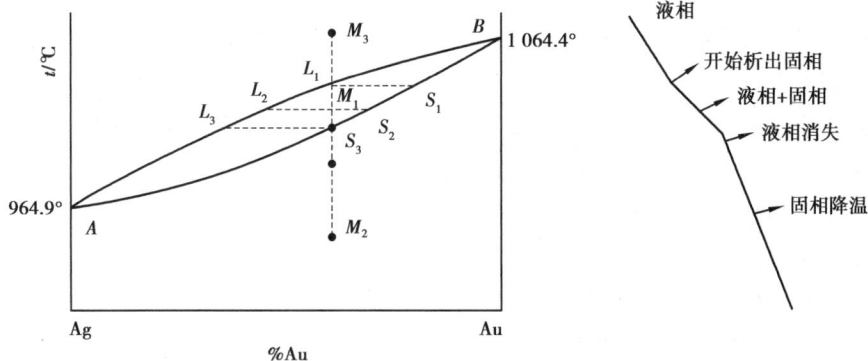

（a）固态完全互溶的连续固熔体　　　　**（b）冷却曲线**

图 6.10　含固溶体的二元系相图

（2）固态部分互溶的连续固熔体

特征：液态完全互溶，固态部分互溶。

分类：共晶型、包晶型。

①固态部分互溶的共晶类型（有一低共熔点）。

如图 6.11 所示，这类相图有一低共熔点，但与简单二元共晶相图不同。各区域含义已在图中标出。

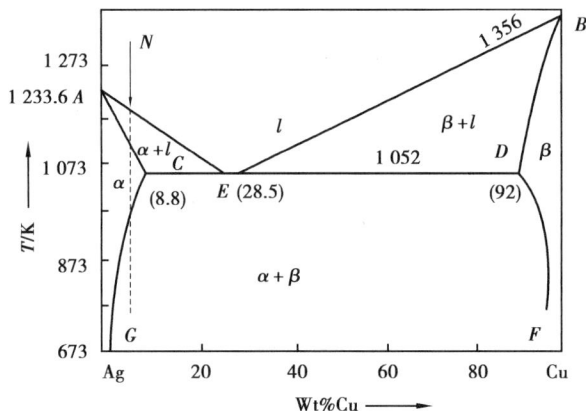

图 6.11　固态部分互溶的连续固熔体（共晶型）

液相面：α 是 Cu 溶解在 Ag 中的固溶体。

　　　　β 是 Ag 溶解在 Cu 中的固溶体。

线：AE：α 固溶体的液相线。

　　BE：β 固溶体的液相线。

　　AC：α 固溶体的固相线。

　　BD：β 固溶体的固相线。

　　CG：Cu 在 Ag 中的溶解度曲线。

　　DF：Ag 在 Cu 中的溶解度曲线。

CED 线为三相线，代表 α 固溶体、熔体和 β 固溶体三相共存，3 个相点分别为 C，E，D。其自由度 $f=K-\phi+1=2-3+1=0$，即此时 3 个相的浓度和组成均不可变。

E 点：共晶点，共晶温度下发生的共晶反应：$L \Leftrightarrow \alpha(s)+\beta(s)$。

②固态部分互溶的包晶类型（有一转熔点）。

Hg-Cd 系相图属于此类，如图 6.12 所示。各区的稳定相已在图中标明。

a.液相面。α 代表 Cd 溶于 Hg 中的固溶体。

　　　　　β 代表 Hg 溶于 Cd 中的固溶体。

b.线。AC：α 固溶体的液相线。

　　BC：β 固溶体的液相线。

　　AD：α 固溶体的固相线。

　　BE：β 固溶体的固相线。

　　EG：Hg 在 Cd 中的溶解度曲线。

　　DF：Cd 在 Hg 中的溶解度曲线。

c. C 点。在固溶体 α 和 β 之间不存在低共熔点，而有一个转熔点 C。在 C 点仍有三相平衡共存，即 α 固溶体、β 固溶体和熔体平衡共存，C 点不在 E，D 两点之间，而在一侧，C 点称转熔点或包晶点，所发生的转熔反应（包晶反应）为：

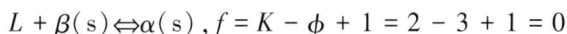

$$L + \beta(s) \Leftrightarrow \alpha(s), f = K - \phi + 1 = 2 - 3 + 1 = 0$$

即温度和 3 个相的组成均一定。

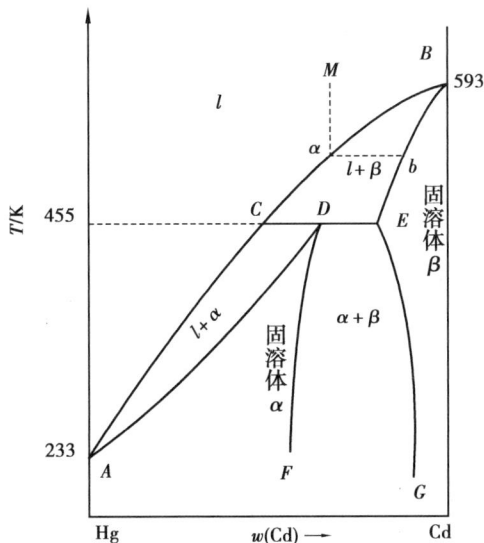

图 6.12　固态部分互溶的连续固熔体(包晶型)

6.4　思考题

1.一个平衡体系最多只有三相(气、固、液)。

2.用相律解释下列现象:

(1)$CaCO_3(s)$ 在高温下分解成 $CaO(s)$ 和 $CO_2(g)$,若在一定压力的 CO_2 气中加热 $CaCO_3$ 固体,则 $CaCO_3$ 可以在一定温度范围内不分解。

(2)保持 CO_2 气体压力恒定,则实验指出只在一个温度下能使 $CaCO_3(s)$ 与 $CaO(s)$ 的混合物不发生变化。

3.水的三相点与水的冰点有何区别?

4.纯物质的三相点就是凝固点吗? 请用相律说明为什么?

5.恒沸点的自由度是多少,恒沸混合物与化合物有何区别?

6.二元共晶点和二元包晶点有何区别,从相图中如何识别?

6.5　典型例题

1.已知 $A-B$ 二元相图,如图 6.13 所示,求(1):①区域的相组成;(2)指出共晶点、包晶点,以及对应的共晶反应和包晶反应;(3)从 a 点开始冷却的步冷曲线(基于下图作为标尺,作于下图右侧),并写出温度刚到达 H—G—I 温度线时的液固相组成和计算各相的百分含量?

答　(1)①区域的相组成为 $C(s)$ 和 l;

(2)共晶点 E,反应物 $l \longrightarrow C(s) + B(s)$;

　　　包晶点 I,反应物 $l + A(s) \longrightarrow C(s)$;

(3)步冷曲线如图 6.13 所示。

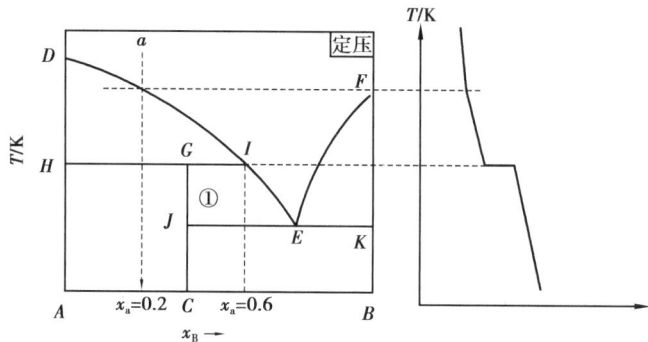

图 6.13　A-B 二元系相图

温度刚冷至 H—G—I 温度时，固相为 $A(s)$，液相组成为 I 点的液相组成，即 $x_a = 0.6$。根据杠杆定律，可计算固相 A 的比例为 0.667，液相 I 的比例为 0.333。

2. 已知 CaF_2-$CaCl_2$ 二元系相图（图 6.14），欲从 CaF_2-$CaCl_2$ 系统中得到化合物 $CaF_2 \cdot CaCl_2$ 的纯粹结晶。

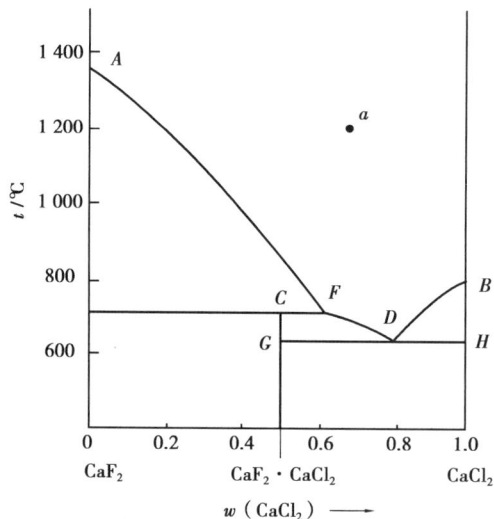

图 6.14　CaF_2-$CaCl_2$ 二元系相图

（1）试述应采取什么措施和步骤？

（2）画出 $w(CaCl_2) = 0.55$ 的系统 N 点从 1 000 ℃ 冷却到 100 ℃ 的步冷曲线。

（3）写出图中的三元无变点以及发生的反应。

解　（1）必须选定溶液的组成中含 $CaCl_2$ 约为 $w(CaCl_2) = 0.60 \sim 0.80$。现假定选组成为 a 的溶液，从 a 冷却下来与 FD 线相交，当越过 FD 线后便有固相 $CaF_2 \cdot CaCl_2$ 析出，溶液组成沿 FD 线改变；待温度降到 GDH（即三相点温度）线以上一点时，将固体从溶液中分离出，即可得到纯粹的 $CaF_2 \cdot CaCl_2$ 结晶。

（2）$w(CaCl_2) = 0.55$ 的系统从 1 000 ℃ 冷却到 100 ℃ 的步冷曲线如下：

（3）三元包晶点 F：$L + CaF_2 \longrightarrow CaF_2 \cdot CaCl_2 + CaCl_2$

　　　三元共晶点 D：$L \longrightarrow CaF_2 + CaF_2 \cdot CaCl_2 + CaCl_2$

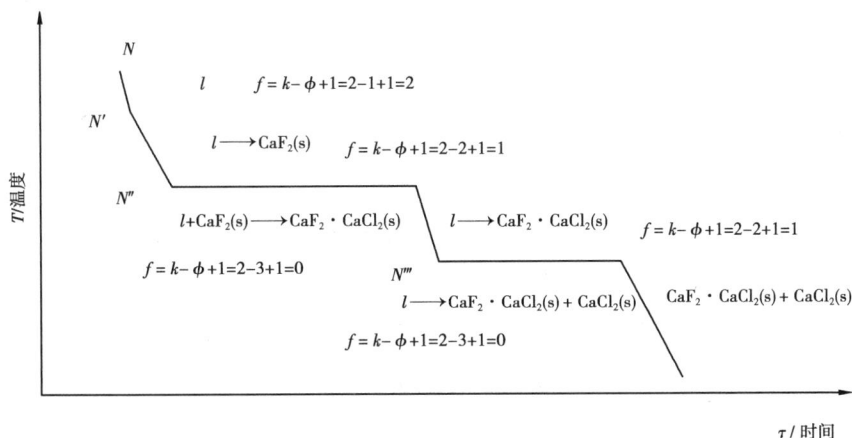

图 6.15　物系 N 的步冷曲线

3.在 101.325 kPa 下,A,B 两组元在液态时完全互溶,固态时部分互溶,如图 6.16 所示。根据相图回答下列问题:

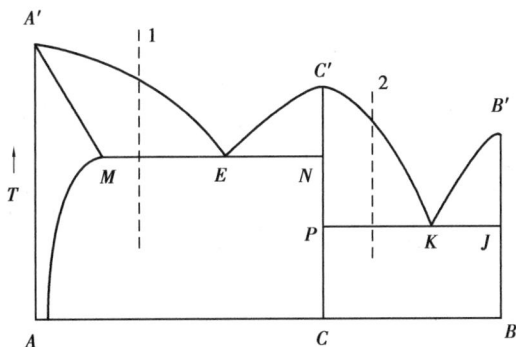

图 6.16　A-B 二元系相图

(1)A',B',E,K 各点所代表的意义是什么?

(2)MEN 线和 PKJ 线是什么线? 在线上发生什么反应?(写出相应平衡关系式)

(3)标出各区存在的相和物质。

(4)用冷却曲线说明相图中物系点 1 或物系点 2 的冷却过程,并标明自由度和存在的相。

　解　(1)A'—纯组元 A 的熔点;B'—纯组元 B 的熔点;

　　　　E—共晶点;K—共晶点。

(2)MEN 线—共晶线,发生共晶反应,$l \longrightarrow C(s)+\alpha(s)$。

　　PKJ 线—共晶线,发生共晶反应,$l \longrightarrow C(s)+B(s)$。

(3)各区存在的相如图 6.17 所示。

(4)系统点 1 或系统 2 的冷却过程分析如图 6.18 所示。

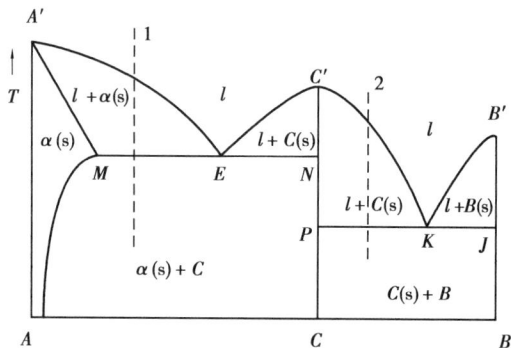

图 6.17　各区存在的相

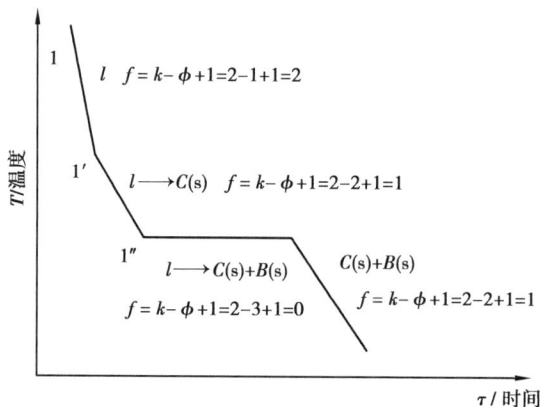

（a）系统点1

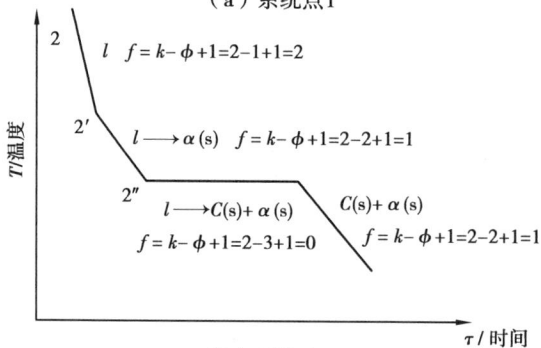

（b）系统点2

图 6.18　系统点 1 或系统点 2 的冷却过程

4. A 和 B 在液态部分互溶，A 和 B 在 100 kPa 下的沸点分别为 100 ℃ 和 120 ℃，该二组分的气、液平衡相图如图 6.19 所示，且知 C,E,D 3 个相点的组成分别为 $x_{B,C}=0.05$，$y_{B,E}=0.60$，$x_{B,D}=0.97$。

（1）将图中 1,2,3,4 及 CED 线所代表相区的相数、聚集态及成分（聚集态用 g,l 及 s 表示气、液及固；成分用 A,B 或 $A+B$ 表示）、条件自由度 f' 列成表格。

（2）试计算 3 mol B 与 7 mol A 的混合物，在 100 kPa,80 ℃ 达成平衡时气、液两相各相的物质的量分别是多少？

（3）假定平衡相点 C 和 D 所代表的两个溶液均可视为理想稀溶液。试计算 60 ℃ 时纯 $A(l)$ 及 $B(l)$ 的饱和蒸气压及该两溶液中溶质的亨利系数（浓度以摩尔分数表示）。

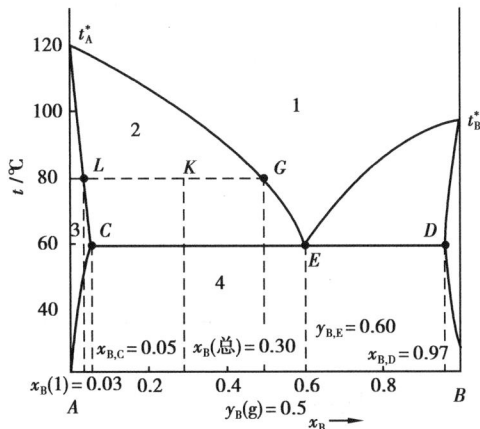

图 6.19 A-B 二元系相图

解 （1）列表见表 6.1。

表 6.1 相图中的相数、相态、成分及自由度

相区	相数	相态及成分	条件自由度数 f'
1	1	$g(A+B)$	2
2	2	$g(A+B) + l(A+B)$	1
3	1	$l(A+B)$	2
4	2	$l_1(A+B) + l_2(A+B)$	1
CED 线上	3	$l(A+B)+l_2(A+B)+g_E(A+B)$	0

（2）如图 6.18 所示。将 3 mol B 与 7 mol A 的混合物（即 x_B（总）= 0.30），加热到 80 ℃（100 kPa 下），系统点为 K，气、液二相平衡，气相点为 G，液相点为 L，相组成分别为 $y_B(g) = 0.50$，$x_B(l) = 0.03$，由杠杆规则解之得：

$$n(g) = 5.7 \text{ mol} \qquad n(l) = 4.3 \text{ mol}$$

（3）对溶液 C：

$$P_A^* x_A = Py_{A,E}，则 P_A^* = 42.1 \text{ kPa}；$$

$k_{x,B}x_B = Py_{B,E}$，则 $P_A^* = 42.1$ kPa；$k_{x,B} = 1\ 200$ kPa；

对溶液 D：

$$P_B^* x_B = Py_{B,E}，则 P_B^* = 61.9 \text{ kPa}；$$

$$k_{x,A} x_A = Py_{A,E}，则 k_{x,A} = 1\ 333 \text{ kPa}。$$

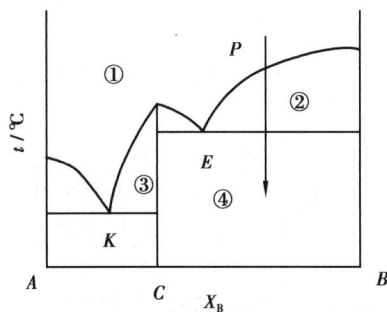

图 6.20 A-B 二元系相图

5.已知 A-B 双组分液态时完全互溶，固态时形成一种稳定化合物，如图 6.20 所示。

（1）将相图的相数、相态、成分、自由度填入表 6.2。

表 6.2　相图中的相数、相态、成分及自由度

相区	相数	相的聚集状态及成分	自由度 f
①			
②			
③			
④			
E 点			

（2）画出系统点 P 逐步冷却的步冷曲线。

（3）写出 K 点发生的反应。

答　（1）结果见表 6.3。

表 6.3　相图中的相数、相态、成分及自由度

相区	相数	相的聚集状态及成分	自由度 f
①	1	$L(A+B)$	2
②	2	$L(A+B),s(B)$	1
③	2	$L(A+B),s(C)$	1
④	2	$s(B),s(C)$	1
E 点	3	$L(A+B),s(B),s(C)$	0

（2）P 的步冷曲线如图 6.21 所示。

（3）K 点的共晶反应：$L \longrightarrow A+C$。

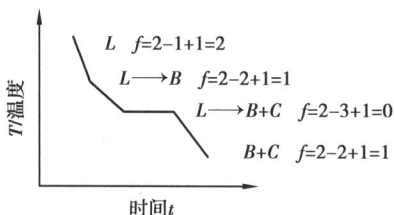

图 6.21　P 的步冷曲线

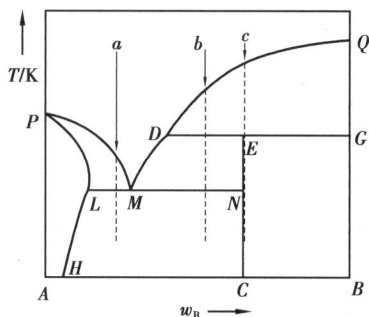

图 6.22　A-B 二元系相图

6.二元凝聚系统在液态时完全互溶，固态时部分互溶，如图 6.22 所示，回答下列问题：

（1）水平线是什么线？在线上发生什么反应？（写出反应关系式）

（2）标出相图内自由度为零的地方。

（3）从 a,b,c 3 个物系中任选一个进行冷却过程分析。（要求用步冷曲线表示）

解　（1）水平线 DEG 是包晶线，发生包晶反应：$l+B(s) \longrightarrow C(s)$。

　　　水平线 LMN 是共晶线，发生共晶反应：$l \longrightarrow \alpha(s)+C(s)$。

（2）图中自由度为零的地方有 P 点、Q 点、DEG 三相线、LMN 三相线。

（3）冷却过程（图 6.23）分析如下：

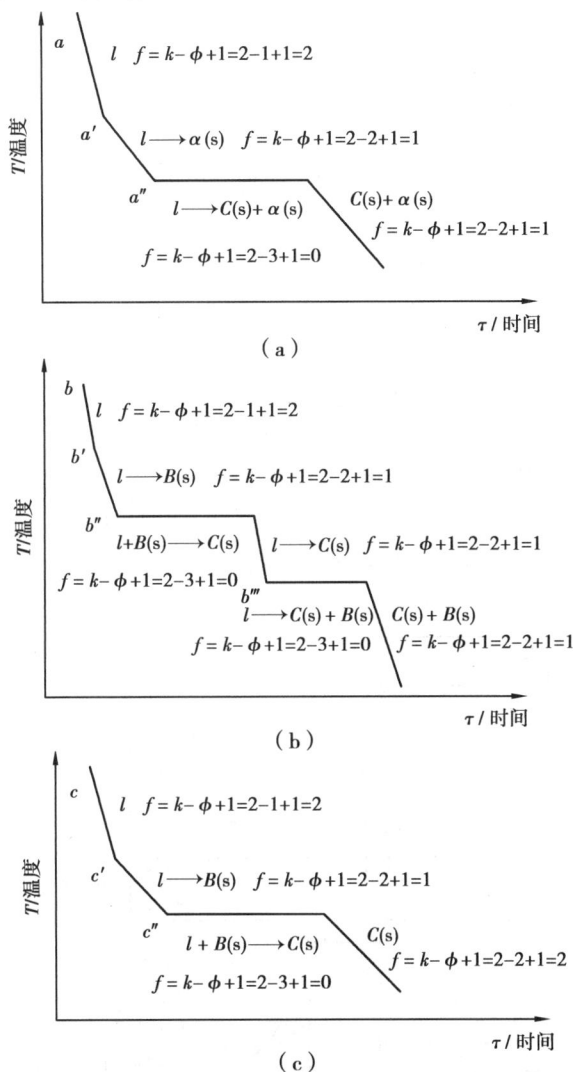

a l $f=k-\phi+1=2-1+1=2$

a' $l\longrightarrow\alpha(s)$ $f=k-\phi+1=2-2+1=1$

a'' $l\longrightarrow C(s)+\alpha(s)$ $C(s)+\alpha(s)$

$f=k-\phi+1=2-2+1=1$

$f=k-\phi+1=2-3+1=0$

T/温度 τ/时间

（a）

b l $f=k-\phi+1=2-1+1=2$

b' $l\longrightarrow B(s)$ $f=k-\phi+1=2-2+1=1$

b'' $l+B(s)\longrightarrow C(s)$ $l\longrightarrow C(s)$ $f=k-\phi+1=2-2+1=1$

$f=k-\phi+1=2-3+1=0$

b'''

$l\longrightarrow C(s)+B(s)$ $C(s)+B(s)$

$f=k-\phi+1=2-3+1=0$ $f=k-\phi+1=2-2+1=1$

T/温度 τ/时间

（b）

c l $f=k-\phi+1=2-1+1=2$

c' $l\longrightarrow B(s)$ $f=k-\phi+1=2-2+1=1$

c'' $l+B(s)\longrightarrow C(s)$ $C(s)$

$f=k-\phi+1=2-2+1=2$

$f=k-\phi+1=2-3+1=0$

T/温度 τ/时间

（c）

图 6.23 冷却过程

7.如图 6.24 所示，回答下列问题：

（1）水平线是什么线？在线上发生什么反应？（写出反应关系式）

（2）标出相图内自由度为零的地方。

（3）当冷却 200 g 含 70%Cu 的溶液到 850 ℃时，有多少固相析出？在固、液相之间 Cu 又是如何分配的？

解 （1）水平线是共晶线，在线上发生共晶反应：$l\longrightarrow\alpha(s)+\beta(s)$；

（2）此相图内自由度为零的地方有 3 处：纯银的熔点、纯铜的熔点和水平共晶线上的点（不包括水平线的端点），它们的自由度均为零。

（3）如图 6.24 中的虚线所示，则：（一题多解）

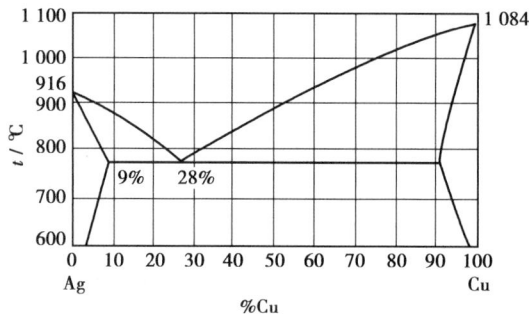

图 6.24   Ag-Cu 二元系相图

$$W_S(\beta) = W_t \times \frac{70 - 42}{93 - 42} = 200 \times \frac{70 - 42}{93 - 42} \text{ g} = 109.80 \text{ g}$$

$$W_l = W_t \times \frac{93 - 70}{93 - 42} = 200 \times \frac{93 - 70}{93 - 42} \text{ g} = 90.2 \text{ g}$$

$$W_{Cu}(\beta) = W_S(\beta) \times 93\% = 109.8 \text{ g} \times 93\% = 102.1 \text{ g}$$

$$W_{Cu}(l) = W_l \times 42\% = 90.2 \text{ g} \times 42\% = 37.9 \text{ g}$$

8.下列图 6.25(a)是 Fe-Cu 系相图,图 6.25(b)是图 6.24(a)中靠近 Cu 一方的局部放大图形。

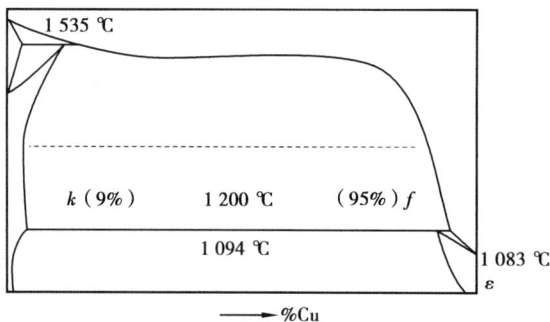

（a）

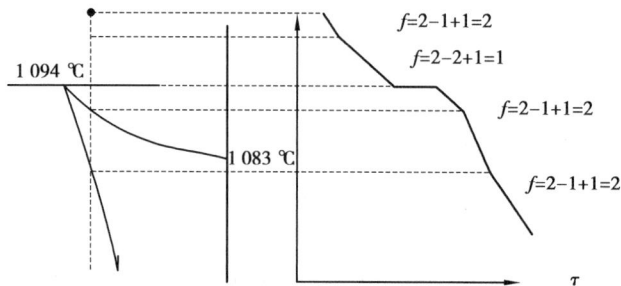

（b）

图 6.25   Fe-Cu 系相图

（1）计算 1 200 ℃时液相线上 f 点（95％Cu）Fe 的活度（以固态纯 Fe 为标准态）和活度系数,假设 γ 固溶体的溶剂服从拉乌尔定律。

解   由题意知,根据物质在两平衡共存相 α 和 β 间的分配平衡原理,若分配在两平衡相物质的标准态相同有 $\mu^{\ominus\alpha} = \mu^{\ominus\beta}$,则 $a^\alpha = a^\beta$,即

$$a_{\text{Fe}}^{\alpha} = a_{\text{Fe}}^{\beta}$$

在本题设 α 为 γ 固溶体相，β 为溶液相

$$a_{\text{Fe}}^{\gamma} = x_{\text{Fe}}^{\gamma} = \frac{\dfrac{91}{M_{\text{Fe}}}}{\dfrac{91}{M_{\text{Fe}}} + \dfrac{9}{M_{\text{Cu}}}} = \frac{\dfrac{91}{56}}{\dfrac{91}{56} + \dfrac{9}{64}} = 0.919 = a_{\text{Fe}}^{L}$$

$$\gamma_{\text{Fe}}^{L} = \frac{a_{\text{Fe}}^{L}}{x_{\text{Fe}}^{L}} = \frac{a_{\text{Fe}}^{L}\left(\dfrac{5}{M_{\text{Fe}}} + \dfrac{95}{M_{\text{Cu}}}\right)}{\dfrac{5}{M_{\text{Fe}}}} = 0.919 \times \frac{\dfrac{5}{56} + \dfrac{95}{64}}{\dfrac{5}{56}} = 16.44$$

（2）根据图(b)在 $t\text{-}\tau$ 图上作 p 点冷却过程的步冷曲线，并标注出各段的自由度数。

第7章
电化学

7.1 知识导图

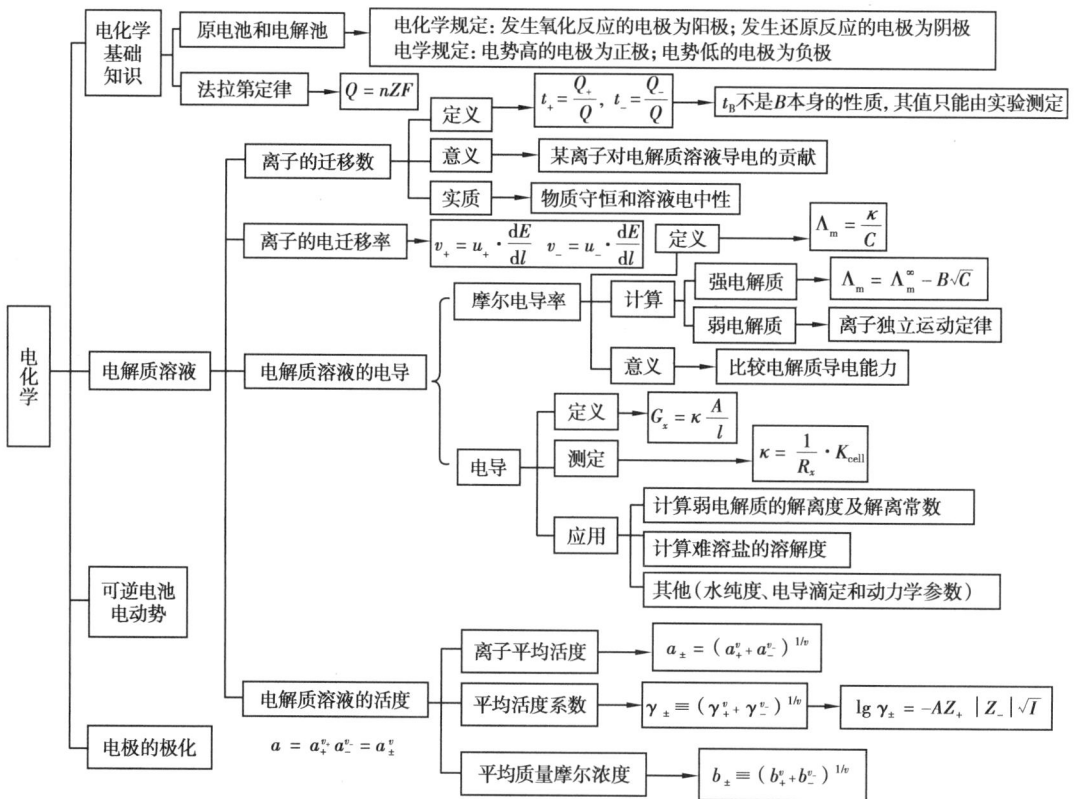

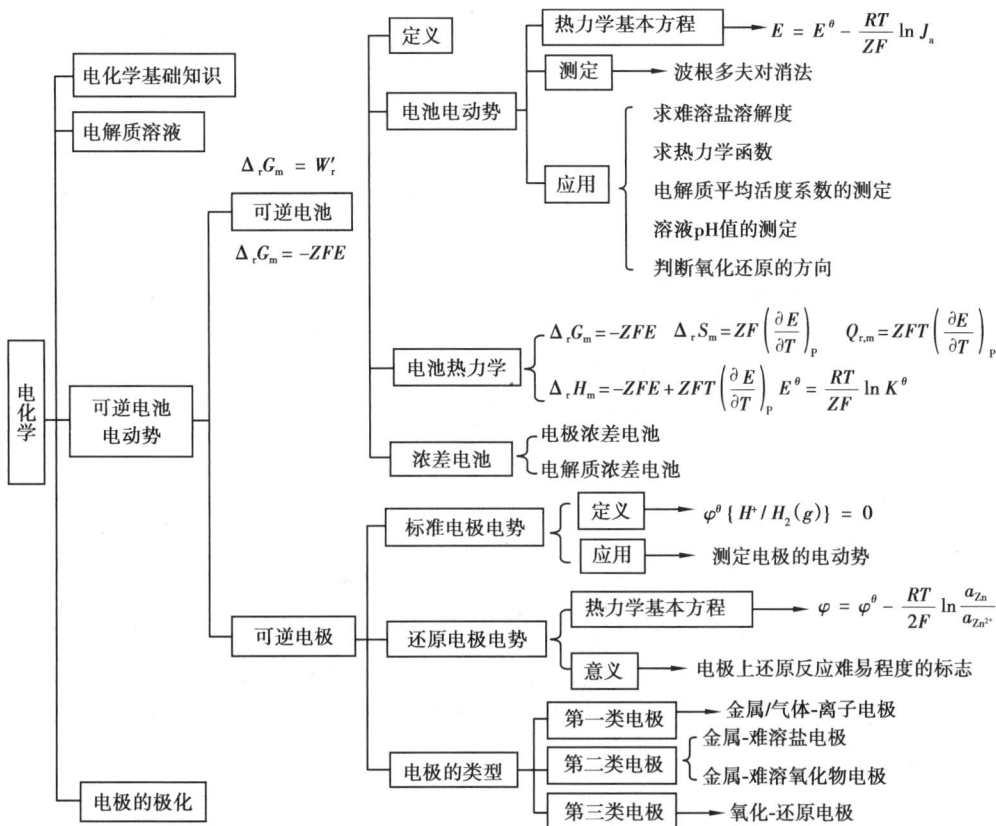

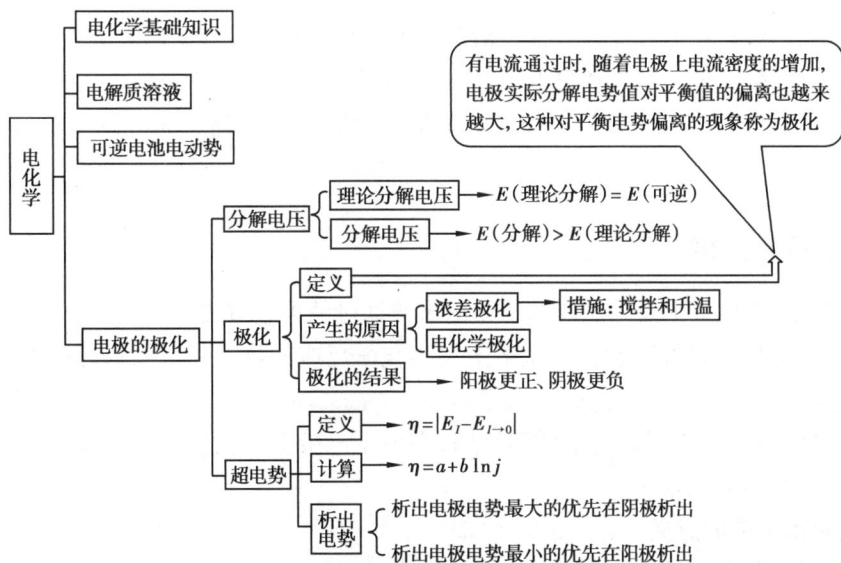

电
化
学

├ 电化学基础知识
├ 电解质溶液
├ 可逆电池电动势
│ $\Delta_r G_m = W'_r$
│ ├ 可逆电池
│ │ $\Delta_r G_m = -ZFE$
│ │
│ ├ 电池电动势
│ │ ├ 定义 ── 热力学基本方程 ── $E = E^\theta - \dfrac{RT}{ZF}\ln J_a$
│ │ ├ 测定 ── 波根多夫对消法
│ │ └ 应用 ── 求难溶盐溶解度
│ │   求热力学函数
│ │   电解质平均活度系数的测定
│ │   溶液pH值的测定
│ │   判断氧化还原的方向
│ │
│ ├ 电池热力学
│ │ $\Delta_r G_m = -ZFE$ $\Delta_r S_m = ZF\left(\dfrac{\partial E}{\partial T}\right)_P$ $Q_{r,m} = ZFT\left(\dfrac{\partial E}{\partial T}\right)_P$
│ │ $\Delta_r H_m = -ZFE + ZFT\left(\dfrac{\partial E}{\partial T}\right)_P$ $E^\theta = \dfrac{RT}{ZF}\ln K^\theta$
│ │
│ ├ 浓差电池 ── 电极浓差电池
│ │   电解质浓差电池
│ │
│ └ 可逆电极
│   ├ 标准电极电势
│   │ ├ 定义 ── $\varphi^\theta\{H^+/H_2(g)\} = 0$
│   │ └ 应用 ── 测定电极的电动势
│   ├ 还原电极电势
│   │ ├ 热力学基本方程 ── $\varphi = \varphi^\theta - \dfrac{RT}{2F}\ln\dfrac{a_{Zn}}{a_{Zn^{2+}}}$
│   │ └ 意义 ── 电极上还原反应难易程度的标志
│   └ 电极的类型
│   ├ 第一类电极 ── 金属/气体-离子电极
│   ├ 第二类电极 ── 金属-难溶盐电极
│   │   金属-难溶氧化物电极
│   └ 第三类电极 ── 氧化-还原电极
└ 电极的极化

电
化
学

├ 电化学基础知识
├ 电解质溶液
├ 可逆电池电动势
└ 电极的极化
   ├ 分解电压
   │ ├ 理论分解电压 ── $E(理论分解) = E(可逆)$
   │ └ 分解电压 ── $E(分解) > E(理论分解)$
   ├ 极化
   │ ├ 定义
   │ ├ 产生的原因 ── 浓差极化 ── 措施:搅拌和升温
   │ │   电化学极化
   │ └ 极化的结果 ── 阳极更正、阴极更负
   └ 超电势
      ├ 定义 ── $\eta = |E_I - E_{I\to 0}|$
      ├ 计算 ── $\eta = a + b\ln j$
      └ 析出电势 ── 析出电极电势最大的优先在阴极析出
                    析出电极电势最小的优先在阳极析出

> 有电流通过时,随着电极上电流密度的增加,电极实际分解电势值对平衡值的偏离也越来越大,这种对平衡电势偏离的现象称为极化

7.2 基本要求

①掌握电化学的基本概念及法拉第定律。
②理解电解质溶液导电性质的物理量。

③熟悉离子独立运动定律的内容及应用。

④掌握迁移数的概念，了解其与摩尔电导率、离子的电迁移率之间的关系。

⑤理解电解质溶液的平均活度和平均活度因子，会计算离子强度的概念，会运用德拜-休克尔极限公式。

⑥理解可逆电池的概念，掌握可逆电极的类型，能熟练写出电极、电池反应。

⑦掌握能斯特方程，掌握电池电动势的计算及其实际应用。

⑧了解电池电动势产生的机理，掌握电极电势及其计算。

⑨会利用电化学计算热力学函数变，掌握电池电动势测定的主要应用。

⑩了解溶液浓差电池、电极浓差电池。

⑪掌握极化现象与超电势，掌握电解时电极反应的竞争，了解原电池与电解池的极化现象，了解超电势的种类和影响因素。

7.3 内容要点

电化学是物理化学的一个重要分支学科，它是研究化学现象与电现象之间相互关系的一门科学。其研究对象是在电化学装置化学能与电能相互转化时遵循的规律以及在转化过程中所需要借助的物质——电解质溶液的特性。它由电解质溶液理论、可逆电池的热力学、不可逆电极过程3部分组成。

7.3.1 导体

能导电的物质，称为导体。导体一般分为电子导体和离子导体两大类。

电子导体：依靠电子的迁移导电，有电流通过电时不发生化学反应。

离子导体：依靠离子的迁移导电，导体本身发生化学变化。如电解质溶液、熔融电解质。

7.3.2 法拉第定律

实验发现，在电极上发生反应的物质的量与通过的电量有关：

①电流通过电解质溶液时，在电极上发生化学反应的物质的量与通过的电量成正比（法拉第第一定律）。

②等量的电通过不同的电解质溶液时，在各个电极上发生反应的物质的量与其电荷数成反比（法拉第第二定律）。

③法拉第常数的意义。

1 mol 电子所带电量的绝对值称为法拉第常数，用 F 表示。即

$$F = N_A \cdot e = 6.02 \times 10^{23} \times 1.602\ 2 \times 10^{-19}$$

$$= 96\ 484.6\ C \cdot mol^{-1} \approx 96\ 500\ C \cdot mol^{-1}$$

欲使 $M^{z+} + Ze \longrightarrow M$，1 mol 需要通过 $1\ mol \times Z$ 个电子，才能得到 1 mol 金属。

若通过的电量为 Q，则析出的金属的物质的量为：

$$n = \frac{Q}{Z \cdot F} \ 或 \ Q = n \cdot Z \cdot F \tag{7.1}$$

式中　Q——通过电极的电量;

　　　Z——离子所带电荷数的绝对值;

　　　n——在电极上发生反应的物质的量;

　　　F——法拉第常数。

则析出的金属的质量为:

$$m = n \cdot M = \frac{Q}{ZF} \cdot M \tag{7.2}$$

法拉第定律是自然科学中最准确的定律之一。它不因物质的种类、性质、反应条件而改变。不仅适用于水溶液、熔融电解质,还可用于固体电解质。

7.3.3　离子的电迁移

1)电迁移

在电场的作用下,正、负离子分别向异电极方向移动,离子的这种运动称为电迁移。

2)离子电迁移的规律

$$\frac{正离子迁移的电量 Q_+}{负离子迁移的电量 Q_-} = \frac{正离子迁出阳极区物质的量}{负离子迁出阴极区物质的量} = \frac{正离子的迁移速度 v_+}{负离子的迁移速度 v_-} \tag{7.3}$$

$$Q_总 = Q_+ + Q_- \ 或 \ n_总 = n_+ + n_- \tag{7.4}$$

3)离子的迁移数

在稳定电场下,离子的迁移速率与电场的电势梯度成正比,即

$$v = u \cdot \frac{\mathrm{d}E}{\mathrm{d}l} \tag{7.5}$$

式中　u——离子淌度,其物理意义是电势梯度为单位数值时离子的迁移速率;(注意其物理意义)

　　　$\dfrac{\mathrm{d}E}{\mathrm{d}l}$——电势梯度。

离子迁移数是指在电解质溶液中各种离子的导电份额或导电百分数,用 t_B 表示,即

$$t_B = \frac{Q_B}{Q} \tag{7.6}$$

式中　Q_B——B 离子所迁移的电量;

　　　Q——通过电解质溶液的总电量。

显然 $Q = \sum Q_B$,$\sum t_B = 1$。

例如,对于溶液中只含有一种正离子和一种负离子的电解质溶液而言,有:

$$t_+ = \frac{Q_+}{Q} = \frac{Q_+}{Q_+ + Q_-}, \ t_- = \frac{Q_-}{Q} = \frac{Q_-}{Q_+ + Q_-} \tag{7.7}$$

则

$$t_+ = \frac{v_+}{v} = \frac{v_+}{v_+ + v_-}, t_- = \frac{v_-}{v} = \frac{v_-}{v_+ + v_-} \qquad (7.8)$$

离子的迁移数与溶液的温度、浓度有关。电场影响离子运动的速度，但并不影响离子的迁移数。这是因为当电场强度发生变化时，正、负离子的速度按相同的比例变化。

7.3.4　电解质的电导

1）电导和电导率（G 和 κ）

物质导电的能力，称为电导，用其电阻的倒数 $\frac{1}{R}$ 表示。电导的符号为 G。即 $G = \frac{1}{R}$，单位为 Ω^{-1} 或 S（西门子）。

导体的电导与其横截面积成正比，与长度成反比，即

$$G = \kappa \cdot \frac{A}{l} \qquad (7.9)$$

式中　κ——比例系数，称为电导或电导率，单位为 S/m。

对于导体而言，电导率表示横截面积为 1 m^2、长度为 1 m 的导体的电导。

对于电解质溶液而言，电导率表示两面积为 1 m^2 的平行电极，相距为 1 m 时溶液的电导，即 1 m^3 溶液的电导。

2）影响电解质溶液导电能力的因素

①离子所带电荷；
②离子的数目；
③离子的运动。

7.3.5　摩尔电导率（Λ_m）

1）摩尔电导率的定义

摩尔电导率是指在相距 1 m 的平行电极间放置含有 1 mol 电解质的溶液，此溶液的电导称为摩尔电导率，用 Λ_m 表示，单位为 $S \cdot m^2/mol$。

2）摩尔电导率 Λ_m 与电导率 κ 的关系

$$\Lambda_m = \frac{\kappa}{C} = \kappa \cdot V_m \qquad (7.10)$$

式中　C——体积摩尔浓度；

　　　V_m——1 mol 电解质溶液所具有的体积。

3）区别 Λ_m 与 κ

注意表示摩尔电导率时要注明基本单元（分子、原子、离子、电子或其他粒子）。

例如，$\Lambda_m(MgCl_2) = 0.025\ 88\ S \cdot m^2/mol$

$$\Lambda_m\left(\frac{1}{2}MgCl_2\right) = 0.012\ 94\ S \cdot m^2/mol$$

7.3.6 摩尔电导率与浓度的关系

由实验发现，在很稀的溶液中，强电解质的摩尔电导率与其浓度的平方呈直线关系，即

$$\Lambda_m = \Lambda_m^\infty(1 - B\sqrt{C}) \tag{7.11}$$

式中　B——常数；

　　　Λ_m^∞——无限稀释时电解质的摩尔电导率，称为极限摩尔电导率。

对强电解质溶液，可以将直线外推至$\sqrt{C} = 0$处与纵坐标相交，所得的截距即为极限摩尔电导率Λ_m^∞。

对于强电解质和弱电解质来说，摩尔电导率都是随着浓度的降低而增大的。但原因不同。

对于强电解质来说，溶液浓度降低，摩尔电导率增大。这是因为随着浓度的降低，离子之间的引力减小，溶液的黏度也随之降低，离子运动速率加快，故摩尔电导率增大。

对于弱电解质来说，溶液浓度降低，摩尔电导率增大。这是因为弱电解质的电离度随着溶液的冲淡而增加，离子越多，摩尔电导率也越大。当溶液无限稀释时，摩尔电导率出现急剧增加。因此，弱电解质的极限摩尔电导率Λ_m^∞无法由外推法求得。

7.3.7 离子的独立运动规律和弱电解质的摩尔电导率

电解质无限稀释时的摩尔电导率Λ_m^∞是电解质的重要性质之一。它反映了离子间没有引力时电解质所具有的导电能力。强电解质的极限摩尔电导率Λ_m^∞可由外推法求得，而弱电解质的极限摩尔电导率Λ_m^∞如何求得？

在无限稀释的电解质溶液中，所有电解质全部电离，而且离子间的一切作用均可忽略。因此，离子彼此独立运动，互不影响。因而每种离子的电导和与其共存的其他离子无关。故电解质的（极限）摩尔电导率等于各种离子（阴、阳离子）摩尔电导率之和。它是离子独立运动定律，适用于无限稀释的弱电解质溶液。

对于电解质$M_{\gamma^+}A_{\gamma^-}$而言，其在水溶液中完全电离，即$M_{\gamma^+}A_{\gamma^-} \longrightarrow \gamma^+ M^{Z+} + \gamma^- A^{Z-}$。

在无限稀释的溶液中有：

$$\Lambda_m^\infty = \gamma^+ \Lambda_{m,+}^\infty + \gamma^- \Lambda_{m,-}^\infty \tag{7.12}$$

式中　Λ_m^∞——电解质$M_{\gamma^+}A_{\gamma^-}$的极限摩尔电导率；

　　　$\Lambda_{m,+}^\infty, \Lambda_{m,-}^\infty$——正、负离子的极限摩尔电导率；

　　　γ^+, γ^-——正、负离子在电离平衡式中的化学计量系数。

这样可以利用强电解质的极限摩尔电导率来计算弱电解质的极限摩尔电导率。

7.3.8 摩尔电导率 Λ_m 与离子迁移速率的关系（公式推导）

1）对强电解质

$$\Lambda_m = \frac{F(\gamma^+ \cdot Z^+ \cdot v_+ + \gamma^- \cdot Z^- \cdot v_-)}{E} \tag{7.13}$$

当 $E = 1$ V/m 时，则

$$\Lambda_m = F(\gamma^+ \cdot Z^+ \cdot u_+ + \gamma^- \cdot Z^- \cdot u_-) \tag{7.14}$$

2）对弱电解质

$$\Lambda_m = \frac{\alpha F(\gamma^+ \cdot Z^+ \cdot v_+ + \gamma^- \cdot Z^- \cdot v_-)}{E} \tag{7.15}$$

当 $E = 1$ V/m 时，则

$$\Lambda_m = \alpha F(\gamma^+ \cdot Z^+ \cdot u_+ + \gamma^- \cdot Z^- \cdot u_-) \tag{7.16}$$

电离度：

$$\alpha = \frac{\Lambda_m}{\Lambda_m^\infty} \tag{7.17}$$

7.3.9 强电解质溶液的活度及活度系数

1）强电解质溶液的活度及活度系数

定义：

$$\text{离子平均活度 } a_\pm = (a_+^{\gamma^+} \cdot a_-^{\gamma^-})^{\frac{1}{\gamma^+ + \gamma^-}} \tag{7.18}$$

$$\text{离子平均活度系数 } \gamma_\pm = (\gamma_+^{\gamma^+} \cdot \gamma_-^{\gamma^-})^{\frac{1}{\gamma^+ + \gamma^-}} \tag{7.19}$$

$$\text{离子平均浓度 } m_\pm = (m_+^{\gamma^+} \cdot m_-^{\gamma^-})^{\frac{1}{\gamma^+ + \gamma^-}} \tag{7.20}$$

则：

$$a_\pm = \left(\frac{m_\pm}{m^\ominus}\right)^{(\gamma^+ + \gamma^-)} ; a = a_\pm^{(\gamma^+ + \gamma^-)} \tag{7.21}$$

2）德拜-尤格尔极限公式

（1）离子强度

$$I = \frac{1}{2}\sum_B (m_B \cdot Z_B^2) \tag{7.22}$$

式中 m_B——离子 B 的质量摩尔浓度；

Z_B——离子 B 的电荷数；

I——离子强度。

（2）离子平均活度系数 $\gamma_\pm$ 与离子强度的关系

$$\log\gamma_\pm = -A|Z_+ \cdot Z_-| \cdot \sqrt{I} \longrightarrow 德拜-尤格尔极限公式 \tag{7.23}$$

式中 A——常数,$A=0.509(\mathrm{mol^{-1}\cdot kg})^{1/2}$;

Z_-,Z_+——阴、阳离子的电荷数。

适用于 $I<0.01\ \mathrm{mol/kg}$ 的溶液。

7.3.10 原电池

(1)原电池电动势(以丹尼尔电池为例)

原电池可逆进行时,系统吉布斯能降低等于系统对外所做的最大非体积功(电功),此时两极间电势差达最大值,此电势差即为电动势。

$$(-)\mathrm{Zn}\,|\,\mathrm{ZnSO_4(1.0\ m)}\,\|\,\mathrm{CuSO_4(1.0\ m)}\,|\,\mathrm{Cu}(+)$$

(2)电池符号及书写规则

①负极在左方,正极在右方。

②依次写出电池中的各种物质,并标明其状态(气态、固态、液态),气态要标明压力,溶液要标明其组成。

③以逗号或单竖线表示不同物相之间的接界面,包括电极和溶液之间的接界面及不同溶液间的接界面。用($\|$)表示液-液接界电势已用盐桥消除。

④气体不能直接作电极,必须附在不活泼的金属上(如 Pt,Au 等),电极附近的液体为气体所饱和。

7.3.11 电极的种类(半电池)

(1)第一类电极(两种)

①气体依附在不活泼电极上,然后插入含有该气体离子溶液中构成的电极。

②金属做电极,然后插入含有该金属离子的溶液中构成的电极。

(2)第二类电极(两种)

①金属-难溶盐电极:将金属表面覆盖一层该金属的难溶盐,然后再浸入含有该盐的相同阴离子溶液中构成的电极。

②金属-难溶氧化物电极:将金属表面覆盖一层该金属的难溶氧化物,然后再浸入含有氢离子或氢氧根离子的溶液中构成的电极。

(3)第三类电极

氧化-还原电极:把惰性电极插入含某种离子的不同氧化态的溶液中,在电极上进行两种不同氧化态离子间的氧化还原反应,如 $\mathrm{Fe^{3+}+e\Longleftrightarrow Fe^{2+}}$。

7.3.12 可逆电池与不可逆电池

可逆电池的特点:

①化学反应可逆:在电极表面进行的电极反应是可逆的;

②能量转换可逆:通过电极的电流无限小;

③电池工作时无其他的不可逆过程(扩散过程、离子迁移等)存在。

*注意:

同时满足上述 3 个条件的电池才能称为可逆电池;反之,为不可逆电池。

7.3.13　可逆电池的热力学

1）电池势 E 与电池反应的吉布斯自由能变化 $\Delta_r G_m$ 之间的关系

若电池反应在恒温恒压下进行的，根据热力学第二定律有：

$$\Delta G = W'_r, W'_r = -ZFE$$

则：

任意状态下 $\qquad\qquad\qquad \Delta G = -ZFE$ 　　　　　　　　　　(7.24)

若在标准状态下，则 $\qquad\qquad \Delta G^{\ominus} = -ZFE^{\ominus}$ 　　　　　　　(7.25)

2）E 与 $\Delta_r S_m$ 之间的关系

恒压条件下，$\left(\dfrac{\partial G_m}{\partial T}\right)_P = -\Delta_r S_m$，则：

$$\Delta_r S_m = ZF \cdot \left(\frac{\partial E}{\partial T}\right)_P$$

(7.26)

式中　$\left(\dfrac{\partial E}{\partial T}\right)_P$ ——电动势的温度系数。

3）电池势 E 与电池反应焓变 $\Delta_r H_m$ 之间的关系

恒温下 $\Delta_r G_m = \Delta_r H - T \cdot \Delta_r S_m$，则：

$$\Delta_r H_m = -ZFE + ZFT \cdot \left(\frac{\partial E}{\partial T}\right)_P$$

(7.27)

而电池在可逆条件下，吸收或放出的热量为：

$$Q_R = T \cdot \Delta_r S_m = ZFT \cdot \left(\frac{\partial E}{\partial T}\right)_P$$

(7.28)

*注意：

　　同样是在恒压条件下，由于做了非体积功，这里 $Q_P \neq \Delta_r H_m$。

4）电池势 E 与反应物和产物活度之间的关系（能斯特方程）（推导）

（1）对电池反应

任意反应 $aA+bB=dD+hH$

$$E = E^{\ominus} - \frac{RT}{ZF} \cdot \ln\left(\frac{a_D^d \cdot a_H^h}{a_A^a \cdot a_B^b}\right)$$

(7.29)

（2）对电极反应

$$[氧化态]+Ze \longrightarrow [还原态]$$

$$\varphi = \varphi^{\ominus} - \frac{RT}{ZF} \cdot \ln \frac{a_{还}}{a_{氧}}$$

(7.30)

> **注意:**
> 对于电极电势,无论是氧化反应还是还原反应,其电极电势的对数项中的分子部分均为还原态,分母部分均为氧化态。这就是电极电势的还原式表示法。一般都以还原式表示。通常在 φ 或 E 的右下角标明氧化态/还原态,以表明是还原电势和电极种类,如 $\varphi_{Cu^{2+}/Cu}$。

7.3.14 浓差电池

1)浓差电池的定义

电池物质从一种浓度的溶液(或合金溶体)转移到另一种浓度的溶液(或合金熔体)发生浓度迁移过程,这类电池称为浓差电池。

2)浓差电池的分类(两类)

(1)溶液浓差电池
①两极的材料相同,分别插入不同浓度的同一电解质溶液中。
②原电池的电动势及其特点。
例如,

$$Ag(s)\,|\,AgNO_3(a_1)\,\|\,AgNO_3(a_2)\,|\,Ag(s)\quad Ag(s)\,|\,AgNO_3(a_1)\,\|\,AgNO_3(a_2)\,|\,Ag(s)$$

负极 $\qquad\qquad Ag(s)-e\longrightarrow Ag^+(a_1)$

正极 $\qquad\qquad Ag^+(a_2)+e\longrightarrow Ag(s)$

电池反应 $\qquad\qquad Ag^+(a_2)\longrightarrow Ag^+(a_1)$

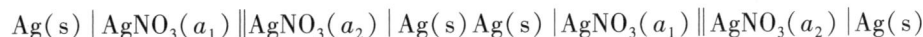

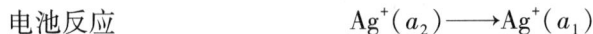

由能斯特方程可得,两电极还原电势分别为

$$\varphi_- = \varphi^{\ominus}(Ag^+/Ag) - \frac{RT}{F}\ln\left(\frac{1}{a_1}\right)$$

$$\varphi_+ = \varphi^{\ominus}(Ag^+/Ag) - \frac{RT}{F}\ln\left(\frac{1}{a_2}\right)$$

则该电池的电动势 $E=\varphi_+-\varphi_-=\frac{RT}{F}\ln\left(\frac{a_2}{a_1}\right)$。

对这种浓差电池,$E^{\ominus}$ 电极浓差电池总等于零。若要 $E>0$,则 a_2 必须大于 a_1,即银离子从高浓度(高活度)向低浓度(低活度)迁移,并且稀溶液是作为电池中的负极,浓溶液中的电极是正极。

(2)电极浓差电池
①两电极材料组成相同,但浓度不同,插入同一种电解质溶液中。
②电池的特点及其电动势。
例如,汞齐电极浓差电池 $Cd-Hg(a_1)\,|\,CdSO_4(aq)\,|\,Cd-Hg(a_2)$

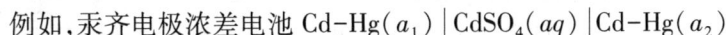

负极 $\qquad\qquad Cd(a_1)-2e\longrightarrow Cd^{2+}(aq)$

正极 $\qquad\qquad Cd^{2+}(aq)+2e\longrightarrow Cd(a_2)$

电池反应 $\qquad$ $\mathrm{Cd}(a_1) \longrightarrow \mathrm{Cd}(a_2)$

由能斯特公式可得，两电极还原电势分别为：

$$\varphi_- = \varphi^{\ominus}(\mathrm{Cd^{2+}/Cd}) - \frac{RT}{2F}\ln\left(\frac{a_1}{a_{\mathrm{Cd^{2+}}}}\right)$$

$$\varphi_+ = \varphi^{\ominus}(\mathrm{Cd^{2+}/Cd}) - \frac{RT}{2F}\ln\left(\frac{a_2}{a_{\mathrm{Cd^{2+}}}}\right)$$

则该电池的电动势 $E = \varphi_+ - \varphi_- = \frac{RT}{2F}\ln\left(\frac{a_1}{a_2}\right)$。

对这种浓差电池，$E^{\ominus}$ 电极浓差电池总等于零。若要 $E>0$，则 a_1 必须大于 a_2，即 Cd 从高浓度（高活度）汞齐向低浓度（低活度）汞齐迁移，并且汞齐中Cd浓度（活度）较大的电极作为电池的负极。

综上所述，电动势 E 只与两电极材料的浓度（活度）有关，与它们插入的溶液的浓度无关。

7.3.15 电极电势

1）电动势产生的机理

以丹尼尔电池为例，如图 7.1 所示。

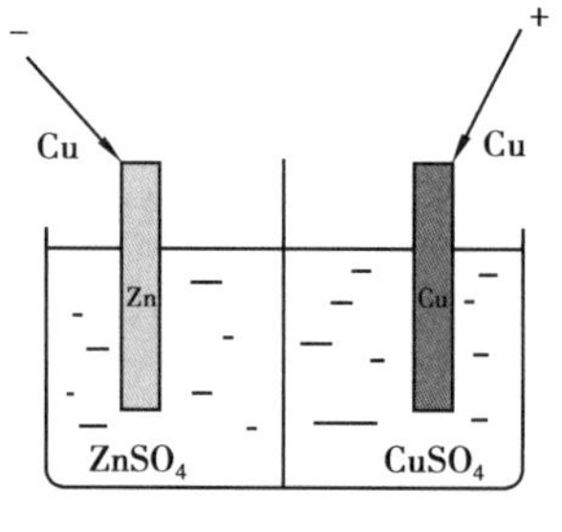

图 7.1 丹尼尔电池

（电极电势）$\Delta^{\mathrm{Zn}}\varepsilon^{\mathrm{Zn^{2+}}}$ $\qquad$ $\Delta^{\mathrm{Zn^{2+}}}\varepsilon^{\mathrm{Cu^{2+}}}$（液接电势）

$$\downarrow \qquad \qquad \downarrow$$

$$(-)\mathrm{Cu'} \mid \mathrm{Zn} \mid \mathrm{ZnSO_4} \mid \mathrm{CuSO_4} \mid \mathrm{Cu}(+)$$

$$\uparrow \qquad \qquad\qquad\qquad \uparrow$$

$\Delta^{\mathrm{Cu}}\varepsilon^{\mathrm{Zn}}$（接触电势）$\qquad\qquad$ $\Delta^{\mathrm{Cu^{2+}}}\varepsilon^{\mathrm{Cu}}$（电极电势）

一个电池的电动势 E 应是该电池中各相界面上电位差的代数和，即

$$E = \Delta^{\mathrm{Cu}}\varepsilon^{\mathrm{Zn}} + \Delta^{\mathrm{Zn}}\varepsilon^{\mathrm{Zn^{2+}}} + \Delta^{\mathrm{Zn^{2+}}}\varepsilon^{\mathrm{Cu^{2+}}} + \Delta^{\mathrm{Cu^{2+}}}\varepsilon^{\mathrm{Cu}} \tag{7.31}$$

2）界面电势差的分类

（1）金属-溶液界面电热差（电极的绝对电势 ε）

在金属与溶液的界面上，由于正、负离子静电吸引和热运动两种效应的结果，溶液中的反离子只有一部分紧密排在固体表面附近，相距约一、二个离子厚度称为紧密层；另一部分离子按一定的浓度梯度扩散到本体溶液中，称为扩散层。紧密层和扩散层构成了双

电层。金属表面与溶液本体之间的电势差即为界面电势差,如图 7.2 所示。

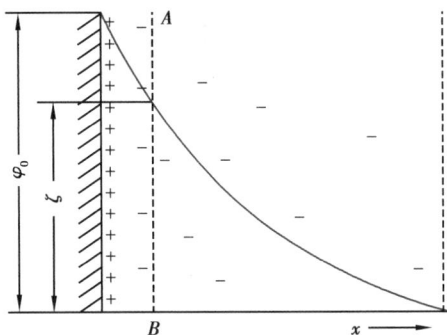

图 7.2 扩散双电层

(2)液体接界电势(简称"液接电势 $\varepsilon_{扩}$")

液体接界处会因不同离子的迁移速率不一样而产生电动势,此电势称为液接电势,如图 7.3 所示。

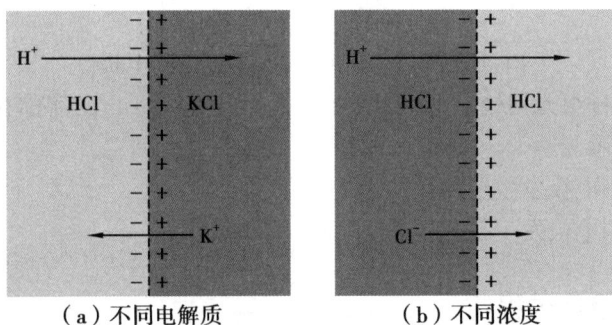

(a)不同电解质 　　　　(b)不同浓度

图 7.3 液接电势示意图

消除液接电势有两种方法:一是避免使用有液接电势的原电池;二是使用盐桥,使两种溶液不直接接触。

盐桥一般是用饱和的 KCl 溶液装在倒置的 U 形管中构成。一般放在两种溶液之间,以代替原来的两种溶液直接接触。当很浓的 KCl 溶液与其他溶液接触时,液体接界电势的消除主要依靠 KCl 的扩散,由于 K^+ 和 Cl^- 的运动速度很接近,使液体接界电势降低。

＊注意:
　　盐桥可以降低液体接界电势,但不能完全消除液体接界电势。

(3)接触电势

两种金属如铜与锌接触时,各自的电子有逸出的倾向,但不同金属的电子逸出功不同,会形成接触电势,如铜和锌两种金属,如图 7.4 所示。锌较易失去电子,铜较难失去电子,因而在锌棒与铜棒的界面处,锌棒因失去较多的电子而带正电,铜棒因获得较多的电子而带负电,故在金属界面处,产生电势差。

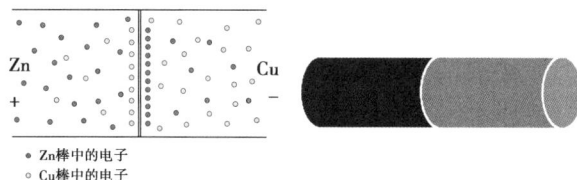

图 7.4　金属接触电势

3）标准氢电势

（1）标准化氢电极

把镀有铂黑的铂片插入含氢离子（$a_{H^+}=1$）的溶液中，并用标准压力 $P^\ominus$ 的干燥氢气不断冲击铂电极上，这种构成的电极称为标准化氢电极。

（2）人为规定

任意温度下，标准氢电极的电极电势均为零。其他电极的电极电势是相对于标准氢电极而得到的数值。

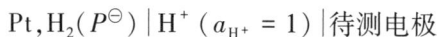

$$\text{Pt},H_2(P^\ominus)\,|\,H^+(a_{H^+}=1)\,|\,待测电极$$

若待测电极中各组元均处在标准状态时（其活度均为 1），φ 值称为待测电极的标准电极电势，用 $\varphi^\ominus$ 表示。

若 $\varphi>0$，则待测电极发生还原反应。

若 $\varphi<0$，则待测电极发生氧化反应。

7.3.16　不可逆极化过程

前面讲述的电极电势是在电极反应可逆进行时，电极所具有的电极电势，即在没有电流通过电极时的电势。而在实际的电化学过程中，往往有一定的电流通过电极，发生不可逆反应，电极上有极化作用发生。如电解过程就属于不可逆电极过程。

1）分解电压

（1）理论分解电压

在可逆条件下，使电解质发生电解所需的最小电压。

（2）实际分解电压

在不可逆条件下，使电解质发生电解所需的最小电压。

二者的关系：

$$E_{实}=E_{理}+\eta_++\eta_- \tag{7.32}$$

实际电解时，在不可逆条件下进行，电极电势偏离了平衡值。因此，在实际过程中，分解电压大大超过理论分解压。超过的部分是由电极极化造成的。

*注意：

　　这里的可逆条件和不可逆条件。可逆条件是指通过电极的电流无限小。不可逆条件是指电极上有电流通过，且通过电极的电流不为零。

2)极化与超电势

电池充放电时,若是在可逆条件下进行的,流过电极的电流趋于零,这时与之相应的电势就称为平衡电极电势或可逆电势,用 φ_e 表示。

当有电流通过电极时,电极偏离平衡状态,电极电势也偏离其平衡电极电势的现象称为极化或极化作用。随着电极上电流的增加,电极的不可逆程度增大,电极电势对平衡电势的偏差也越来越大。

超电势:当电流通过电极时,电极偏离平衡状态,电极电势偏离其平衡电极电势,把电极电势偏离其平衡电势的数值称为超电势,用 η 表示。

$$\eta = |\Delta\varphi| = |\varphi - \varphi_e| \tag{7.33}$$

式中　φ——实际电解中,通过电极的电流不为零时电极的电势;

　　　φ_e——平衡电极电势值。

①若 $\Delta\varphi>0$,即 $\varphi>\varphi_e$,电极电势向正方向移动,发生氧化反应,为氧化极,称为阳极极化,则 $\eta=\Delta\varphi$。

②若 $\Delta\varphi<0$,即 $\varphi<\varphi_e$,电极电势向负方向移动,发生还原反应,为还原极,称为阴极极化,则 $\eta=-\Delta\varphi$。

3)影响超电势的主要因素

(1)电流密度 i

一般 i 越大,超电势越大。不同的物质,其增大的规律不一样。对氢超电势,有经验式——塔菲尔公式:

$$\eta = a + b \log i \tag{7.34}$$

式中　a,b——经验常数,称为 Tafel 常量。其中,a 与电极材料、表面状态、溶液组成、温度等有关。b 对于大多数金属来说,其值相近,约为 0.116 V。

因此,氢超电势的大小主要由 a 决定。a 越大,氢超电势越大。

(2)电极材料及其表面状态

以氢电极为例,当电流密度 $J=100$ A/m² 时,

①若电极材料为 Ag,$\eta=0.13$ V;

②若电极材料为 Pt(光滑),$\eta=0.16$ V;

③若电极材料为 Pt(镀有铂黑),$\eta=0.03$ V。

(3)温度

温度升高,超电势减小。一般地,每增高 1 ℃,超电势减小 2 mV。

除了以上因素,电解质的性质、溶液中的杂质对超电势均有影响。因此,超电势的重现性不好。

4)极化曲线

(1)电解槽的极化曲线(图 7.5)

对于电解槽来说,因为其阴极是负极,阳极是正极,所以阳极电势高于阴极电势。电

极发生极化时,由于超电势的存在,电解槽两电极间的电势随电流密度的增加而增大,即电解时外加电势差相应地增大,所消耗的电能也增多。

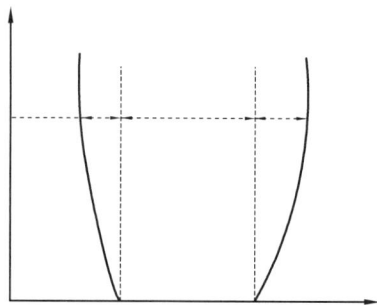

图 7.5　电解槽的极化曲线

（2）原电池的极化曲线（图 7.6）

原电池中,因为其阴极是正极,阳极是负极,所以阴极电势高于阳极电势。电池两电极间的电势差随着电流密度的增加而减小,即原电池对外做功的能力减小。

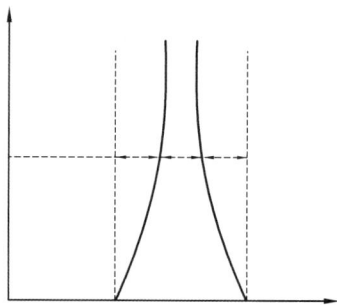

图 7.6　原电池的极化曲线

5）电极极化的原因

电极极化的原因是由电极过程受阻所致,按照极化产生的原因,可将其分为电化学极化、浓差极化和电阻极化 3 种。这里主要讨论浓差极化和电化学极化。

（1）浓差极化

当电流通过电极时,由于发生电极反应,将引起电极表面离子浓度与溶液本体中浓度不同而产生的极化称为浓差极化。与之相对应的超电势称为浓差超电势。

①其形成过程分析。

②消除浓差极化的因素。

以银电极为阴极发生还原反应为例,讨论浓差极化情况,其电极反应为:

$$Ag^+ + e \longrightarrow Ag$$

当电极上无电流通过时,电极表面 Ag^+ 的浓度与溶液主体相 Ag^+ 的浓度相同。有电流通过时,若电化学反应快,而溶液主体相的 Ag^+ 向电极表面扩散速度慢,这样使得电极表面附近 Ag^+ 的浓度 c' 小于溶液主体相中 Ag^+ 的浓度 c,即 $c' < c$,其结果好像把 Ag 电极插入一浓度较稀的溶液一样,使阴极发生极化,从而阻碍了阴极还原反应的进行,若以浓度近似代替活度,则有

$$\varphi_{c,I\to 0} = \varphi^{\ominus}(Ag^+/Ag) + \frac{RT}{F}\ln\left(\frac{c}{c^{\ominus}}\right)$$

$$\varphi_{c,I} = \varphi^{\ominus}(Ag^+/Ag) + \frac{RT}{F}\ln\left(\frac{c'}{c^{\ominus}}\right)$$

可得阴极超电势

$$\eta = \varphi_{c,I\to 0} - \varphi_{c,I} = \frac{RT}{F}\ln\left(\frac{c}{c'}\right)$$

同理可以讨论阳极极化。由此看来,浓差极化是由离子扩散缓慢所引起的。因此采用升温或加强搅拌的方法来消除或减弱其极化。但不可能完全消除浓差极化,因为静电作用及分子热运动的影响,所以在电极表面始终存在双电层。

（2）电化学极化

当电流通过电极时,因电极反应进行缓慢而造成电极上的带电程度与平衡电极不同,从而导致电极电势偏离其平衡值得现象称为电化学极化。与之相对应的超电势称为电化学超电势。由于超电势的大小与电极反应最慢步骤的活化能的大小有关,因此电化学极化又称为活化极化。

又以银电极为阴极发生还原反应为例,若Ag^+的扩散速度快,而电化学反应慢,由电源输入阴极的电子来不及消耗,即溶液中Ag^+不能马上与电极上的电子结合变成Ag,结果造成电极上积累了过多的电子,从而使电极电势向负方向移动,引起阴极极化。同理也可分析讨论阳极的电化学极化。

一般来说,当电流密度较小时,浓差极化也较小,以电化学极化为主;当电流密度较大时,电极表面附近离子浓度变化也较大,以浓差极化为主。金属离子在阴极上还原析出金属时,电化学超电势较低;而电极上有气体析出时,电化学超电势较高。

7.4 思考题

1.因为标准氢电极的电极电势为零,所以其电极与溶液之间无电势差。这种说法是否正确? 请说明理由。

2.在溶液无限稀释时,HCl 中的 Cl^- 和 NaCl 中的 Cl^-电导是否相同? 为什么?

3.某电池的电动势 E 随温度升高而减小,则此电池反应的 $\Delta S<0$,因此该电池反应是不自发的。这种说法是否正确? 请说明理由。

4.对于电解质溶液而言,什么是理论分解压? 什么是实际分解压? 二者有何区别?

5.将下列反应:

$$\frac{1}{2}H_2(P_{H_2}) + \frac{1}{2}Cl_2(P_{Cl_2}) = H^+(a_{H^+}) + Cl^-(a_{Cl^-})$$

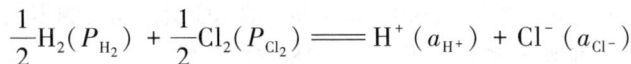

设计成一个可逆电池,并写出其电动势的表达式。

6.写出电池 $AgCl(s),Ag(s)|HCl(aq)|Cl_2(P^{\ominus})|Pt$的正负极电极反应和电池反应。

7.$CdCl_2$溶液的质量摩尔浓度为 0.1 mol/kg,试计算该溶液中离子的平均浓度 $m_{\pm}$。

8.电池表示式与电池反应的"互译"。

（1）$Zn+PbSO_4(s)\longrightarrow Pb+Zn^{2+}+SO_4^{2-}$

（2）$Ag,Ag_2O(s)|NaOH(aq)|O_2,Pt$

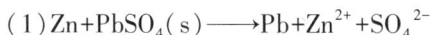

9.金属和电解质溶液都能导电,试述两者导电的本质有何不同?

10.测定原电池的电动势,只能采用补偿法(对消法),而不能直接用普通的伏特计来测量。为什么?

11.何谓电极的极化? 何谓超电势?

12.请解释电极极化的概念,并阐明产生极化的原因。

7.5 典型例题

1. 25 ℃下电池 $Ag|Ag_2O|OH^-(a)|O_2(p)|Pt$ 的 $E^{\ominus}_{O_2|OH^-}=0.401$ V,$E^{\ominus}_{Ag_2O|Ag|OH^-}=0.344$ V,问:(1)写出电极和电池反应;(2)金属银插在碱性溶液中时是否被空气中的 O_2 氧化?

解 (1)负极反应:$2Ag+2OH^-\Longrightarrow Ag_2O+H_2O+2e$

正极反应:$\frac{1}{2}O_2+H_2O+2e\Longrightarrow OH^-$

电池反应:$2Ag+\frac{1}{2}O_2\Longrightarrow Ag_2O$

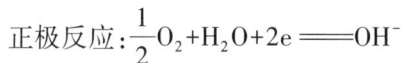

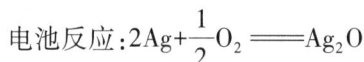

(2)根据电池电动势的能斯特方程:

$$E=E^{\ominus}-\frac{RT}{2F}\ln\frac{a_{Ag_2O}}{a_{Ag}^2\left(\frac{P_{O_2}}{P^{\ominus}}\right)^{\frac{1}{2}}}$$

设 $a_{Ag_2O}=1,a_{Ag}=1$ 代入其他数据得:

$$E=(E_+^{\ominus}-E_-^{\ominus})-\frac{RT}{2F}\ln\frac{1}{\left(\frac{P_{O_2}}{P^{\ominus}}\right)^{\frac{1}{2}}}$$

$$=(0.401-0.344)-\frac{0.059\,1}{2}\lg\frac{1}{\left(\frac{0.21\times101\,325}{100\,000}\right)^{\frac{1}{2}}}$$

$$=0.047\text{ V}$$

因为 $E>0$,则 $\Delta G=-ZFE<0$,表明 Ag 在碱性溶液中能被空气中的 O_2 氧化。

2. 25 ℃时,在某电导池中充以 0.01 mol/dm³ 的 KCl 水溶液,测得其电阻为 112.3 Ω,若改充以同样浓度的溶液 x,测得其电阻为 2 184 Ω,计算:

(1)电导池常数 $K(l/A)$;

(2)溶液 x 的电导率;

(3)溶液 x 的摩尔电导率(水的电导率可以忽略不计)。

(已知:25 ℃时 0.01 mol/dm³ KCl 水溶液的电导率$=0.141\,14$ S/m。)

解 （1）电导池常数 $K(l/A) = \kappa R = 0.141\ 14\ \text{S/m} \times 112.3\ \Omega = 15.85\ \text{m}$

$$\kappa = \frac{K(l/A)}{R} = \frac{15.82\ \text{m}}{21.84\ \Omega} = 7.257 \times 10^{-3}\ \text{S/m}$$

（2）溶液 x 的电导率

$$\frac{\kappa}{c} = \frac{7.257 \times 10^{-3}\ \text{S/m}}{0.01 \times 10^3\ \text{mol/m}^3}$$

（3）溶液 x 的摩尔电导率 $\Lambda_m = 7.257 \times 10^{-4}\ \text{S} \cdot \text{m}^2/\text{mol}$

3. 25 ℃时，$E^{\ominus}(\text{AgBr/Ag}) = 0.077\ \text{V}$，电池为：

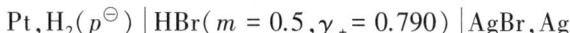

$$\text{Pt}, \text{H}_2(p^{\ominus}) \mid \text{HBr}(m = 0.5, \gamma_{\pm} = 0.790) \mid \text{AgBr}, \text{Ag}$$

求：（1）写出电池反应式；

（2）25 ℃时，电池的电动势等于多少？

（3）电池反应的标准平衡常数等于多少？

解 （1）$\text{H}_2 + 2\text{AgBr} = 2\text{Ag} + 2\text{HBr}$

（2）$E = E^{\ominus} - \dfrac{RT}{ZF} \ln a^2(\text{HBr})$

$$= 0.077 - \frac{2 \times 8.314 \times 298.2}{96\ 500} \ln(0.5 \times 0.790)$$

$$= 0.124\ 8\ \text{V}$$

（3）$\ln K^{\ominus} = \dfrac{zFE^{\ominus}}{RT} = \dfrac{2 \times 96\ 500 \times 0.077}{8.314 \times 298.2} = 5.994$

$K^{\ominus} = 401.1$

4. 已知 25 ℃，$\text{PbSO}_4(\text{s})$ 的溶度积 $K_{\text{SP}}^{\ominus} = 1.60 \times 10^{-8}$。$1/2\ \text{Pb}^{2+}$ 和 $1/2\ \text{SO}_4^{2-}$ 无限稀释摩尔电导率分别为 $70 \times 10^{-4}\ \text{S} \cdot \text{m}^2/\text{mol}$ 和 $79.8 \times 10^{-4}\ \text{S} \cdot \text{m}^2/\text{mol}$。配制此溶液所用水的电导率为 $1.60 \times 10^{-4}\ \text{S/m}$。试计算 25 ℃ PbSO_4 饱和溶液的电导率。

解 PbSO_4 水溶液无限稀释的摩尔电导率：

$$\Lambda_m^{\infty}(\text{PbSO}_4) = 2\Lambda_m^{\infty}\left(\frac{1}{2}\text{Pb}^{2+}\right) + 2\Lambda_m^{\infty}\left(\frac{1}{2}\text{SO}_4^{2-}\right)$$

$$= (2 \times 70 + 2 \times 79.8) \times 10^{-4}\ \text{S} \cdot \text{m}^2/\text{mol}$$

$$= 299.6 \times 10^{-4}\ \text{S} \cdot \text{m}^2/\text{mol}$$

由：$K_{\text{sp}}^{\ominus}(\text{PbSO}_4) = c(\text{Pb}^{2+}) c(\text{SO}_4^{2-})/(c^{\ominus})^2$

求得 PbSO_4 的溶解度：

$$c = c(\text{Pb}^{2+}) = c(\text{SO}_4^{2-}) = \sqrt{K_{\text{SP}}^{\ominus}}\ c^{\ominus} = 1.26 \times 10^{-4}\ \text{mol/dm}^3$$

PbSO_4 的电导率：

$$\kappa(\text{AgCl}) = \Lambda_m^{\infty}(\text{PbSO}_4) c$$

$$= 299.6 \times 10^{-4} \times 1.26 \times 10^{-4} \times 10^3\ \text{S/m} = 37.90 \times 10^{-4}\ \text{S/m}$$

5. 写出下列电池的正负极反应及电池反应，并计算下列氢氧（燃料）电池在 25 ℃时的理论电动势 E。

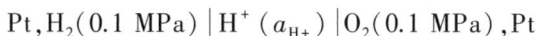

$$\text{Pt}, \text{H}_2(0.1\ \text{MPa}) \mid \text{H}^+ (a_{\text{H}^+}) \mid \text{O}_2(0.1\ \text{MPa}), \text{Pt}$$

已知：25 ℃时，$\varphi^{\ominus}_{H^+|H_2} = 0$ V，$\varphi^{\ominus}_{H^+|O_2} = 1.229$ V。

解　负极/阳极：$2H_2 - 4e^- \longrightarrow 4H^+(a_{H+})$

正极/阴极：$4H^+(a_{H+}) + O_2 + 4e^- \longrightarrow 2H_2O(l)$

电池反应：$2H_2 + O_2 \longrightarrow 2H_2O(l)$

由于 $P_{H_2} = P_{O_2} = P^{\ominus} = 0.1$ MPa，$a_{H_2O} = 1$

理论电动势 E 为：

$$E = E^{\ominus} - \frac{RT}{4F}\ln\frac{a^2_{H_2O}}{(P_{H_2}/P^{\ominus}) \cdot (P_{O_2}/P^{\ominus})} = E^{\ominus} = 1.229 \text{ V}$$

6.已知 25 ℃原电池 $Pb(s) | Pb(NO_3)_2[a(Pb^{2+})=1] \| AgNO_3[a(Ag^+)=1] | Ag(s)$，且 $E^{\ominus}(Pb^{2+}/Pb) = -0.126\ 5$ V，$E^{\ominus}(Ag^+/Ag) = 0.799\ 4$ V。

求：（1）写出电极反应和电池反应；

（2）求电动势 E 及电池反应的标准平衡常数、吉布斯自由能变化。

解　（1）负极反应：$Pb(s) - 2e = Pb^{2+}$

正极反应：$2Ag^+ + 2e = 2Ag(s)$

电池反应：$Pb(s) + 2Ag^+ = Pb^{2+} + 2Ag(s)$

$$E = E^{\ominus} - \frac{RT}{zF}\ln\frac{a(Pb^{2+})}{a(Ag^+)^2} = E^{\ominus} = E^{\ominus}_+ - E^{\ominus}_- = [0.799\ 4 - (-0.126\ 5)]\text{V} = 0.925\ 9 \text{ V}$$

$$\Delta_r G_m = \Delta_r G^{\ominus}_m + RT\ln\frac{a(Pb^{2+})}{a(Ag^+)^2} = \Delta_r G^{\ominus}_m = -ZFE^{\ominus}$$

$$= -2 \times 96\ 500 \times 0.925\ 9 \text{ J} = -178\ 698.7 \text{ J}$$

$$\lg K^{\ominus} = \frac{-\Delta_r G^{\ominus}_m}{2.303\ RT} = \frac{ZFE^{\ominus}}{2.303\ RT} = \frac{2 \times 96\ 500 \times 0.925\ 9}{2.303 \times 8.314 \times 298} = 31.318\ 52$$

则　$K^{\ominus} = 2.082 \times 10^{31}$。

7. 25 ℃下电池 $AgCl(s), Ag(s) | HCl(aq) | Cl_2(P^{\ominus}) | Pt$ 的电动势 E 为 1.137 1 V。在此温度下 $\varphi^{\ominus}_{Cl_2,Cl^-} = 1.359\ 5$ V，$\varphi^{\ominus}_{Ag^+,Ag} = 0.799\ 1$ V。

求：（1）写出电极反应和电池反应；

（2）求 AgCl 的活度积 K_{ap}。

解　（1）负极反应：$Ag(s) + Cl^- - e = AgCl(s)$

正极反应：$\frac{1}{2}Cl_2 + e = Cl^-$

电池反应：$\frac{1}{2}Cl_2(P^{\ominus}) + Ag(s) = AgCl(s)$

（2）由 $E = E^{\ominus} - \frac{RT}{zF}\ln\frac{a_{AgCl}(s)}{a_{Ag}(s) \cdot (P_{Cl_2}/P^{\ominus})^{\frac{1}{2}}} = E^{\ominus} - \frac{RT}{F}\ln\frac{1}{\left(\dfrac{P_{Cl_2}}{P^{\ominus}}\right)^{\frac{1}{2}}} = E^{\ominus}$

$$E = E^{\ominus} = \varphi^{\ominus}_{Cl_2,Cl^-} - \varphi^{\ominus}_{AgCl,Ag,Cl^-}$$

则　$\varphi^{\ominus}_{AgCl,Ag} = \varphi^{\ominus}_{Cl_2,Cl^-} - E^{\ominus} = (1.359\ 5 - 1.137\ 1)\text{V} = 0.222\ 4 \text{ V}$

与反应 $AgCl(s) \Longrightarrow Ag^+ + Cl^-$ 相应的电池为：

$$Ag(s) \mid Ag^+(a_{Ag^+}) \parallel HCl(aq) \mid AgCl(s), Ag(s)$$

可得

$$\ln K^{\ominus} = \ln K_{ap} = \frac{ZFE^{\ominus}}{RT} = \frac{F \cdot (\varphi^{\ominus}_{AgCl,Ag} - \varphi^{\ominus}_{Ag^+,Ag})}{RT} = \frac{96\,500 \times (0.222\,4 - 0.799\,1)}{8.314 \times 298}$$

$$= -22.462\,1$$

则 $K_{ap} = 1.757 \times 10^{-10}$。

8.电池 $Zn \mid ZnCl_2(m = 0.555\ mol/kg)\ AgCl(s) \mid Ag$，测得 25 ℃时电动势 $E = 1.015\ V$。已知 $\varphi^{\ominus}_{Zn^{2+} \mid Zn} = -0.763\ V, \varphi^{\ominus}_{Cl^- \mid AgCl\ Ag} = 0.222\,3\ V$。

求：（1）写出电池反应（得失电子数为2）。

（2）求上述反应的标准平衡常数 $K^{\ominus}$。

（3）求溶液 $ZnCl_2$ 的平均离子活度系数 $\gamma_{\pm}$。

解 （1）电池反应为：（得失电子数为2）

$$Zn + 2AgCl(s) \Longrightarrow ZnCl_2 + 2Ag$$

$(2) E^{\ominus} = \varphi_+ - \varphi_- = \varphi^{\ominus}_{Cl^- \mid AgCl\ Ag} - \varphi^{\ominus}_{Zn^{2+} \mid Zn} = [0.223 - (-0.763)]\ V = 0.985\,3\ V$

因为 $\Delta_r G^{\ominus} = -ZFE^{\ominus} = -2.303\,RT\lg K^{\ominus}$

则 $\lg K^{\ominus} = \frac{ZFE^{\ominus}}{2.303\,RT} = \frac{2 \times 96\,500 \times 0.985\,3}{2.303 \times 8.314 \times 298} = 33.327\,7$

$$K^{\ominus} = 2.126\,8 \times 10^{33}$$

$(3) E = E^{\ominus} - \frac{RT}{ZF}\ln a_{ZnCl_2} = E^{\ominus} - \frac{RT}{ZF}\ln a_{\pm}^3 = E^{\ominus} - \frac{3RT}{ZF}\ln a_{\pm} = E^{\ominus} - \frac{3RT}{ZF}\ln(\gamma_{\pm} \cdot m_{\pm})$

$E = E^{\ominus} - \frac{3RT}{ZF}\ln\gamma_{\pm} - \frac{3RT}{ZF}\ln(m_+^1 \cdot m_-^2)^{\frac{1}{3}} = E^{\ominus} - \frac{3RT}{ZF}\ln\gamma_{\pm} - \frac{RT}{ZF}\ln(4\,m^3)$

$E = E^{\ominus} - \frac{3RT}{ZF}\ln\gamma_{\pm} - \frac{3RT}{ZF}\ln(m_+^1 \cdot m_-^2)^{\frac{1}{3}} = E^{\ominus} - \frac{3RT}{ZF}\ln\gamma_{\pm} - \frac{RT}{ZF}\ln(4\,m^3)$

$\ln\gamma_{\pm} = -\frac{1}{3}\ln(4\,m^3) + \frac{E^{\ominus} - E}{3} \cdot \frac{ZF}{RT}$

$\ln\gamma_{\pm} = -\frac{1}{3}\ln(4 \times 0.555^3) + \frac{0.985\,3 - 1.015}{3} \cdot \frac{2 \times 96\,500}{8.314 \times 298}$

$\ln\gamma_{\pm} = -0.644\,51$

$\gamma_{\pm} = 0.524\,9$

9. 25 ℃下电池 $Ag \mid Ag_2O \mid OH^-(a) \mid O_2(p) \mid Pt$ 的 $E^{\ominus}_{O_2 \mid OH^-} = 0.401\ V, E^{\ominus}_{Ag_2O \mid Ag \mid OH^-} = 0.344\ V$，求：

（1）写出电极和电池反应；

（2）金属银插在碱性溶液中时是否被空气中的 O_2 氧化？

解 （1）负极反应：$2Ag + 2OH^- \Longrightarrow Ag_2O + H_2O + 2e$

正极反应：$\frac{1}{2}O_2 + H_2O + 2e \Longrightarrow OH^-$

$$电池反应: 2Ag + \frac{1}{2}O_2 \xrightarrow{\quad} Ag_2O$$

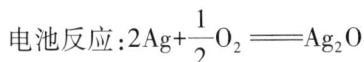

（2）根据电池电动势的能斯特方程：

$$E = E^{\ominus} - \frac{RT}{2F} \ln \frac{a_{Ag_2O}}{a_{Ag}^2 \left(\dfrac{P_{O_2}}{P^{\ominus}}\right)^{\frac{1}{2}}}$$

设 $a_{Ag_2O} = 1$，$a_{Ag} = 1$ 代入其他数据得：

$$E = (E_+^{\ominus} - E_-^{\ominus}) - \frac{RT}{2F} \ln \frac{1}{\left(\dfrac{P_{O_2}}{P^{\ominus}}\right)^{\frac{1}{2}}}$$

$$= \left[(0.401 - 0.344) - \frac{0.059\,1}{2} \lg \frac{1}{\left(\dfrac{0.21 \times 101\,325}{100\,000}\right)^{\frac{1}{2}}} \right] V$$

$$= 0.047\ V$$

因为 $E > 0$，表明 Ag 在碱性溶液中能被空气中的 O_2 氧化。

10. 已知电池 $Ag(s) \mid Ag^+(a_{Ag}^+ = 2.0) \parallel Cl^-(a_{Cl}^- = 5.0) \mid AgCl(s) \mid Ag(s)$，在 25 ℃时，$E = -0.636\,5\ V$，求：

（1）写出电极反应和电池反应；

（2）计算该电池的标准电动势 $E^{\ominus}$；

（3）计算 25 ℃时，AgCl(s)的溶度积 K_{sp}。

解 （1）阳极　$Ag - e \xrightarrow{\quad} Ag^+(a_{Ag^+} = 2.0)$

阴极　$AgCl(s) + e \xrightarrow{\quad} Ag + Cl^-(a_{Cl^-} = 5.0)$

电池反应　$AgCl(s) \xrightarrow{\quad} Ag^+(a_{Ag^+} = 2.0) + Cl^-(a_{Cl^-} = 5.0)$

（2）$E = E^{\ominus} - \dfrac{RT}{F} \ln a_{Ag^+} a_{Cl^-}$

$$= -0.636\,5 + \frac{8.314\ J/(mol \cdot K) \times 298\ K}{96\,500\ C/mol} \ln 10$$

$$= (-0.636\,5 + 0.059\,1)\,V = -0.577\,4\ V$$

（3）$E = 0$

$$E^{\ominus} = \frac{RT}{F} \ln K_{sp}$$

$$\ln K_{sp} = \frac{-0.577\,4\ V}{\dfrac{8.314\ J/(mol \cdot K) \times 298\ K}{96\,500\ C/mol}} = -22.49$$

$$K_{sp} = 1.70 \times 10^{-10}$$

11. 25 ℃时电池 $Ag, AgCl(s) \mid HCl(aq) \mid Cl_2(0.1\ MPa), Pt$ 的电池反应电势为 1.136 2 V，电池反应电势的温度系数为 $-5.95 \times 10^{-4}\ V/K$，计算电池反应 $2Ag(s) + Cl_2(0.1\ MPa) \xrightarrow{\quad}$

$2AgCl(s)$ 在 25 ℃时的 $\Delta_r G_m$, $\Delta_r S_m$ 和 $\Delta_r H_m$。

解 由题意知,$E = 1.136\ 2$ V,$\left(\dfrac{\partial E}{\partial T}\right)_p = -5.95 \times 10^{-4}$ V/K,

由热力学与电化学的关系式 $\Delta_r G_m = -ZFE$

可得 $\Delta_r G_m = -2 \times 96\ 500 \times 1.136\ 2 = -219\ 287$ J/mol

$$\Delta_r S_m = -\left(\frac{\partial(\Delta_r G_m)}{\partial T}\right)_p = ZF\left(\frac{\partial E}{\partial T}\right)_p = -2 \times 96\ 500 \times 5.95 \times 10^{-4}\ \text{J/K} = -114\ \text{J/K}$$

$$\Delta_r H_m = \Delta_r G_m + T\Delta_r S_m = (-219\ 287 - 298 \times 114)\ \text{J/mol} = -253\ 259\ \text{J/mol}$$

第8章
表面化学 ⸺⸺⸺⸺⸺⸺⸺⸺⸺⸺⸺ ○

8.1 知识导图

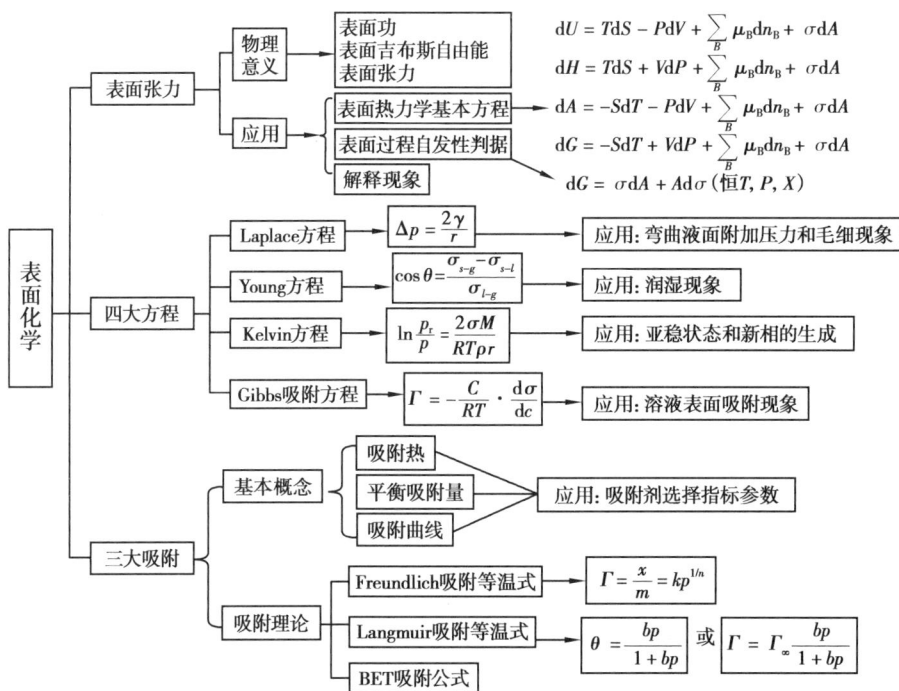

8.2 基本要求

①理解表面张力与表面能的概念。

②理解与应用 Laplace 公式、Kelvin 方程、Young 方程,能够用弯曲液面产生的附加压强,以及弯曲液面饱和蒸气压与曲率半径的关系,分析和解释纯液体的一些表面现象。

③会分析物质存在亚稳态的原因。

④会判断液体在固体表面润湿与否,及在液体或固体表面铺展情况。

⑤能应用吉布斯吸附定温式分析解释溶液界面吸附现象。

⑥理解物理吸附和化学吸附;掌握 Langmuir 单分子层吸附理论的基本假设;能够应用 Langmuir 吸附方程。

8.3 内容要点

8.3.1 表面吉布斯自由能、表面功与表面张力

1）什么是表面、界面

①表面：通常指物体与真空或自身蒸汽的接触面。
②界面：指物质的表面与非本物质的另一个相相接触的面，即相-相交界面。
其实两者均为不同相间的界面。

2）表面现象普遍存在

①表面现象：高度分散系统，其表面积较大，由于表面层分子所处的位置及状态与体内分子不同而引起的各种新现象。
②表面现象发生的条件：高度分散系统。
③表面现象发生的内在原因：表面分子和相内部分子存在能量上的差别。

3）比表面

单位体积的物质所具有的表面积，用 A_S 表示。表示物体分散程度大小的物理量。

$$A_S = \frac{A}{V} \tag{8.1}$$

例如，边长为 l 的立方体颗粒其比表面：

$$A_S = \frac{A}{V} = \frac{6l^2}{l^3} = \frac{6}{l} \tag{8.2}$$

结论：
对于一定量的物质，颗粒越小，总表面就越大，系统的分散度就越高。

4）表面功、表面能

（1）表面功 W'
由于表面分子层受到指向内部的作用力，因此，要把液体的体相分子从内部转移到表面，即增大液体的表面积，就必须克服指向液体内部的引力而做功。这种在形成新表面过程中所消耗的功，称为表面功。

（2）表面吉布斯自由能
恒温、恒压、恒组成情况下，可逆地增加系统的表面积，须对物质所做的非体积功。

5）表面张力（包括公式、推导等）

（1）表面张力

沿液体表面垂直作用在单位长度的紧缩力，用 σ 表示。其示意图如图 8.1 所示。

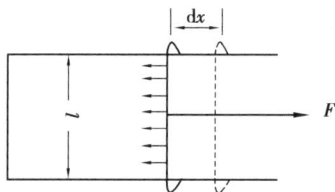

图 8.1　表面张力示意图

$$\delta W' = F \cdot \mathrm{d}x \tag{8.3}$$

$$\delta W' = F \cdot \mathrm{d}x = \mathrm{d}G = \sigma \cdot \mathrm{d}A = \sigma 2l \cdot \mathrm{d}x \tag{8.4}$$

$$F = \sigma \cdot 2l \text{ 或 } \sigma = \frac{F}{2l} \tag{8.5}$$

（2）表面张力的方向

①平液面：沿液面而与液面平行。

②弯曲液面：液面的切线方向。

（3）物理意义

①比表面功：增加液体单位面积所需加入的可逆非体积功。

②比表面吉布斯能：在 $\mathrm{d}T,\mathrm{d}P$ 下，增加液体单位面积时系统增加的吉布斯能。

③表面张力：表面切线上单位长度上使表面收缩的力。

6）影响表面张力的因素

（1）与物质的本性有关

表面张力 σ 是液体分子间作用力的结果，因此与分子的键型有关 $\sigma_{金属键} > \sigma_{离子键} > \sigma_{极性共价键} > \sigma_{非极性共价键}$。

（2）与所接触相邻物质的性质有关

由于不同分子间的作用力并不同，因此同一液体的表面张力因不同接触相而异。

（3）与其温度有关

物质的表面张力通常随温度升高而降低，即表面张力的温度系数 $\dfrac{\mathrm{d}\sigma}{\mathrm{d}T}$ 为负值。

（4）与溶液的组成有关

溶液中加入溶质后，溶液的表面张力将发生变化。例如，在水中加入脂肪酸等有机物，能使水的表面张力显著下降。

7）表面热力学基本方程

$$\mathrm{d}G = -S\mathrm{d}T + V\mathrm{d}P + \sum_B \mu_B \mathrm{d}n_B + \sigma \mathrm{d}A \tag{8.6}$$

$$dU = TdS - PdV + \sum_{B} \mu_B dn_B + \sigma dA \tag{8.7}$$

$$dH = TdS + VdP + \sum_{B} \mu_B dn_B + \sigma dA \tag{8.8}$$

$$dA = -SdT - PdV + \sum_{B} \mu_B dn_B + \sigma dA \tag{8.9}$$

上述 4 个方程称为表面热力学基本方程。

适用于组成可变的封闭系统(也适用开放系统)。

$$\sigma = \left(\frac{\partial U}{\partial A}\right)_{S,V,n_B} = \left(\frac{\partial H}{\partial A}\right)_{S,P,n_B} = \left(\frac{\partial A}{\partial A}\right)_{T,V,n_B} = \left(\frac{\partial G}{\partial A}\right)_{T,V,n_B} \tag{8.10}$$

8)表面过程自发性——热力学判据

恒 T,P,x 下,表面吉布斯函数:$G = \sigma \cdot A$

$$dG = \sigma dA + Ad\sigma \tag{8.11}$$

根据吉布斯函数判据:$dG < 0$。

①T,P,x 一定,且 σ 一定时:$dG = \sigma dA < 0$,表面过程自发地向着表面积 A 减小的方向进行。

②T,P,x 一定,且 A 一定时:$dG = Ad\sigma < 0$,表面过程自发地向着表面张力 P 减小的方向进行。

8.3.2 弯曲液面的附加压力-Young-Laplace 方程

1)弯曲液面的附加压力

附加压力:弯曲液面内外的压力差,用 ΔP 表示。

ΔP 的方向:指向曲面的曲率中心。

(1)水平液面

在一般情况下,液体所受的压力等于液面所受的外压 P_g;这里指的是水平液面的情况,如图 8.2(a)所示。

$$\Delta P = P_1 - P_g = 0 \tag{8.12}$$

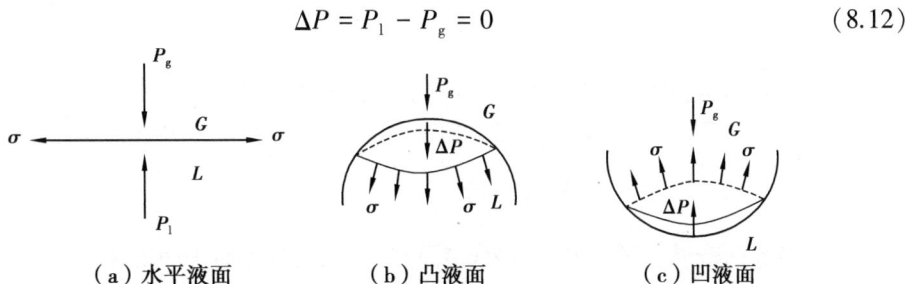

(a)水平液面　　**(b)凸液面**　　**(c)凹液面**

图 8.2 弯曲液面下的附加压力示意图

如果液面是弯曲的,由于液面表面张力的存在,则表面张力的合力将指向曲面的曲率中心。

（2）凸液面

如图8.2（b）所示，其合力指向液体，这时液面紧压在液体上，使弯曲液面上的液体所承受的压力 P_l 大于液面外大气的压力 P_g。因为弯曲液面内外的压力差，称为附加压力。所以凸液面的附加压力 $\Delta P_凸$ 为：

$$\Delta P_凸 = P_l - P_g > 0 \tag{8.13}$$

（3）凹液面

如图8.2（c）所示，表面张力的合力指向气体空间，需要把液面拉出来，这时弯曲液面内部的压力 P_l 小于液面大气的压力 P_g，于是凹液面的附加压力 $\Delta P_凹$ 为：

$$\Delta P_凹 = P_g - P_l < 0 \tag{8.14}$$

2）Laplace 方程

弯曲液面的附加压力的大小与液体表面张力和液面曲率半径之间的关系推导如下：

假设有一个半径为 r 的圆形液滴，在球面上任取一截面 AB，圆形截面的半径为 r_1，如图8.3所示。

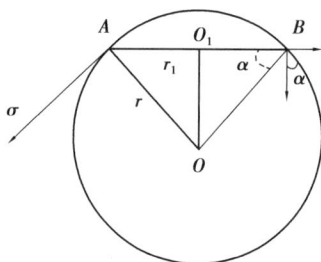

图8.3　弯曲液面的 ΔP 与液面曲率半径的关系

截面 AB 上周界线上的表面张力 σ 在水平方向上的分力相互抵消，而在垂直方向上的分力 $\sigma \cos \alpha$，因此在垂直于截面方向上的这些力的合力为：

$$F = 2\pi r_1 \sigma \cos \alpha \tag{8.15}$$

又因为 α 角的余弦 $\cos \alpha = \dfrac{r_1}{r}$，所以：

$$F = 2\pi r_1^2 \frac{\sigma}{r} \tag{8.16}$$

在弯曲液面下，垂直作用在单位截面的力，即为附加压力，于是：

$$\Delta P = P_l - P_g = \frac{F}{\pi r_1^2} = \frac{2\pi r_1^2 \dfrac{\sigma}{r}}{\pi r_1^2} = \frac{2\sigma}{r} \tag{8.17}$$

若液面为凸液面，$r>0$，$\Delta P = P_l - P_g > 0$，ΔP 为正值，其方向指向液体。

若液面为凹液面，$r<0$，$\Delta P = P_l - P_g < 0$，ΔP 为负值，其方向指向气体。

对于水平液面，$r = \infty$，$\Delta P = 0$，$P_l = P_g$。

如果不是球形液面，而是曲率半径分别为 r_1，r_2 的曲面，则其 Laplace 方程为：

$$\Delta P = \sigma \left(\frac{1}{r_1} + \frac{1}{r_2} \right) \tag{8.18}$$

3)毛细现象

毛细现象是指毛细管插入液体中间,管内外液面形成高度差的现象。

（1）毛细上升

毛细上升能润湿液体,呈凹液面,ΔP 指向气体,液柱上升,如图 8.4 所示,如水能润湿玻璃。

$$\Delta P = \frac{2\sigma}{r} = \rho g h \qquad (8.19)$$

毛细管半径 R 和液面曲率半径 r 的关系为:

$$\cos \theta = \frac{R}{r}$$

$$h = \frac{2\sigma}{\rho g r} = \frac{2\sigma \cos \theta}{\rho g R} \qquad (8.20)$$

图 8.4 毛细上升现象

式中　h——液体上升的高度,m;

ρ——液体密度,kg/m^3;

g——重力加速度;

σ——表面张力,N/m。

（2）毛细下降

毛细下降不能润湿液体,呈凸液面,ΔP 指向液体,液柱下降,如水银不能润湿玻璃。

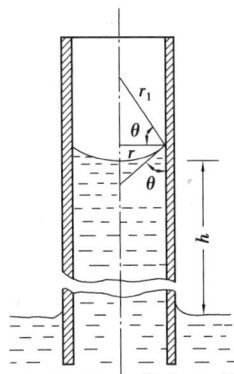

8.3.3　弯曲表面下液体的蒸气压——Kelvin 方程

1)微小液滴的饱和蒸气压——Kelvin 方程

在一定温度下,平面液体的饱和蒸气压为一定值,当液体分散为细小的液滴后,其系统表面吉布斯自由能显著增大,因而分子从液相进入气相的能力增强。即微小液滴的饱和蒸气压力平面液体的蒸气压,且液滴的曲率半径越小,相应的蒸气压越大。

在一定温度下,设平面液体和半径 r 的微小液滴的饱和蒸气压分别为 P_0 和 P_r,根据相平衡原理,当气-液两相平衡时:

对平面液体,g-l 平衡时,应有:

$$u(1) = u(g) = u^{\ominus}(g) + RT \ln\left(\frac{P_0}{P^{\ominus}}\right) \qquad (8.21)$$

对于微小液滴,g-l 平衡时,应有:

$$u'(1) = u'(g) = u^{\ominus}(g) + RT \ln\left(\frac{P_r}{P^{\ominus}}\right) \qquad (8.22)$$

式(8.22)和式(8.23)相减,得:

$$u'(1) - u(1) = RT \ln\left(\frac{P_r}{P_0}\right) \qquad (8.23)$$

当平面液体的静压力为 P_0 时，小液滴受到附加的曲面压力为 ΔP，故其蒸气压力应为 $P_r = P_0 + \Delta P$，根据热力学原理，可以从恒温下摩尔吉布斯自由能变化随压力的变化率来计算 $u'(l) - u(l)$，从而得到 $u'(l) - u(l) = V_m \cdot \Delta P$，又结合 Laplace 方程，$\Delta P = \dfrac{2\sigma}{r}$，液体的摩尔体积 $V_m(l) \dfrac{M}{\rho(l)}$，其中，$M$ 为液体的摩尔质量，ρ 为液体密度。

$$RT \ln\left(\frac{P_r}{P_0}\right) = V_m \cdot \Delta P = \frac{2\sigma M}{\rho r} \tag{8.24}$$

即

$$\ln\left(\frac{P_r}{P_0}\right) = \frac{2\sigma M}{RT\rho r} \tag{8.25}$$

表明液滴越小，平衡的蒸气压越大。

①对凸液面（小液滴）：$r>0$（正值），$P_r>P$。

②对凹液面（小气泡）：$r<0$（负值），$P_r<P$。

③对平面液体：$r=\infty$，$P_r=P$。

2）微小固体的颗粒尺寸对溶解度的影响

分散度对溶解度的影响可用与小液滴饱和蒸气压与其曲率半径之间的 Kelvin 方程相类似的公式表示：

$$\ln\left(\frac{C_r}{P_0}\right) = \frac{2\sigma_{s-1}M}{RT\rho_{(s)}r} \tag{8.26}$$

由于 Kelvin 方程也适用于晶体物质，即微小晶体的饱和蒸气压恒大于普通晶体的饱和蒸气压，这就意味着饱和蒸气压中相应的溶质的分压较大。

由相平衡关系可知，溶质的蒸气压越大，其相应在溶液中的浓度也越大，即溶解度越大，且晶体颗粒越小其溶解度也越大。

3）新相的生成与亚稳状态

（1）过饱和蒸气

定义：按相平衡条件，温度降到露点以下，应凝结而未凝结为液体的蒸汽。

形成原因：因为蒸汽冷凝成液滴，要从原有气相中产生一个新相，因为微小液滴的蒸气压远大于平面液体的蒸气压。若蒸汽的过饱和程度不是很大，则这时的微小液滴未到达饱和状态。

防止过饱和蒸汽的方法：引入晶种（凝结中心）。

（2）过热液体

定义：过热液体是按相平衡条件，温度到达沸点以上还未沸腾的液体。

形成原因：由于在液体沸腾时，不光液体表面会进行汽化，在液体内部也会形成极其微小的气泡，使液体表面呈曲率半径很大的凹液面，这将使得气泡难于形成，从而液体不能沸腾。

防止过热现象的方法:引入晶种。

(3)过冷液体

定义:按相平衡条件,温度降到正常凝固点以下,应当凝固而未凝固的液体。

形成原因:在一定温度下,微小晶体的饱和蒸气压恒大于普通晶体的饱和蒸气压,是液体出现过冷现象的主要原因。

防止过冷液体的方法:加入晶种。

(4)过饱和溶液

定义:按照相平衡条件,应有晶体析出但是又未析出晶体的溶液。

形成原因:由于微小晶体的溶解度大于普通晶体的溶解度,从而溶液中析出的最初的晶体,其晶粒都很小,其溶解度远大于普通晶体。因此,要使微小晶体的新相产生并继续长大,溶液就必须有足够的过饱和度。

防止过饱和溶液形成的方法:加入晶种。

8.3.4 润湿现象与接触角——Young 方程

1)润湿的定义和分类

润湿是固体表面上的气体被液体取代的过程。

热力学指当固体与液体接触后,系统吉布斯能降低的现象。

根据润湿程度的不同可分为附着润湿、浸渍润湿和铺展润湿,如图 8.5 所示。

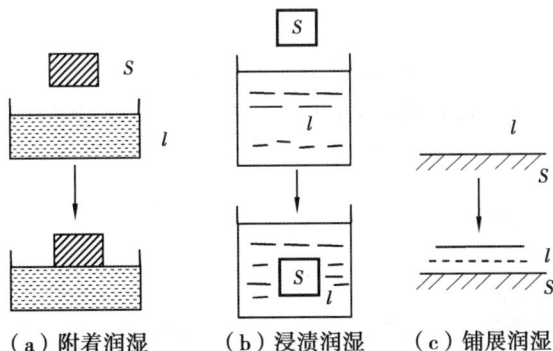

（a）附着润湿　　（b）浸渍润湿　　（c）铺展润湿

图 8.5　3 种不同程度的润湿形式

(1)附着润湿(沾湿)

固体表面与液体接触,气-固界面及气-液界面转变为固-液界面的过程。发生沾湿时液体只能黏附在与固体的接触面上,而不能向固体表面的其他部位扩展。

在恒温恒压下,单位面积的气-固界面与气-液界面被单位面积的液-固界面所取代,这一过程中的吉布斯自由能变化为:

$$\Delta G_a = \sigma_{s\text{-}l} - (\sigma_{s\text{-}g} + \sigma_{l\text{-}g}) = W_a' \tag{8.27}$$

若附着润湿为自发过程,则式(8.27)可改写成:

$$-\Delta G_a = -W_a' > 0 \tag{8.28}$$

即

$$\sigma_{s\text{-}g} + \sigma_{l\text{-}g} - \sigma_{s\text{-}l} > 0$$

其中，$-W_a'$ 称为附着功，它表示将单位面积的液-固界面拉开时所做的功。显然，这个值越大，表明固-液界面黏附得紧，即附着润湿越强。

$-W_a' \geq 0$ 是液体沾湿固体的热力学条件，如图 8.5(a) 所示。

（2）浸渍润湿（浸湿）

固体浸入液体中，气-固界面完全被液-固界面取代。

在恒温恒压下，浸湿单位面积的固体表面时，这个过程中的吉布斯自由能变化为：

$$-\Delta G_i = \sigma_{s\text{-}l} - \sigma_{s\text{-}g} = W_i' \tag{8.29}$$

若浸湿、润湿为自发过程，则式(8.29)可改写成：

$$-\Delta G_i = -W_i' > 0 \tag{8.30}$$

即

$$\sigma_{s\text{-}g} - \sigma_{s\text{-}l} > 0$$

其中，$-W_i'$ 称为浸湿功；$-W_i' \geq 0$ 是液体浸湿固体的热力学条件，其大小可作为液体在固体表面上取代气体的能力的量度，如图 8.5(b) 所示。

（3）铺展

铺展是指液体滴在固体表面上完全铺开成为一层薄膜的过程。

铺展过程实际上是以固-液界面取代固-气界面，同时又增强气-液界面的过程，如图 8.5(c) 所示。

在恒温恒压下，铺展单位面积过程的吉布斯自由能变化为：

$$\Delta G_s = \sigma_{s\text{-}l} + \sigma_{l\text{-}g} - \sigma_{s\text{-}g} \tag{8.31}$$

$$S = -\Delta G_s = \sigma_{s\text{-}l} - (\sigma_{s\text{-}l} + \sigma_{l\text{-}g}) \tag{8.32}$$

其中，S 称为铺展系数。在恒温恒压下，S 值越大，铺展的性能就越好。

铺展的热力学条件应是 $S \geq 0$，而当 $S < 0$，则不能铺展。

2）Young 方程与接触角

当气液固三相接触达到平衡时，从三相接触点 O 沿液气界面作切线与固液界面的夹角，称为接触角 θ。θ 角的大小，与接触各相的界面张力有关，如图 8.6 所示。

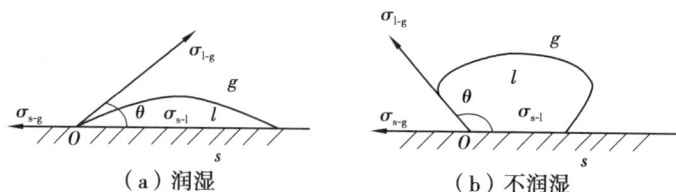

（a）润湿　　　　　　　　（b）不润湿

图 8.6　接触角与各界面张力的关系

由界面张力的概念知，当气液固三相接触达到平衡时，3 个界面在三相交界点 O 上，力的矢量和为零，于是，接触角 θ 与 3 个界面张力有如下关系：

$$\sigma_{s\text{-}g} = \sigma_{s\text{-}l} + \sigma_{l\text{-}g}\cos\theta \tag{8.33}$$

或者

$$\cos \theta = \frac{\sigma_{\text{s-g}} - \sigma_{\text{s-l}}}{\sigma_{\text{l-g}}} \tag{8.34}$$

当 $\theta<90°$ 时, $\cos \theta>0$, $\Delta G<0$, 称为润湿, 如水可以润湿玻璃。

当 $\theta>90°$ 时, $\cos \theta<0$, $\Delta G>0$, 称为不润湿, 如水银不可以润湿玻璃。

3)润湿的应用

(1)防水材料

利用表面活性物质的极性基于棉纤维的醇羟基结合, 从而使非极性基朝向空气, 使接触角 θ 远大于 $90°$, 达到不可润湿的目的。

(2)熔炼冶金

在电解铝过程中, 需要电解质与炭阳极紧密接触。

(3)浮游选矿

将磨碎的矿石粉末与水混合时, 因为有用矿物表面均为亲水性的, 所以两者都能被水润湿而沉在水底。

8.3.5 固体表面的吸附

1)吸附

吸附是指物质的表面浓度与体相浓度不同的现象。

固体的表面吸附是指固体表面的气体或液体的浓度高于其本体浓度的现象。

热力学上, 固体吸附剂之所以能够吸附吸附质, 是因为固体表面受力不平衡, 具有过剩的吉布斯自由能, 因而其不饱和力场对碰到固体表面上的气体分子有吸引作用, 使气体分子在固体表面上集聚, 从而降低固体表面吉布斯自由熵。

2)物理吸附和化学吸附

物理吸附是指固体表面分子与气体分子间的吸附力范德华力, 无电子转移、无化学键生成与破坏, 也无原子的重排。

化学吸附是指固体表面分子与被吸附的气体分子间形成化学吸附键。

3)吸附热

热力学角度:

$$\Delta G_{\text{ads}} = \Delta H_{\text{ads}} - T\Delta S_{\text{ads}} \tag{8.35}$$

气体混乱度减小, 则 $\Delta S_{\text{ads}}<0$。

吸附过程自发, 则 $\Delta G_{\text{ads}}<0$。

$\Delta H_{\text{ads}}<0$, 吸附是放热过程。

ΔH_{ads} 是吸附强度的指标, 选择吸附剂的一个重要指标。

4)平衡吸附量(简称"吸附量 Γ")

①以单位质量为标准定义:

$$\Gamma = \frac{x}{m} \tag{8.36}$$

$$\Gamma = \frac{V}{m} \tag{8.37}$$

式中　m——吸附剂的质量，kg；

　　　x——达吸附平衡吸附某气体的摩尔数，mol；

　　　V——达吸附平衡吸附某气体的体积数（标准状况下），m^3。

②以单位面积为标准定义：

$$\Gamma = \frac{x}{A} \tag{8.38}$$

$$\Gamma = \frac{V}{A} \tag{8.39}$$

式中　A——吸附剂面积，m^2。

5）吸附曲线

（1）吸附曲线的含义及类型

吸附平衡时，吸附量、温度及气体压力三者固定其一而反映另外两者关系的几何曲线。

①P 一定，$\Gamma = f(T)$ 称吸附等压线。

②Γ 一定，$P = f(T)$ 称吸附等量线。

利用克劳修斯-克拉佩龙方程求吸附热。

③T 一定，$\Gamma = f(P)$ 称吸附等温线（最常用）。

（2）吸附等温线的类型

①L 型：单分子层吸附或化学吸附。

②S 型：多分子层吸附或物理吸附。

8.3.6　吸附等温方程

1）Freundlich 吸附等温式

在大量实验数据的基础上，Freundlich 提出了含有两个常数项的指数方程来描述吸附量 Γ 与平衡压力 P 之间的定量关系式：

$$\Gamma = \frac{x}{m} = kP^{\frac{1}{n}} \tag{8.40}$$

式中　$\dfrac{x}{m}$——单位质量吸附剂所吸附气体的量；

　　　k, n——经验常数，n 通常大于 1。

Freundlich 吸附等温式评价：

①优点：形式简单，计算方便，易于理解。

②缺点：

a. k,n 只是经验常数没有明确的物理意义。

b.没有理论模型,不能说明吸附的机理。

2）Langmuir 吸附等温式

1916 年,Langmuir 吸附等温式是根据大量事实,从动力学观点出发,提出的固体对气体的单分子层吸附理论,这个理论对化学吸附和在低压、适度的高温条件下的物理吸附一般式是被接受的。

（1）Langmuir 单分子层吸附理论的基本假设

①吸附是单分子层的,固体表面上的原子力场是不饱和的,但由于气体分子对已被吸附分子的碰撞是弹性碰撞,故只有空白表面上的碰撞才可能发生吸附,即固体表面对气体分子只发生单分子层吸附。

②固体表面是均匀的,即吸附热与表面覆盖度无关。

③吸附是定域化的,即被吸附的分子间无作用力。

④吸附平衡是一种动态平衡。

（2）吸附方程

当吸附平衡时,吸附速率与脱吸附速率相等。即单位时间气体被吸附的分子数等于单位时间从固体表面解吸的气体分子数。

①Langmuir 吸附等温式的一种形式:

吸附速率:$\nu_1 = k_1(1-\theta)P$

解吸速率:$\nu_2 = k_{-1}\theta$

吸附平衡时:$k_1(1-\theta)P = k_{-1}\theta$

$$\theta = \frac{k_1 P}{k_{-1} + k_1 P} = \frac{\dfrac{k_1}{k_{-1}}P}{1 + \dfrac{k_1}{k_{-1}}P}$$

令 $b = \dfrac{k_1}{k_{-1}}$（b 称为吸附作用平衡常数,也称为吸附系数,只与 T 有关）。

因此,

$$\theta = \frac{bP}{1 + bP} \tag{8.41}$$

②Langmuir 吸附等温式的另一种形式:

用 Γ 表示平衡压力为 P 时的吸附量。

用 Γ_∞ 表示饱和吸附量,即 1 kg 吸附剂的表面上盖满一层吸附质的分子时所能吸附的最大摩尔数。

将 $\theta = \dfrac{\Gamma}{\Gamma_\infty}$ 代入式（8.41）得:

$$\Gamma = \Gamma_\infty \left(\frac{bP}{1 + bP} \right) \tag{8.42}$$

③$\varGamma_\infty$和b的求法：

将式(8.42)变形为：

$$\frac{1}{\varGamma} = \frac{1}{\varGamma_\infty} + \frac{1}{\varGamma_\infty b} \cdot \frac{1}{P} \tag{8.43}$$

其中，$\frac{1}{\varGamma} \sim \frac{1}{P}$作图为直线，即可求出$\varGamma_\infty$和$b$。

（3）用途

由饱和吸附量$\varGamma_\infty$及每个吸附质分子的截面积σ_0。

（4）对Langmuir吸附等温式的讨论

①适用于化学吸附。能解释典型的吸附等温线在高、中、低压部分的特点。

②不能解释前述其他4种吸附等温线。

3）BET吸附理论

BET多分子层吸附理论的基本假设是：

①吸附是多分子层的，其中第一层吸附剂对吸附质的吸附类似化学吸附，其特征吸附热ΔH_1较大，可近似按照Langmuir单分子层处理，自第二层之后的各层是靠范德华力吸引力产生的。各层吸附热都等于吸附质的液化热ΔH_2。

②固体表面是均匀的，即被吸引的同层吸附质分子之间没有横向相互作用力，其吸附热是常数，与表面覆盖无关。

③当达到吸附平衡时，吸附速率等于脱吸附速率。

8.3.7　固体自液体中吸附

固体在溶液中既可以吸附溶质，也可以吸附溶液，既可以吸附分子，也可以吸附离子，而且还可以同时吸附几种分子和离子，这类吸附规律比较复杂。因此，固体自溶液中吸附，通常可分为自非电解质溶液中的吸附和自电解质溶液中的吸附两大类；自非电解质溶液中的吸附又可分为自稀溶液和浓溶液中的吸附两种；自电解质溶液中的吸附包括离子选择吸附和离子交换吸附两种。

8.3.8　溶液表面的吸附方程——Gibbs方程

1）液体表面的吸附现象

纯液体在一定温度和压力下具有一定的表面张力。当在纯溶液中加入可溶性溶质而形成溶液时，由于溶液的表面能有自动降低的趋势，而溶液中各组分的表面能各不相同，因此，溶质在表面的溶液与本体溶液中的浓度通常是不同的。这种溶质在表面层浓度与本体溶液中的浓度发生差别的现象。

（1）溶液表面吸附情况

①正吸附：$C_{(表)} > C_{(本)}$。

②负吸附：$C_{(表)} < C_{(本)}$。

（2）表面张力变化的类型（以水溶液为例，如图 8.7 所示）

①$C\uparrow\rightarrow\sigma\uparrow$（如 I 线）：无机盐、不挥发酸碱。

②$C\uparrow\rightarrow\sigma\downarrow$（如 II 线）：大部分低脂肪酸、醇、醛类。

③$C\uparrow\rightarrow\sigma\downarrow$，一定 C 后，σ 基本不变（如 III 线）：8 碳以上有机物。

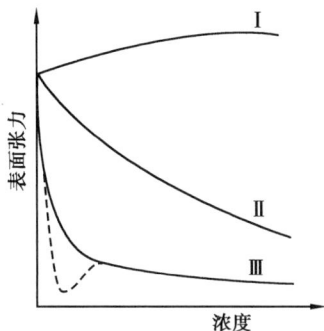

图 8.7 表面张力变化

（3）对溶液表面吸附现象的解释

恒 T,P 下，表面自发过程是表面吉布斯函数减小的过程。

$$G_{(表面)} = \sigma A,$$

$$dG = \sigma dA + A d\sigma$$

当 A 不变时，$dG = A d\sigma$。

降低 G 的唯一途径就是减小 σ。

因此：

①若溶质 B 的 σ 小，则 $B\uparrow\rightarrow\sigma\downarrow$，即 $C_{B(表)} > C_{B(本)}$ 正吸附。

②若溶质 B 的 σ 大，则 $B\uparrow\rightarrow\sigma\uparrow$，即 $C_{B(表)} < C_{B(本)}$ 负吸附。

2）Gibbs 吸附等温方程

对理想液体或理想稀溶液，可用溶质的浓度 C_2 代替活度 a_2，略去 C_2 及 Γ_2 的下标 2，则吉布斯吸附等温方程可表示为：

$$\Gamma = -\frac{C}{RT}\frac{d\sigma}{dC} \tag{8.44}$$

运用吉布斯吸附等温方程计算溶质的表面吸附量 Γ，需要预先知道 $\dfrac{d\sigma}{dC}$ 的值，通常用以下两种方法求得：

①在不同的浓度下测定表面张力 σ，以 σ 对 C 作图。求得曲线上各指定浓度处的斜率，即在该浓度下得 $\dfrac{d\sigma}{dC}$。

②利用 $\sigma = f(C)$ 型方程求得其微商而得。

8.3.9 表面活性剂及应用

1）表面活性剂

凡是能够使系统的表面状态发生明显变化的物质,都应称为表面活性剂。

2）离子型活性剂的种类

①阴离子型活性剂:它可以在水中解离,而且起活性作用的部分为阴离子。
②阳离子型活性剂:在水中解离后,且起活性作用的部分为阳离子。
③两性活性剂:在水中电离后,起活性作用的部分既有阳离子也有阴离子,还有非离子型,故称为两性活性剂。

3）表面活性剂的应用

表面活性剂的种类繁多,应用广泛,由它的基本性质即界面吸附、分子定向排列和形成胶束等表明具有润湿、助磨、乳化、增溶、起泡、去污以及匀染、防锈、杀菌、消除静电等多种作用。

8.4 思考题

1.比表面吉布斯自由能、比表面功和表面张力这 3 个物理量的意义、量纲、单位何者相同? 何者不同?
2.根据液体的曲面附加压力,说明为什么自由的液滴（如水滴、汞滴）总是呈球形?
3.两块平板玻璃在干燥时,叠放在一起很容易分开,若两板中间带上水后,叠放后要使之分开却很费劲,这是什么原因?
4.将同量的两份水,一份倾倒在地上,一份雾化成小液滴洒在地上,问哪种情况蒸发得快? 为什么?
5.在无外界干扰的条件下,下列特殊现象均能出现,说明其原因。
（1）纯水加热至沸点温度而不沸腾。
（2）液体的凝固点低于其熔化温度。
（3）分散度越大的晶粒溶解度越大。
6.实验室中进行溶液的分馏或者蒸馏操作时,通常在蒸馏瓶中加入沸石,请说明这样做的目的何在?
7.设一弯曲玻璃毛细管 A,插入水中后,由于毛细现象,水面上升高度将超过 h,因而水滴会从弯口 B 处不断滴出。这个设想能否实现? 为什么?
8.物理吸附和化学吸附有什么区别,两者间又有什么联系?
9.什么是表面活性物质? 表面活性物质的基本性质是什么?
10.请写出表面化学中 4 个基本的方程式,并简述其重要性和应用。

8.5 典型例题

1.已知在 273 K 时,用活性碳吸附 $CHCl_5$,其饱和吸附量为 93.8 dm^3/kg,若 $CHCl_5$ 的分压力为 13.375 kPa,其平衡吸附量为 82.5 dm^3/kg。

求:(1)Langmuir 吸附等温式的 b 值;

(2)$CHCl_5$ 的分压为 6.667 2 kPa 时,平衡时吸附量为多少?

解 (1)Langmuir 吸附等温式为:

$$a = a_\infty \frac{bP}{1 + bP}$$

当 $a = 82.5$ dm^3/kg,$a_\infty = 93.8$ dm^3/kg,$P = 13.375$ kPa 时,

由 Langmuir 吸附等温式可得:

$$b = \frac{a}{P \cdot (a_\infty - a)} = \frac{82.5}{(93.8 - 82.5) \times 13.375} \text{ kPa} = 0.546 \text{ kPa}$$

(2)当 $P = 6.667\ 2$ kPa 时,

$$a = a_\infty \cdot \frac{bP}{1 + bP} = 93.8 \times \frac{0.546 \times 6.667\ 2}{1 + 0.546 \times 6.667\ 2} \text{ dm}^3/\text{kg} = 73.586 \text{ dm}^3/\text{kg}$$

2.在 20 ℃ 时,丁酸水溶液的表面张力 σ(N/m)与浓度 C(mol/L)的关系式为:

$$\sigma = 0.072\ 53 - 0.013\ 1 \times \ln(1 + 19.62C)$$

求:(1)丁酸水溶液的表面张力 Γ 与浓度 C 的关系式;

(2)计算丁酸浓度 $C = 0.1$ mol/L 时,溶质的表面吸附量 Γ_1。

解 (1)$\dfrac{d\sigma}{dC} = \dfrac{d[0.072\ 53 - 0.013\ 1 \cdot \ln(1 + 19.62C)]}{dC} = -\dfrac{0.257}{1 + 19.62C}$

则水溶液中丁酸的表面吸附量 Γ 与浓度 C 的关系式为:

$$\Gamma = -\frac{C}{RT} \cdot \frac{d\sigma}{dC} = -\frac{C}{RT} \cdot \left(-\frac{0.257}{1 + 19.62C}\right) = \frac{0.257C}{RT(1 + 19.62C)}$$

(2)当丁酸浓度 $C = 0.1$ mol/L 时,溶质的表面吸附量

$$\Gamma_1 = \frac{0.257 \times 0.1}{8.314 \times 293 \times (1 + 19.62 \times 0.1)} \text{ mol/m}^2 = 3.562 \times 10^{-6} \text{ mol/m}^2$$

3.密度为 ρ 的液体在毛细管中如图 8.8 所示,请画出液体与管壁的接触角 θ,并写出液体的表面张力 σ 与毛细管半径 R 及管中液体上升高度 h 之间的关系式。

解 根据 Laplace 方程,曲面附加压力 $\Delta P = \dfrac{2\sigma}{r}$。

根据本题毛细管内曲液面的附加压力 ΔP 应为 ρgh,故

$\dfrac{2\sigma}{r} = \rho gh$。

即

$$\sigma = \frac{\rho ghr}{2}$$

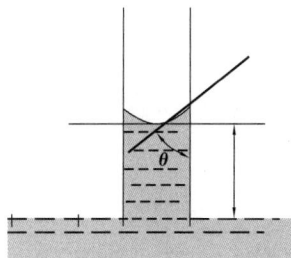

图 8.8 液体在毛细管中上升

曲液面的曲率半径与毛细管半径和液体对管壁润湿的接触角的关系为：

$$R = r \cos \theta$$

故

$$\sigma = \frac{\rho g h R}{2 \cos \theta}$$

4.50 ℃时, A 和 B 的饱和蒸气压分别为 42.34 kPa 和 80.03 kPa。设 A 和 B 的溶液是理想的。

求：(1)外压 53.28 kPa，沸点为 50 ℃的溶液组成；

(2)蒸馏此溶液时开始冷凝物中 B 组分的摩尔分数。

解 (1)设溶液中 A,B 组元的摩尔分数分别为 x_1,x_2，饱和蒸气压分别为 P_1^*,P_2^*。则有

$$\begin{cases} x_1 + x_2 = 1 \\ P_1^* \cdot x_1 + P_2^* \cdot x_2 = 53.28 \end{cases}$$

联立求解可得： $x_1 = 0.71, x_2 = 0.29$。

$$(2) \ y_2 = \frac{P_2^* \cdot x_2}{P} = \frac{80.03 \times 0.29}{53.28} = 0.436。$$

第9章
化学动力学 ···○

9.1 知识导图

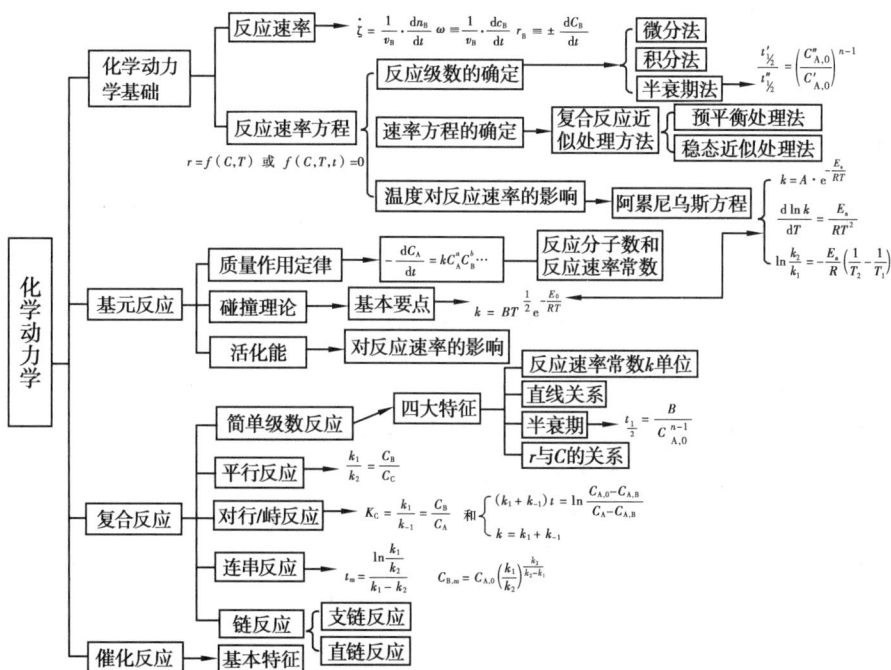

9.2 基本要求

①熟悉化学动力学的基本内容。

②理解化学反应转化速率、定容反应速率的定义;理解反应速率常数、反应级数的概念,会写一级、二级和零级反应的微分速率方程。

③掌握积分速率方程及其动力学特征。

④会应用积分法、微分法、半衰期法和隔离法等建立反应的速率方程,确定反应级数。

⑤理解元反应的概念、反应分子数,会应用元反应的质量作用定律。

⑥掌握阿累尼乌斯方程的各种表示形式及相关应用,理解反应的活化能和指前因子的定义,掌握相关计算。

⑦掌握平行反应、对峙反应的主要特征及应用,了解连串反应及反应速率控制步骤的概念。

⑧会应用稳态近似法、平衡态近似法推导或证明复杂反应机理的速率方程,推导表观活化能与元反应活化能的关系。

⑨了解元反应的简单碰撞理论的模型假设、基本要点、阈能及概率因子的概念。

⑩掌握催化作用的共同特征。

9.3　内容要点

9.3.1　反应速率

1)定义

化学反应速率就是化学反应进行的快慢程度。

2)反应速率的表示方法

(1)用反应进度定义

反应速率是指单位时间内反应的进度,用 ξ 表示。

$$\xi = \frac{d\xi}{dt} = \frac{dn_B}{v_B dt} = \frac{1}{v_B} \cdot \frac{dn_B}{dt} \tag{9.1}$$

因为 $dn_B \propto v_B$,所以 ξ 的值与反应物的选择无关。

例如,任意化学反应,$aA+bB \Longrightarrow dD+hH$,其反应速率可写成:

$$\xi = -\frac{1}{a}\frac{dn_A}{dt} = -\frac{1}{b}\frac{dn_B}{dt} = \frac{1}{d}\frac{dn_D}{dt} = \frac{1}{h}\frac{dn_H}{dt}$$

(2)用单位时间、单位体积内发生的反应进度定义

$$\omega \equiv \frac{d\xi}{Vdt} = \frac{\dot{\xi}}{V} = \frac{1}{Vv_B} \cdot \frac{dn_B}{dt} \tag{9.2}$$

若为恒容反应,则:

$$\omega \equiv \frac{1}{v_B} \cdot \frac{dC_B}{dt}$$

ω 的值与反应物的选择无关。

(3)指定某反应组分物质量的变化率定义

在均相反应中,反应速率定义为:

①在单位时间、单位体积内某反应组分的变化量。

$$r_B \equiv \pm \frac{dn_B}{Vdt}(\text{对反应物取 "−",对产物取 "＋"}) \tag{9.3}$$

②在恒容时:

$$r_B \equiv \pm \frac{dC_B}{dt} \tag{9.4}$$

3）反应速率的实验测定

①实验测定反应速率实际是测定 k-t 关系曲线。由定义 $r_B = \pm \dfrac{dC_B}{dt}$ 可得。

②浓度 C_B 的测定方法有化学方法和物理方法两种。

9.3.2　化学反应的反应速率方程式

反应速率与浓度存在一定的函数关系，这种函数关系称为化学反应的速率方程式（或动力学方程式）。

化学反应的速率方程式一般化为：
$$r = f(C,T) \quad 或 \quad f(C,T,t) = 0$$

1）基元反应

基元反应是由反应物分子（或离子、原子、自由基等）直接作用一步转变为产物的反应。

基元反应分类（按分子数划分）：

①单分子反应；

②双分子反应；

③三分子反应。

2）质量作用定律

质量作用定律：在一定的温度下，基元反应速率与各反应物浓度适当方次的乘积成正比。

反应物浓度的方次等于反应式中该反应的系数。

例如，基元反应：$aA+bB \Longrightarrow dD+hH$

$$\xi = r = -\frac{1}{a}\frac{dC_A}{dt} = kC_A^\alpha C_B^\beta \tag{9.5}$$

注意：

①k 是反应速率常数，不随浓度而变，取决于反应物本性、溶剂性质和温度。

物理意义：反应物浓度都为 1 个浓度单位时的反应速率。

②质量作用定律只适用于基元反应。

3）速率方程的一般形式

对一般反应：$aA+bB+\cdots \Longrightarrow lL+mM+\cdots$，其速率方程可写成：

$$r_A = -\frac{dC_A}{dt} = k_A C_A^\alpha C_B^\beta \cdots \tag{9.6}$$

式中　k_A——用组分 A 表示的速率常数。

　　$\alpha,\beta\cdots$——组分 $A,B,\cdots$ 的级数,不一定是计量系数,由实验测定,可以是正整数、分数、负数、零。

如果 $\alpha,\beta\cdots$ 是计量系数,也不能说明该反应一定为基元反应。

$n=\alpha+\beta+\cdots$ 为反应的总级数。

注意：

①用不同组分表示的速率方程中速率常数 k 是不同的。

②对基元反应,速率方程只与反应物有关。而对非基元反应,速率方程有时还会与产物有关。

4)反应级数与反应分子数

(1)反应级数的定义

反应速率方程式中各物质浓度方次之和,用 n 表示,反映了浓度对反应速率的影响程度。

(2)反应级数与反应分子数的区别

①反应分子数只对于基元反应而言,非基元反应无反应分子数可言。

②对基元反应反应级数为正整数,数值上和反应分子数相等。对非基元反应反应级数为任意实数(整数、小数、正数、负数)。对于某些非基元反应无级数可言。

5)理想气体的速率方程

对恒容气相反应,恒 T 时浓度 C_B 的变化表现为分压 P_B 的变化。

故可用分压的变化率来表示速率方程。

例如,反应:$A(g)\longrightarrow P$

T,V 一定时:

$$r_{A(C)}=-\frac{dC_A}{dt}=k_{A(C)}C_A^{\alpha} \tag{9.7}$$

或

$$r_{A(P)}=-\frac{dp_A}{dt}=k_{A(P)}P_A^{\alpha} \tag{9.8}$$

注意：

①$r_{A(C)},r_{A(P)}$ 数值不同。

②$k_{A(C)},k_{A(P)}$ 数值不同。

9.3.3　简单级数的化学反应

速率方程微分形式:

$$-\frac{dC_A}{dt}=kC_A^{\alpha}C_B^{\beta}\cdots \tag{9.9}$$

速率方程积分形式:

$$\int_{t=0}^{t=t} k\mathrm{d}t = \int_{C_{A,0}}^{C_A} -\frac{\mathrm{d}C_A}{C_A^\alpha C_B^\beta \cdots} \xlongequal{C_B = f'(C_A)} \int_{C_{A,0}}^{C_A} -\frac{\mathrm{d}C_A}{f(C_A)} \tag{9.10}$$

1)零级反应

$A \rightarrow P$ 的化学反应为零级反应。

(1)速率方程式

微分形式:

$$r_A = -\frac{\mathrm{d}C_A}{\mathrm{d}t} = kC_A^0 = k \tag{9.11}$$

积分形式:

$$kt = C_0 - C_A \quad 或 \quad C_A = C_0 - kt \tag{9.12}$$

(2)四大特征

①k 的单位:[浓度][时间]$^{-1}$。

②C_A 与时间 t 呈直线关系。

③半衰期:$t_{\frac{1}{2}} = \dfrac{C_0}{2k}$ 与 C_0 成正比。

反应物浓度消耗一半$\left(即\ C = \dfrac{1}{2}C_0\right)$时所需的反应时间称为反应的半衰期,用 $t_{\frac{1}{2}}$ 表示。

④r 与 C 无关。

2)一级反应

凡是反应速率只与反应物浓度的一次方成正比的反应称为一级反应。

(1)速率方程式

微分形式:

$$r_A = -\frac{\mathrm{d}C_A}{\mathrm{d}t} = kC_A \tag{9.13}$$

积分形式:

①一种形式:

$$\ln C = -k_1 t + \ln C_0 \quad 或者 \quad k_1 = \frac{1}{t}\ln\frac{C_0}{C} \tag{9.14}$$

②另一种形式:

定义转化率 $X_A = \dfrac{C_{A,0} - C_A}{C_{A,0}}$,得出:$C_A = (1 - X_A)C_{A,0}$

代入 $kt = \ln\dfrac{C_{A,0}}{C_A}$ 得:

$$kt = \ln\frac{1}{1 - x_A} \tag{9.15}$$

（2）四大特征

①速率常数的单位：$[时间]^{-1}$。

②线性关系：$\ln C$ 与时间 t 呈直线关系。

③半衰期：

$$t_{\frac{1}{2}} = \frac{\ln 2}{k_1} = \frac{0.693\,2}{k_1} \tag{9.16}$$

只决定于速率常数 k_1，与反应物初始浓度 c_0 无关。

④r 与 C 的一次方成正比。

3）二级反应

化学反应中，反应总级数 $n = 2$ 的反应称为二级反应。

（1）速率方程式

二级反应有以下两种类型：

①$2A \rightarrow$ 产物。

微分形式：

$$r_A = -\frac{dC_A}{dt} = kC_A^2 \tag{9.17}$$

积分形式：

$$kt = \frac{1}{C_A} - \frac{1}{C_{A,0}} \tag{9.18}$$

②$A + B \rightarrow$ 产物。

（i）若 $C_{A,0} = C_{B,0}$，则 $C_A = C_B$ 速率方程可写为：

微分形式：同式（9.17）。

积分形式：同式（9.18）。

（ii）若 $C_{A,0} \neq C_{B,0}$，则 $C_A \neq C_B$。

$$r_A = -\frac{dC_A}{dt} = kC_A C_B \tag{9.19}$$

积分可得：

$$kt = \frac{1}{C_{A,0} - C_{B,0}} \ln \frac{C_{B,0}(C_{A,0} - y)}{C_{A,0}(C_{B,0} - y)} \tag{9.20}$$

y 为经过时间 t 后反应掉的浓度。

③用转化率 X_A 表示的积分形式。

$$X_A = \frac{C_{A,0} - C_A}{C_{A,0}}, \quad C_A = C_{A,0}(1 - X_A)$$

代入 $kt = \dfrac{1}{C_A} - \dfrac{1}{C_{A,0}}$ 得：

$$kt = \frac{1}{C_{A,0}} \cdot \frac{X_A}{1 - X_A} \tag{9.21}$$

当 $X_A = \dfrac{1}{2}$ 时: $t_{\frac{1}{2}} = \dfrac{1}{kC_{A,0}}$。

（2）四大特征

① 速率常数的单位:［浓度］$^{-1}$·［时间］$^{-1}$。

② 直线关系:若对 $\dfrac{1}{C_A} \sim t$ 作图,应得一条直线,直线的斜率为 k_2。

③ 半衰期:二级反应的半衰期 $\left(t_{\frac{1}{2}} = \dfrac{1}{k_0 C_0}\right)$ 与反应物的初始浓度成反比。

④ r 与 C 的平方成正比。

4）三级反应

在化学反应中,反应总级数 $n = 3$ 的反应称为三级反应。

（1）速率方程式（微分式、积分式）

$$-\frac{dC}{dt} = kC^3 \tag{9.22}$$

$$kt = \frac{1}{2}\left(\frac{1}{C^2} - \frac{1}{C_0^2}\right) \tag{9.23}$$

（2）四大特点

① k 的单位:［浓度］$^{-2}$·［时间］$^{-1}$。

② 线性关系: $\dfrac{1}{C^2}$ 与 t 呈线性关系。

③ 反应的半衰期: $t_{\frac{1}{2}} = \dfrac{3}{2kC_0^2}$ 与 C_0^2 成反比。

④ r 与 C 的立方成正比。

5）n 级反应

微分通式:

$$r_A = -\frac{dC_A}{dt} = kC_A^n \,(n \neq 1) \tag{9.24}$$

速率方程积分式:

$$\int_0^t k\,dt = \int_{C_{A,0}}^{C_A} -\frac{dC_A}{C_A^n}$$
$$kt = \frac{1}{n-1}\left(\frac{1}{C^{n-1}} - \frac{1}{C_0^{n-1}}\right) \tag{9.25}$$

n 级反应的四大特点:

① k 的单位:［浓度］$^{1-n}$·［时间］$^{-1}$。

② 线性关系: $\dfrac{1}{C^{n-1}}$ 与 t 呈线性关系。

③反应的半衰期：$t_{\frac{1}{2}}$与C_0^{n-1}成反比。

半衰期：

$$t_{\frac{1}{2}} = \frac{1}{(n-1)k}\left[\frac{1}{\left(\frac{1}{2}C_{A,0}\right)^{n-1}} - \frac{1}{C_{A,0}^{n-1}}\right]$$

$$= \frac{2^{n-1}-1}{(n-1)kC_{A,0}^{n-1}} \tag{9.26}$$

$$= \frac{B}{C_{A,0}^{n-1}}$$

④r与C的n次方成正比。

常用的一些简单级数反应速率方程及半衰期的特点，见表9.1。

表9.1　符合通式$-\dfrac{dC}{dt}=kC^n$的各级反应速率方程及半衰期的特点

级数	速率方程		特点		
	微分式	积分式	$t_{\frac{1}{2}}$	直线关系	k的单位
0	$-\dfrac{dC}{dt}=k$	$kt=-(C-C_0)$	$\dfrac{C_0}{2k}$	$C-t$	（浓度）·（时间）$^{-1}$
1	$-\dfrac{dC}{dt}=kC$	$kt=\ln\dfrac{C_0}{C}$	$\dfrac{\ln 2}{k}$	$\ln\{C\}-t$	（时间）$^{-1}$
2	$-\dfrac{dC}{dt}=kC^2$	$kt=\dfrac{1}{C}-\dfrac{1}{C_0}$	$\dfrac{1}{kC_0}$	$\dfrac{1}{C}-t$	（浓度）$^{-1}$·（时间）$^{-1}$
3	$-\dfrac{dC}{dt}=kC^3$	$kt=\dfrac{1}{2}\left(\dfrac{1}{C^2}-\dfrac{1}{C_0^2}\right)$	$\dfrac{3}{2kC_0^2}$	$\dfrac{1}{C^2}-t$	（浓度）$^{-2}$·（时间）$^{-1}$
n	$-\dfrac{dC}{dt}=kC^n$	$kt=\dfrac{1}{(n-1)}\left(\dfrac{1}{C^{n-1}}-\dfrac{1}{C_0^{n-1}}\right)$ $(n\neq 1)$	$\dfrac{2^{n-1}-1}{(n-1)kC_0^{n-1}}$	$\dfrac{1}{C^{n-1}}-t$	（浓度）$^{1-n}$·（时间）$^{-1}$

9.3.4　反应级数确定方法

1）积分法

积分法是利用反应速率的积分式确定反应级数的方法。

适用于具有简单级数的反应，可分为以下两种方法：

（1）尝试法

将不同时间测出的浓度C代入各反应级数的积分公式，求算其速率常数k的数值，如果按公式计算出的k值是常数，则该公式的级数为反应的级数。

（2）作图法

通过对具有简单级数反应的速率方程式的讨论，总结出各级反应的动力学方程式的积分形式都存在一个线性关系，因此，对一个未知级数的反应，可将实验所测得的不同时刻的浓度分别代入这些速率方程式中,然后对 t 作图。如果 $\ln C \sim t$ 为一直线,则此反应为一级反应;如果 $\frac{1}{C} \sim t$ 为一直线,则此反应为二级反应,以此类推。

2)半衰期法

设反应的速率为:$-\dfrac{dC}{dt} = kC^n$,半衰期为:$t_{\frac{1}{2}} = \dfrac{2^{n-1}-1}{k(n-1)C_0^{n-1}}$。同一反应,其他条件相同时,对不同的初始浓度 C_0' 和 C_0'',实验得出不同的半衰期 $t_{\frac{1}{2}}'$ 和 $t_{\frac{1}{2}}''$,代入上式相除后可得:

$$\frac{t_{\frac{1}{2}}'}{t_{\frac{1}{2}}''} = \frac{C_0''^{\,n-1}}{C_0'^{\,n-1}} = \left(\frac{C_0''}{C_0'}\right)^{n-1} \tag{9.27}$$

两边取对数

$$n = 1 + \frac{\lg \dfrac{t_{\frac{1}{2}}'}{t_{\frac{1}{2}}''}}{\lg \dfrac{C_0''}{C_0'}} \tag{9.28}$$

利用此式可求得反应级数。

3)微分法

微分法是用反应速率公式的微分形式确定反应级数的方法。

$$n = \frac{\lg\left(-\dfrac{dC_1}{dt}\right) - \lg\left(-\dfrac{dC_2}{dt}\right)}{\lg C_1 - \lg C_2} \tag{9.29}$$

求反应级数时,先将不同时刻反应物的浓度对时间 t 作图,得一曲线,在 C-t 曲线上任取两点(1,2),作这两点的切线,其切线斜率为这两个浓度下的 $-\dfrac{dC_1}{dt}$ 和 $-\dfrac{dC_2}{dt}$,代入上式即可求得反应级数 n。

对 $-\dfrac{dC}{dt} = kC^n$ 取对数可得:

$$\lg\left(-\frac{dC}{dt}\right) = \lg k + n \lg C \tag{9.30}$$

由式(9.30)可以看出,以 $\lg\left(-\dfrac{dC}{dt}\right)$ 对 $\lg C$ 作图应为一直线,其斜率就是反应级数 n,其截距即为 $\lg k$。

9.3.5 温度对反应速率的影响——阿累尼乌斯方程

一般常见反应的速率常数随温度的升高而逐渐增大。范霍夫经验规律:反应温度每升高 10 K,反应速率应增加 2~4 倍。

1）阿累尼乌斯方程

阿累尼乌斯方程：

$$\frac{\mathrm{d}\ln k}{\mathrm{d}T} = \frac{E_\mathrm{a}}{RT^2} \quad \text{——微分式} \tag{9.31}$$

式中　E_a——活化能（或阿氏活化能），一般可将它看作与温度无关的常数，J/mol；

R——摩尔气体常数。

式（9.31）表明了反应速率常数与温度之间的定量关系。

对上式不定积分可得：

$$\ln k = -\frac{E_\mathrm{a}}{RT} + B \quad \text{——不定积分式} \tag{9.32}$$

B 为积分常数，也可将式（9.32）写成：

$$k = A\mathrm{e}^{-\frac{E_\mathrm{a}}{RT}} \quad \text{——指数形式} \tag{9.33}$$

式中　A——与温度无关的常数，通常称为"指前因子"或"频率因子"。

由式（9.33）可以看出，速率常数 k 与温度 T 呈指数关系，因此又将此式称为反应速率的指数定律。

将阿累尼乌斯公式定积分可得：

$$\ln\frac{k_2}{k_1} = \frac{E_\mathrm{a}}{R}\left(\frac{1}{T_1} - \frac{1}{T_2}\right) \quad \text{——定积分式} \tag{9.34}$$

利用此式，若已知两个温度下的速率常数 k，可求出反应的活化能 E_a，也可从已知活化能和某一温度时的 k 值求出另一温度下的 k 值。

式（9.31）—式（9.34）是阿累尼乌斯方程的几种不同表达形式。阿累尼乌斯方程的适用面广，不仅适用于气相反应，还适用于液相反应和复相催化反应。但并不是所有的反应都符合阿累尼乌斯方程，各种化学反应的反应速率和温度的关系相当复杂。

2）一般化的速率方程

$$r = f(C,T)$$
$$r_\mathrm{A} = \frac{\mathrm{d}C_\mathrm{A}}{\mathrm{d}T} = kC_\mathrm{A}^\alpha C_\mathrm{B}^\beta \cdots$$
$$= k_0\mathrm{e}^{\frac{-E_\mathrm{a}}{RT}}C_\mathrm{A}^\alpha C_\mathrm{B}^\beta \cdots \tag{9.35}$$

3）活化能

活化能是指一般反应物分子变成活化分子需要的能量。

阿累尼乌斯认为，不是反应物分子之间的任何一次直接碰撞都能发生反应，只有少数的比一般分子平均能量更高的分子发生碰撞，才有可能发生反应，这种分子称为活化分子。

托尔曼曾用统计力学证明基元反应的活化能是活化分子的平均能量与所有分子的平

均能量之差,其表达式为:

$$E_a = \overline{E}^* - \overline{E} \tag{9.36}$$

式中　$\overline{E}^*$——能发生反应的活化分子的平均能量;

　　　$\overline{E}$——反应物分子的平均能量,其单位为 J/mol 或 kJ·mol/s。

对复合反应,由于反应不是一步直接碰撞完成的,因此总反应的 E_a 是各步基元反应 E_a 的综合表观,称为表观活化能。

活化能的数值对反应速率影响很大,可从下列两个方面体现出来:

①如果两个反应的指前因子 A 数值相近,那么在相同温度下,E_a 越大,则速率常数越小。

②当一个反应在不同温度下进行时:

$$\frac{k(T_2)}{k(T_1)} = e^{\frac{E_a}{R}\left(\frac{1}{T_1} - \frac{1}{T_2}\right)} \tag{9.37}$$

可见反应的表观活化能 E_a 越大,反应速率随温度的变化越剧烈。

9.3.6　反应速率理论简介

1)简单碰撞理论

简单碰撞理论是 1918 年路易斯在气体分子运动论的基础上,接受了阿累尼乌斯关于活化分子和活化能的概念而发展起来的。

(1)主要假设

①气体分子是没有内部结构和内部运动的刚性球体。

②刚性球体必须相互碰撞才能发生反应。

③并非反应物分子之间的每一次碰撞都能引起反应,只有碰撞的能量超过一定限度时 $\varepsilon \geqslant \varepsilon_0$,才能发生反应。

(2)碰撞数(碰撞频率)Z_{A-B}

单位时间单位体积内 A、B 两分子的碰撞数。

$$\begin{aligned} Z_{A-B} &= \pi (r_A + r_B)^2 u_{A-B} \cdot N_B \cdot N_A = \pi (r_A + r_B)^2 \left(\frac{8kT}{\pi\mu}\right)^{\frac{1}{2}} N_A \cdot N_B \\ &= BT^{\frac{1}{2}} N_A \cdot N_B \end{aligned} \tag{9.38}$$

理论上说,任何反应都可以瞬间完成。但实验事实却不是这样,不是反应物分子的每一次碰撞都能发生反应,只有少数分子的碰撞才能引起反应,能发生反应的碰撞(即活化分子的碰撞)称为有效碰撞,用 q 表示。

$$q = e^{\frac{-\varepsilon_0}{kT}} = e^{\frac{-E_0}{RT}} \tag{9.39}$$

(3)反应速率

讨论气相双分子基元反应的速率方程。

气相异类双分子反应:$A + B \longrightarrow P$

$$-\frac{\mathrm{d}N_A}{\mathrm{d}t} = Z'_{A\text{-}B} = qZ_{A\text{-}B}$$

$$-\frac{\mathrm{d}C_A}{\mathrm{d}t} = \frac{Z'_{A\text{-}B}}{L} = \frac{qZ_{A\text{-}B}}{L} = BT^{\frac{1}{2}}\mathrm{e}^{\frac{-E_0}{RT}}C_A \cdot C_B = kC_A \cdot C_B \qquad (9.40)$$

其中，$k = \pi\,(r_A + r_B)^2 \left(\dfrac{8kT}{\pi\mu}\right)^{\frac{1}{2}}\mathrm{e}^{\frac{-E_0}{RT}} = BT^{\frac{1}{2}}\mathrm{e}^{\frac{-E_0}{RT}}$。

对比 $k = A \cdot \mathrm{e}^{-\frac{E_a}{RT}}$ 可知，$A = BT^{\frac{1}{2}}$ 称频率因子，是与频率有关的常数。

对于复杂反应：$k = P \cdot A \cdot \mathrm{e}^{-\frac{E_a}{RT}}$。其中，$P$ 为方位因子、概率因子，其值为 $1 \sim 10^{-9}$。

（4）简单碰撞理论的优缺点

优点：说明 r 与 C 成正比关系，对 A，E_a 指出了明确的意义。

缺点：没有考虑反应分子的结构，不能从理论上计算出 E_a。

2）过渡状态理论（活化络合理论或绝对反应速率理论）

这个理论是 1931—1935 年由艾林和波兰尼等人在统计力学和量子力学的基础上提出来的。过渡状态的理论要点是：

①化学反应分子在变成产物之前，要经过一个中间过渡状态，形成一个活化络合物。

②活化络合物很不稳定，一方面能与反应物很快建立热力学平衡，同时也能进一步分解成产物。

③假设活化络合物分解成产物的一步进行得很慢，这一反应步骤控制了整个反应的反应速率。

9.3.7 典型的复合反应

复合反应是由两个或两个以上基元反应组合而成的反应。

1）对峙反应

正、逆方向都能进行的反应称为对峙反应或可逆反应。

$$A \underset{k_{-1}}{\overset{k_1}{\rightleftharpoons}} B$$

则对峙反应的动力学方程式为：

总反应速率：

$$-\frac{\mathrm{d}C_A}{\mathrm{d}t} = r_1 - r_{-1} \qquad (9.41)$$

$$= (k_1 + k_{-1})C_A - k_{-1}C_{A,0}$$

为了简化方程，引入平衡浓度关系：

平衡时：$-\dfrac{\mathrm{d}C_A}{\mathrm{d}t} = 0$，$r_{1,e} = r_{-1,e}$

$$k_1 C_{A,e} = k_{-1}(C_{A,0} - C_{A,e})$$

$$(k_1 + k_{-1})C_{A,e} = k_{-1}C_{A,0}$$

$$-\frac{dC_A}{dt} = (k_1 + k_{-1})C_A - (k_1 + k_{-1})C_{A,e} = (k_1 + k_{-1})(C_A - C_{A,e})$$

$$-\frac{d(C_A - C_{A,e})}{dt} = (k_1 + k_{-1})(C_A - C_{A,e})$$

积分得:

$$(k_1 + k_{-1})t = \ln\frac{C_{A,0} - C_{A,e}}{C_A - C_{A,e}} \tag{9.42}$$

$$k = k_1 + k_{-1}$$

$\ln(C_A, -C_{A,e}) - t$ 作图为一直线。

直线斜率:

$$m = -(k_1 + k_{-1})$$

$$K_C = \frac{k_1}{k_{-1}} = \frac{C_B}{C_A}$$

解方程组得 k_1, k_{-1} 的值。

对峙反应的特点是经过足够长的时间,反应物和产物都要分别趋于它们的平衡浓度,达到平衡状态。

2)平行反应

反应物能同时进行几个不同的独立反应时,这个反应序列称为平行反应。

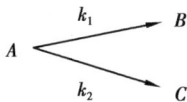

通常把其中较快的或生成物较多的反应称为主反应,其余反应称为副反应。

(1)速率方程式

设有一个由两个一级反应组成的平行反应,其反应方程式如下:

k_1, k_2 分别为两个平行反应的速率常数。这两个平行反应的速率方程式为:

$$\frac{dC_B}{dt} = k_1 C_A, \qquad \frac{dC_D}{dt} = k_2 C_A \tag{9.43}$$

由于两个反应是同时进行的,因此总反应速率应等于两个反应速率之和,即

$$-\frac{dC_A}{dt} = k_1 C_A + k_2 C_A = (k_1 + k_2)C_A \tag{9.44}$$

将式(9.44)分离变量积分,得:

$$-\int_{C_{A,0}}^{C_A}\frac{dC_A}{C_A} = \int_0^t (k_1 + k_2)dt$$

得:

$$\ln\frac{C_{A,0}}{C_A} = (k_1 + k_2)t \tag{9.45}$$

式(9.44)和式(9.45)分别为一级平行反应速率方程式的微分式和积分式,其形式与简单一级反应完全相同,只是总反应的速率常数为组成平行反应的各独立反应的速率常数之和。

若将式(9.43)的两式相除,可得:

$$\frac{\mathrm{d}C_B}{\mathrm{d}C_C} = \frac{k_1}{k_2} \quad \text{或} \quad k_1 \mathrm{d}C_C = k_2 \mathrm{d}C_B \tag{9.46}$$

对此式积分($t=0$ 时,$C_{B,0}=0$,$C_{C,0}=0$):

$$\int_0^{C_C} k_1 \mathrm{d}C_C = \int_0^{C_B} k_2 \mathrm{d}C_B$$

得:

$$k_1 C_C = k_2 C_B \tag{9.47}$$

$$\frac{C_B}{C_C} = \frac{k_1}{k_2} \tag{9.48}$$

平行反应的特点:对级数相同的平行反应,在反应的任一时刻,各反应的产物浓度比等于速率常数比,是与反应物初始浓度无关的常数。

(2)加速平行反应主反应的方法

①温度选择。高温有利于活化能大的反应。

②选择合适催化剂。

3)连串反应

许多化学反应需经过连续几步完成,前一步的生成物是下一步的反应物,如此连续进行,将这种反应称为连串反应。

$$A \xrightarrow{k_1} B \xrightarrow{k_2} C$$

假设一个连串反应由两个连续的一级反应构成,即 $A \to B \to D$,且中间产物 B 为目的产物,则 C_B 的最大浓度和最佳时间为:

当 $\dfrac{\mathrm{d}B}{\mathrm{d}t}=0$ 时,

$$t_m = \frac{\ln \dfrac{k_1}{k_2}}{k_1 - k_2}, C_{B,m} = C_{A,0}\left(\frac{k_1}{k_2}\right)^{\frac{k_2}{k_2-k_1}} \tag{9.49}$$

4)链式反应

(1)链式反应

只要用任何方法使这类反应引发后,它便能相继发生一系列的有自由基或自由原子参加的连续反应,使反应进行下去的这类反应。

(2)活泼质点

在链式反应中起主要作用的自由基和自由原子等。

（3）链式反应的步骤

①链的引发（链的开始）：用加热、光照以及加入引发剂等方法产生活泼质点。

②链的传递：反应一经引发，产生的活泼质点参加反应，生成产物并在反应中再生新的活泼质点，把反应自动传播下去。

③链的终止：活泼质点失去能量，结合成普通分子、链即终止。

按照链的传递形式，链式反应可分为直链反应和支链反应。在链传递的过程中，若一个活泼质点参加反应再生出一个新活泼质点的称为直链反应；若一个活泼质点参加反应再生出两个或两个以上新活泼质点的称为支链反应。

（4）链反应的类型

①直链反应（单链反应）。

②支链反应。

（5）爆炸

①热爆炸：反应放热多，散热慢，使反应温度越来越高，反应速率越来越快而引发爆炸。

②支链反应爆炸：活泼质点传递支链化，以致反应速率剧增产生爆炸。

（6）链反应的特征

①起于自由原子或自由基导致的链传递。

②消除自由原子或自由基可使链反应速率减慢甚至中止。

9.3.8　多相反应速率方程

1）菲克定律

在多组分系统中，由于浓度不均匀所引起的物质由高浓度区向低浓度区迁移的现象称为扩散。通常扩散速率可用扩散通量表示。扩散通量 J 是指单位时间内以垂直方向扩散通过单位面积的物质量，单位为 $mol/(m^2 \cdot s)$，即

$$J = \frac{1}{A} \frac{dn}{dt} \tag{9.50}$$

式中　A——物质扩散通过的截面积；

　　　n——扩散物质的物质的量。

同时扩散通量与扩散方向的浓度梯度 $\frac{dC}{dx}$ 成正比，又可表示为：

$$J = -D \frac{dC}{dx} \tag{9.51}$$

式中　D——扩散系数，其物理意义为当浓度梯度为 1 时，物质扩散通过单位面积的速率，单位为 m^2/s。

从上述式子可得菲克扩散第一定律：

$$\frac{dn}{dt} = -DA \frac{dC}{dx} \tag{9.52}$$

式中 $\dfrac{\mathrm{d}n}{\mathrm{d}t}$——扩散速率，即单位时间内以垂直方向扩散通过截面积 A 的物质的量。

菲克扩散第一定律是反应速率的扩散理论的基本公式，只适用于稳态扩散，即在扩散方向的浓度梯度为一定值，不随时间而变的扩散。

2)受扩散过程控制的多相反应

大部分多相反应的速率取决于扩散的快慢，例如，固液、固气反应在界面上发生化学反应大都很快，而反应物扩散到界面或产物扩散离开界面都很慢，因此总反应速率取决于扩散速率。

（1）固体在液体中溶解

固体分子溶解进入液体是很快的，但已溶分子离开固液界面，扩散到整个溶液中去的速率是比较慢的，结果在固液界面处溶液浓度很快达到饱和，而溶液内部浓度较稀。因此，达到稳定后，固液界面处形成一个扩散层，在此薄层中存在一个浓度梯度。

固体溶质的进一步溶解，将决定于已溶分子能否扩散离开，有一个分子扩散离开界面，才能有一个固相分子溶解，即溶解速度完全取决于扩散速率。

（2）金属与稀酸的反应

金属锌与酸的作用很快，以致在相界面附件的 HCl 分子很快就消耗掉了。反应速率主要取决于 HCl 分子继续由溶液内部扩散到金属表面的速率。扩散到金属表面一个分子就作用掉一个分子。

在冶金过程中，决定于扩散的反应有很多。例如，炼钢中的碳氧反应，整个反应速率决定于氧在渣钢之间的扩散。

决定于扩散反应，其速率常数 $k=\dfrac{DA}{V\delta}$，根据阿累尼乌斯公式 $\dfrac{\mathrm{d}\ln k}{\mathrm{d}T}=\dfrac{E_a}{RT^2}$，由于 A,V 和 δ 都与温度无关，则可导出：

$$\frac{\mathrm{d}\ln D}{\mathrm{d}T}=\frac{E_a}{RT^2} \quad 或 \quad D=D_0\mathrm{e}^{\frac{-E_a}{RT}} \tag{9.53}$$

这里 E_a 是扩散过程活化能，即扩散过程也必须克服一定的能垒。受扩散控制的多相反应有下列特点：

①扩大相接触界面，可加快反应速率。

②搅拌能使反应速率加快。这是因为搅拌减小了扩散层厚度 δ，因而增大了 k 值。

③这类反应受温度影响没有一般化学反应大。这是因为扩散活化能比化学反应活化能小。对于化学反应来说，温度升高 1 ℃，速率增加约 10%，而扩散过程约增加 1%~3%。

3)气固反应

以金属在气相中的氧化为例。金属在气相中氧化时先形成一层由金属氧化物组成的氧化膜，之后，氧在气相中扩散到氧化膜表面，还要通过氧化膜扩散到金属表面，才能与金属反应，生成氧化产物再结晶，使氧化层逐渐加厚。在压力不是特别低的情况下，气体在气相中的扩散比它在固相中快，不会成为控制速率的步骤。一般可以认为氧化膜表面的氧浓度等于气相内的浓度 C_0，金属表面的氧浓度 C 比 C_0 小。设在时间 t 时的氧化膜的厚度为 y。以氧化膜增厚的速率 $\dfrac{\mathrm{d}y}{\mathrm{d}t}$ 表示反应速率。扩散速率与氧化膜两侧的氧气浓度差 (C_0-C) 成正比，与氧化膜的厚度成反比，即

$$\frac{\mathrm{d}y}{\mathrm{d}t} = k_0\left(\frac{C_0 - C}{y}\right) \tag{9.54}$$

式中 k_0——扩散速率常数。

化学反应及结晶速率为：

$$\frac{\mathrm{d}y}{\mathrm{d}t} = k_1 C \tag{9.55}$$

在稳态时，扩散速率等于化学反应和结晶速率，消去 C，得：

$$\frac{\mathrm{d}y}{k_1} + \frac{y\mathrm{d}y}{k_0} = C_0\mathrm{d}t \tag{9.56}$$

设 $t=0$ 时，$y=0$，积分可得：

$$k_0 y + \frac{k_1}{2}y^2 = k_0 k_1 C_0 t \tag{9.57}$$

当氧化膜很薄时，y_2 很小，与 y 相比可以忽略，式(9.57)变为：

$$y = k_1 C_0 t \tag{9.58}$$

氧化膜虽厚，但多孔、疏松(如 Na，K，Ca 等氧化物)，此时扩散速率大，$k_0 >> k_1$。可使用 $y=k_1 C_0 t$，y 与 t 呈直线关系，反应速率只与化学反应和结晶速率常数 k_1 有关，反应处于动力学区。

对致密的氧化膜(如 Ni，Cu，Pb 等氧化膜)，因 $k_0 << k_1$，$k_0 y+\dfrac{k_1}{2}y^2 = k_0 k_1 C_0 t$ 变为：

$$y^2 = 2k_0 C_0 t \tag{9.59}$$

其中，y 与 t 呈抛物线关系。反应速率只与扩散速率常数 k_0 有关，反应处于扩散区。

9.3.9 催化作用简介

在反应系统中加入少量某种物质，可使反应速率明显改变，而所加物质在反应前后的量及化学性质都没有改变，则称这种物质为催化剂。

催化剂所起的改变反应速率的作用称为催化作用。

催化剂可分为正催化剂和负催化剂(阻化剂)。正催化剂加快反应速率；负催化剂(阻化剂)减缓反应速率。

1)一般机理

经研究表明，催化剂能加快反应速率，主要是因为催化剂参加了反应，使反应物形成活化能较低的不稳定中间产物，然后由中间产物进一步反应生成产物，改变了反应历程，降低了反应的表观活化能的缘故。

如某反应在未使用催化剂时的非催化反应为：

$$A + B \longrightarrow AB$$

该反应的活化能为 E_a。加入催化剂 K 后，其反应机理为：

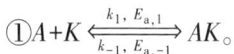

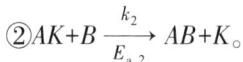

①$A+K \underset{k_{-1}, E_{a,-1}}{\overset{k_1, E_{a,1}}{\rightleftharpoons}} AK$。

②$AK+B \xrightarrow[E_{a,2}]{k_2} AB+K$。

假设第二步为快速步，得到该反应的速率方程式为：

$$\frac{dC_{AB}}{dt} = k_2 \frac{k_1}{k_{-1}} C_K C_A C_B = k C_A C_B \tag{9.60}$$

式中　$k = k_2 \dfrac{k_1}{k_{-1}} C_K$——催化反应的速率常数。

如果 k, k_1, k_{-1}, k_2 都符合阿累尼乌斯公式，可推导出催化反应的表观活化能 E_a：

$$E_a = E_{a,1} + E_{a,2} - E_{a,-1} \tag{9.61}$$

活化能示意图如图 9.1 所示。由于 $E_{a,1}, E_{a,2}$ 均远小于 E_a，在有催化剂存在的情况下，能大大降低反应活化，加快反应速率。

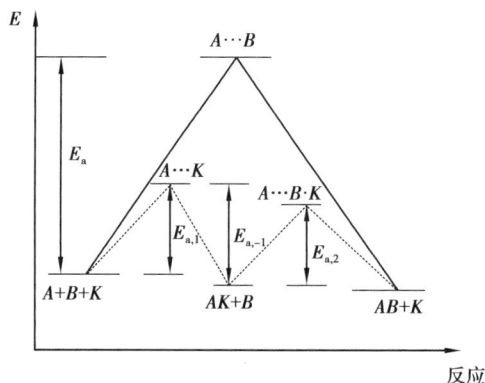

图 9.1　催化剂改变反应历程与活化能

催化作用是一种化学作用，催化剂本身参加了化学反应，因此，其浓度对反应速率有影响。但由于在反应过程中催化剂的损耗与再生同时进行，在反应过程中，其浓度基本维持不变，可作为常数。

2）基本特征

①在反应前后，催化剂的数量及化学性质均不改变，但由于它参加了反应，其物理性质常有改变。

②同一反应在有无催化剂参加的情况下，总反应是相同的，所以 $\Delta_r G_m^\ominus$ 也相同，即催化剂只改变反应速率，不会影响化学平衡，因此，催化剂不能催化热力学上判断是不可能发生的反应，也不能改变反应系统的平衡转化率，只能缩短反应达到平衡的时间。

③催化剂对反应的加速作用具有选择性，同一反应用不同催化剂，则产物不同。

④催化剂改变反应途径，减小活化能，降低反应能垒。

⑤在催化剂或反应系统中加入少量杂质，通常可以强烈影响催化剂的作用。能大大

提高催化剂的活性、选择性、寿命或稳定性的物质称为助催化剂;某些物质加入催化系统中,可使催化剂的活性、选择性等大大减小甚至消失的现象,称为催化剂中毒,如合成氨中的 S,P,CO 均为毒物。

9.4 思考题

1.根据质量作用定律写出下列基元反应的速率方程(用各种物质分别表示):

(1)$2A+B \xrightarrow{k} 2P$

(2)$A+2B \xrightarrow{k} P+2S$

2.已知某反应的计量方程式和速率方程式能否确定该反应是否为基元反应?

3.判断下列说法是否正确?

(1)反应级数等于反应分子数。

(2)反应级数不一定是正整数。

(3)具有简单级数的反应是基元反应。

4.对一化学反应 $H_2+Cl_2 \longrightarrow 2HCl$,因为速率方程式为:$\dfrac{dC_{HCl}}{dt}=kC_{H_2} \cdot C_{Cl_2}^{\frac{1}{2}}$,所以该反应不是基元反应。

5.某反应其转化率达到50%和75%时所需时间分别为 $t_{\frac{1}{2}}$ 和 $t_{\frac{3}{4}}$,请说出一级、二级反应的 $t_{\frac{1}{2}},t_{\frac{3}{4}}$ 分别是多少?

6.某化学反应其反应物消耗 3/4 所需时间是它消耗 1/2 所需时间的 2 倍,则反应级数为几级反应?

7.某反应其速率常数 $k=2.31\times10^{-2}$ s$^{-1} \cdot$ L $\cdot$ mol^{-1},初始浓度为 1.0 mol/L,则其反应的半衰期是多少?

8.反应活化能越大是表示分子越易活化? 还是越不易活化? 活化能越大的反应受温度影响是越大还是越小?

9.增加温度、反应物浓度或加入催化剂均能使反应速率增大,原因是否一样?

10.简述碰撞理论的基本要点。

11.简述催化反应的基本特征。

12.什么是活化能? 催化剂改变反应速率的主要原因是什么? 催化剂对化学平衡有何影响?

9.5 典型例题

1.某反应在 15.05 ℃时的反应速率常数为 34.40×10^{-3}dm^3/(mol $\cdot$ s),在 40.13 ℃时的反应速率常数为 189.9×10^{-3}dm^3/(mol $\cdot$ s)。求该反应的活化能,并计算 25.00 ℃时的反应速率常数。

解 $\ln\dfrac{k(T_2)}{k(T_1)}=-\dfrac{E_a}{R}\left(\dfrac{T_1-T_2}{T_1 T_2}\right)$

即

$$\ln\left(\frac{189.9 \times 10^{-3}}{34.40 \times 10^{-3}}\right) = -\left[\frac{E_a}{8.314\ \text{J/(K} \cdot \text{mol)}} \times \frac{(288.20 - 313.28)\text{K}}{313.28\ \text{K} \times 288.20\ \text{K}}\right]$$

$$E_a = 51.13\ \text{kJ/mol}$$

$$\ln\frac{k(T)}{k(T_1)} = -\frac{E_a}{R}\left(\frac{1}{T} - \frac{1}{T_1}\right)$$

即

$$\ln\frac{k(T)}{34.40 \times 10^{-3}} = -\frac{51.13 \times 10^3\ \text{kJ/mol}}{8.314\ \text{J/(K} \cdot \text{mol)}}\left(\frac{1}{298.15\ \text{K}} - \frac{1}{288.20\ \text{K}}\right)$$

$$k(T) = 70.12 \times 10^{-3}\ \text{dm}^3/(\text{mol} \cdot \text{s})$$

2.65 ℃时 N_2O_5 气相分解反应的速率常数为 0.292 min，活化能为 103.3 kJ/mol（假设其不随温度变化），试求 80 ℃时 N_2O_5 分解反应的速率常数及分解 70% 所需的时间。

解 由阿累尼乌斯方程知：

$$\ln\frac{k}{k_0} = -\frac{E_a}{R}\left(\frac{1}{T} - \frac{1}{T_0}\right)$$

$$\ln\frac{k}{0.292} = -\frac{103.3 \times 10^3}{8.314\ 5}\left(\frac{1}{353.15} - \frac{1}{338.15}\right) = 1.561$$

$$k = 1.39\ \text{min}$$

由一级反应（由速率常数的单位可知）的动力学方程：

$$\ln\frac{C_0}{C} = kt$$

$$t = \frac{1}{k}\ln\frac{C_0}{C} = \frac{1}{1.39}\ln\frac{C_0}{(1-70\%)C_0} = 0.866\ \text{min}$$

3.某对峙反应 $A \underset{k_{-1}}{\overset{k_1}{\rightleftharpoons}} B$，在指定温度下，$k_1 = 0.006$ min，$k_{-1} = 0.002$ min。如果起始反应系统中仅有纯 A。

求：（1）达到 A 和 B 浓度相等时需要多少时间？

（2）100 min 时，A 和 B 浓度比为多少？

解 （1）$A \underset{k_{-1}}{\overset{k_1}{\rightleftharpoons}} B$

由速率常数可知，正逆反应均为一级反应：

$$-\frac{\text{d}C_A}{\text{d}t} = k_1 \cdot C_A - k_{-1} \cdot C_B$$

设 $C_{A,0} = a$，反应进行到时间 t 时，A 物质的浓度为 x。

则此时 $C_A = C_{A,0} - x = a - x$，$C_B = x$

当 $C_A = C_B$ 时，$x = \dfrac{a}{2}$。

反应的时间恰好为半衰期，所以 $\ln\dfrac{a}{a - \left(1 + \dfrac{k_{-1}}{k_1}\right) \cdot x} = (k_1 + k_{-1})t$

$$t = \frac{1}{k_1 + k_{-1}}\ln\left[\frac{a}{a - \left(1 + \frac{k_{-1}}{k_1}\right)x}\right] = \frac{1}{0.006 + 0.002}\ln\left[\frac{a}{a - \left(1 + \frac{0.002}{0.006}\right)\frac{a}{2}}\right]$$

$$= \frac{\ln 3}{0.008} = 137.33 \text{ min}$$

（2）$t = 100$ min 时，$\ln\dfrac{a}{a - \frac{4}{3}x} = 0.008 \times 100 = 0.8$

$$\frac{a - \frac{4}{3}x}{a} = e^{-0.8} = 0.449$$

$$\frac{x}{a} = \frac{3}{4} \times (1 - 0.449) = 0.413$$

所以

$$\frac{C_A}{C_B} = \frac{a - x}{x} = \frac{1}{0.413} - 1 = 1.421 : 1$$

即

$$\frac{C_B}{C_A} = 0.704 : 1$$

4.均相反应 $2A \longrightarrow$ 产物，在 27 ℃时速率常数 $k = 4\times10^{-3}$ dm³/(mol·s)。

试求：（1）求 $t_{\frac{1}{2}} = 40$ s 时，反应物的初始浓度。

（2）温度升至 327 ℃时，k 增加 4 倍，指前因子等于 2.5×10^{13} dm³/(mol·s)，且不随温度变化，确定 k 与 T 的直线关系式。

解 （1）由 k 的单位可知，反应级数为二级。

由二级反应半衰期：

$$t_{\frac{1}{2}} = \frac{1}{k \cdot C_0}$$

可知，

$$C_0 = \frac{1}{k \cdot t_{\frac{1}{2}}} = 6.25 \text{ mol/dm}^3$$

（2）由阿累尼乌斯方程知，

$$\ln\frac{k_2}{k_1} = \frac{E_a}{R}\left(\frac{1}{T_1} - \frac{1}{T_2}\right)$$

得

$$E_a = 6.9 \times 10^3 \text{ kJ/mol}$$

因此可得：$\ln k = \ln A - E_a/(RT) = 30.84 - 831.4/T$。

5.恒容一级气相反应 $A \to Y$ 的速率常数 k 与温度 T 具有以下关系式：

$$\ln k = 24.00 - \frac{9\,622}{T/K}$$

求：（1）计算此反应的活化能；

（2）欲使 A 在 10 min 内转化率达到 90%，则反应温度应控制在多少？

答 （1）根据阿累尼乌斯公式：

$$\ln k = -\frac{E_a}{RT} + B$$

与经验式相比，得出：$E_a = 9\ 622 \times R = 80.0 \text{ kJ/mol}$

（2）根据一级反应的积分式：

$$k = \frac{1}{t} \times \ln \frac{1}{1-x_A} = \frac{1}{600} \times \ln \frac{1}{1-0.9} = 3.838 \times 10^{-3} \text{ s}$$

将 k 代入 $\ln k = 24.00 - \dfrac{9\ 622}{T}$。

得出：$T = \dfrac{9\ 622}{24.00 - \ln k} = \dfrac{9\ 622}{24.00 - \ln 3.838 \times 10^{-3}} = 325.5 \text{ K}$

6. 碳的放射性同位素 ^{14}C 在自然界树木中的分布基本保持为总碳量的 $1.10 \times 10^{-13}\%$。某考古队在一山洞中发现一些古代木头燃烧的灰烬，经分析 ^{14}C 的含量为总碳量的 $9.87 \times 10^{-14}\%$。已知，^{14}C 的半衰期为 5 700 a，试计算该灰烬距今约有多少年？

解 放射性同位素的蜕变为一级反应。

一级反应的半衰期：$t_{\frac{1}{2}} = \dfrac{\ln 2}{k}$

$$k = \frac{\ln 2}{5\ 700} = 1.22 \times 10^{-4} \text{ } a^{-1}$$

一级反应的动力学方程为：

$$-\frac{dC_A}{dt} = kC_A$$

当 ^{14}C 的含量为总碳的 $9.87 \times 10^{-14}\%$ 时，对上式进行积分可得：

$$\ln \frac{C_{A_0}}{C_A} = kt = \ln \frac{1.10 \times 10^{-13} C}{9.87 \times 10^{-14} C}$$

$$t = \frac{1}{1.22 \times 10^{-4}} \ln 1.114\ 5 = 888.1 \text{ } a$$

7. 二级反应（1）和（2）具有完全相同的指前因子，反应（1）的活化能比反应（2）的活化能高出 10.46 kJ/mol。在 373 K 时，若反应（1）初始浓度为 0.1 mol/dm³，经过 60 min 后，反应（1）已完成 30%，在相同温度下反应（2）的反应物初始浓度为 0.05 mol/dm³ 时，要使反应（2）完成 70% 需要多少分钟？

解 对二级反应 $k_1 t = \dfrac{1}{C_A} - \dfrac{1}{C_{A_0}}$，则：

$$k_1 = \frac{1}{t_1}\left(\frac{1}{C_A} - \frac{1}{C_{A_0}}\right) = \frac{1}{60}\left\{\left(\frac{1}{0.07} - \frac{1}{0.1}\right)\right\} = 7.14 \times 10^{-2} \text{ mol} \cdot \text{dm}^3/\text{min}$$

由 $k = Ae^{-\frac{E_a}{RT}}$ 得：$k_1 = Ae^{-\frac{E_{a,1}}{RT}}$，$k_2 = Ae^{-\frac{E_{a,2}}{RT}}$。

则：

$$\frac{E_{a,1} - E_{a,2}}{RT} = \ln\left(\frac{k_2}{k_1}\right)$$

代入数据得：

$$\frac{10.46 \times 10^3}{8.314 \times 10^3} = \ln\frac{k_2}{7.14 \times 10^{-2}}$$

$$k_2 = 2.08 \text{ mol} \cdot \text{dm}^3/\text{min}$$

由 $k_2 t = \dfrac{1}{C_B} - \dfrac{1}{C_{B_0}}$ 得：

$$t = 22.4 \text{ min}$$

8.反应 $A \underset{k_{-1}}{\overset{k_1}{\rightleftharpoons}} B$ 正逆反应均为一级，已知 $\lg k_1 = -\dfrac{2\,000}{T} + 4.0$，$\lg K^{\ominus} = \dfrac{2\,000}{T} - 4.0$，反应开始时 A,B 物质的初始浓度分别为 0.5 mol/dm^3、0.05 mol/dm^3。

试求:(1)逆反应的活化能；

(2)400 K 时经 10 s 时 A,B 物质的浓度；

(3)400 K 反应达到平衡时 A,B 物质的浓度。

解 (1)因为 $\dfrac{k_1}{k_{-1}} = K^{\ominus}$，所以有 $\lg k_1 - \lg k_{-1} = \lg K^{\ominus}$。

$$\lg k_{-1} = \lg k_1 + \lg K^{\ominus} = -\frac{4\,000}{T} + 8.0$$

$$\frac{\partial \lg k_{-1}}{\partial T} = \frac{4\,000}{T^2}$$

由阿累尼乌斯公式 $\dfrac{\mathrm{d} \ln k_{-1}}{\mathrm{d}T} = \dfrac{E_{-1}}{RT^2}$ 可得：

$$E_{-1} = RT^2\left(\frac{\mathrm{d}\ln k_{-1}}{\mathrm{d}t}\right) = 2.303\,RT^2\left(\frac{\mathrm{d}\lg k_{-1}}{\mathrm{d}t}\right) = 2.303 \times 8.314 \times 4\,000 = 76.59 \text{ kJ/mol}$$

(2)400 K 时，由 $\lg k_1 = -\dfrac{2\,000}{T} + 4.0$ 可得 $k_1 = 0.1$。

同理，$k_{-1} = 0.01$。

$$\frac{\mathrm{d}x}{\mathrm{d}T} = k_1(0.5.x) - k_{-1}(0.05 + x) = 0.049\,5 - 0.11x$$

则 $-0.11t = \ln\dfrac{0.049\,5 - 0.11x}{0.049\,5}$

当 $t = 10$ s 时，$x = 0.3 \text{ mol/dm}^3$，

则 $C_A = 0.5 - 0.3 = 0.2 \text{ mol/dm}^3$，$C_B = 0.05 + 0.3 = 0.35 \text{ mol/dm}^3$

(3)反应达到平衡时，$\dfrac{\mathrm{d}x}{\mathrm{d}T} = 0$。

即 $0.1 \times (0.5 - x) - 0.01 \times (0.05 + x) = 0.049\,5 - 0.11x = 0$

可得 $x = 0.45\ \text{mol/dm}^3$

于是 $C_A = (0.5 - 0.45)\ \text{mol/dm}^3 = 0.05\ \text{mol/dm}^3$

$C_B = (0.05 + 0.45)\ \text{mol/dm}^3 = 0.5\ \text{mol/dm}^3$

9.某反应 $A \longrightarrow B + D$ 中反应 A 的起始浓度 $C_{A,0} = 1.00\ \text{mol/dm}^3$,起始反应速率 $r_0 = 0.01\ \text{mol/(dm}^3 \cdot \text{s)}$。如果假定此反应对 A 的级数为:

（1）零级；

（2）一级。

试分别求各不同级数的速率常数 k,半衰期 $t_{\frac{1}{2}}$ 和反应物 A 消耗掉 90% 所需的时间。

解 （1）零级反应:$r = k_A^0 = k$

$t = 0$ 时,$k = r_0 = 0.01\ \text{mol/(dm}^3 \cdot \text{s)}$

速率方程为:$C_{A,0} - C_A = kt$

因为半衰期即 $C_A = \dfrac{1}{2}C_{A,0}$ 所需的时间,所以

$$t_{\frac{1}{2}} = (C_{A,0} - 1/2C_{A,0})/k = (1 - 0.5)/0.01 = 50\ \text{s}$$

当 A 消耗掉 90% 时,$C_A = 0.1C_{A,0}$

$$t = (C_{A,0} - 0.1C_{A,0})/k = (1 - 0.1 \times 1)/0.01 = 90\ \text{s}$$

（2）一级反应

当 $t = 0$ 时,$k = \dfrac{r_0}{C_{A,0}} = \dfrac{0.01}{1} = 0.01\ \text{s}$

反应速率方程积分形式 $\ln \dfrac{C_{A,0}}{C_A} = kt$,得:

$$t_{\frac{1}{2}} = 1/k \ln \dfrac{C_{A,0}}{\dfrac{C_{A,0}}{2}} = \dfrac{\ln 2}{k} = \dfrac{0.693}{0.01} = 69.3\ \text{s}$$

当 A 消耗掉 90% 时,$t = \dfrac{1}{k} \ln \dfrac{C_{A,0}}{0.1C_{A,0}} = \dfrac{\ln 10}{k} = 230.3\ \text{s}$

10.某一级对行反应:$A \underset{k_{-1}}{\overset{k_1}{\rightleftharpoons}} B$,$t = 0$ 时,$C_{A,0} = 0.366\ \text{mol/dm}^3$,$C_{B,0} = 0$;$t = 506\ \text{h}$ 时,$C_A = 0.100\ \text{mol/dm}^3$;$t \rightarrow \infty$ 时,$C_{A,e} = 0.078\ \text{mol/dm}^3$。试算 k_1,k_{-1} 的值。

解 由题意知,由对行反应的净速率式:

$$\dfrac{dC_B}{dt} = k_1 C_A + k_{-1} C_B = k_1(C_{A,0} - C_B) + k_{-1} C_B$$

因为,对行反应达平衡时的净速率等于零,即

$$\dfrac{dC_B}{dt} = k_1 C_{A,e} - k_{-1} C_{B,e} = 0,\quad k_{-1} = \dfrac{k_1(C_{A,0} - C_{B,e})}{C_{B,e}}$$

所以分离变量作定积分得:

$$\int_0^{C_B} \dfrac{C_{B,e}}{C_{B,e} - C_B} dC_B = \int_0^t k_1 C_{A,0} dt$$

动力学方程

$$C_{B,e}\ln\frac{C_{B,e}}{C_{B,e} - C_B} = (C_{A,0} - C_{A,e})\ln\frac{C_{A,0} - C_{A,e}}{C_A - C_{A,e}} = k_1 C_{A,0}t$$

$$k_1 = \frac{C_{A,0} - C_{A,e}}{C_{A,0}t}\ln\frac{C_{A,0} - C_{A,e}}{C_A - C_{A,e}} = \frac{0.366 - 0.078}{0.366 \times 506}\ln\frac{0.366 - 0.078}{0.1 - 0.078}\,h = 4 \times 10^{-3}\,h$$

代入得:

$$k_{-1} = \frac{k_1(C_{A,0} - C_{B,e})}{C_{B,e}} = \frac{k_1 C_{A,e}}{C_{A,0} - C_{A,e}} = \frac{4 \times 10^{-3} \times 0.078}{0.366 - 0.078}\,h = 1.08 \times 10^{-3}\,h$$

11.有人提出高空大气中 O_3 消耗的机理为:

$$O_3 \xrightarrow{k_1} O_2 + O$$

$$O_2 + O \xrightarrow{k_{-1}} O_3$$

$$O + O_3 \xrightarrow{k_2} 2O_2$$

请用稳态近似法导出 O_3 消耗的速率方程。

解 由稳态近似法得:

$$\frac{dC(O)}{dt} = k_1 C(O_3) - k_{-1}C(O_2)C(O) - k_2 C(O)C(O_3) = 0$$

得出:

$$C(O) = \frac{k_1 C(O_3)}{k_2 C(O_3) + k_{-1}C(O_2)}$$

$$-\frac{dC(O_3)}{dt} = k_1 C(O_3) - k_{-1}C(O_2)C(O) + k_2 C(O)C(O_3)$$

将前式代入并整理得:

$$-\frac{dC(O_3)}{dt} = \frac{2k_1 k_2 C^2(O_3)}{k_2 C(O_3) + k_{-1}C(O_2)}$$

参考文献

［1］杜清枝,杨继舜.物理化学［M］.2 版.重庆:重庆大学出版社,2005.

［2］阮文娟.物理化学课程导读［M］.北京:科学出版社,2016.

［3］程兰征,章燕豪.物理化学［M］.3 版.上海:上海科学技术出版社,2005.

［4］天津大学物理化学教研室.物理化学-上册［M］.6 版.北京:高等教育出版社,2017.

［5］沈文霞,淳远,王喜章.物理化学核心教程学习指导［M］.2 版.北京:科学出版社,2016.